中国区域环境保护丛书
重 庆 环 境 保 护 丛 书

重庆环境科学研究

《重庆环境保护丛书》编委会　编著

中国环境科学出版社·北京

图书在版编目（CIP）数据

重庆环境科学研究/《重庆环境保护丛书》编委会编著. —北京：中国环境科学出版社，2011.7
（中国区域环境保护丛书. 重庆环境保护丛书）
ISBN 978-7-5111-0531-8

Ⅰ. ①重… Ⅱ. ①重… Ⅲ. ①环境科学—研究—重庆市 Ⅳ. ①X

中国版本图书馆 CIP 数据核字（2011）第 044210 号

责任编辑 周 煜 吴振峰 仉 凡 刘思佳
责任校对 尹 芳
封面设计 玄石至上

出版发行 中国环境科学出版社
（100062 北京东城区广渠门内大街 16 号）
网 址：http://www.cesp.com.cn
联系电话：010-67112765（总编室）
发行热线：010-67125803，010-67113405（传真）
印 刷 北京中科印刷有限公司
经 销 各地新华书店
版 次 2011 年 7 月第 1 版
印 次 2011 年 7 月第 1 次印刷
开 本 787×960 1/16
印 张 22
字 数 280 千字
定 价 55.00 元

《中国区域环境保护丛书》

总编委会

《中国区域环境保护丛书》

《重庆环境保护丛书》

《重庆环境科学研究》

总序

继承历史，不断创新，努力探索中国环保新道路

环境保护事业在中国伴随着改革开放的进程已经走过了30多年的历史，这30多年来，几代环保人经过艰苦卓绝的探索、奋斗，使我国的环境保护事业从无到有，从小到大，从弱到强，从默默无闻到进入国家经济政治社会生活的主干线、主战场和大舞台，我们的环保人创造了属于自己的辉煌历史。

毛泽东说过，“看历史，就会看到前途”，“马克思主义者是善于学习历史的”。从过去的30几年，我们能切实感受到环境保护事业的发展壮大，更切实感受到环境保护事业的美好前景和未来；作为继往开来的环保人，我们同样感受着我们这一代环保人必须承担起的历史责任。我们必须继承前辈们的优良传统，继承他们积累的丰富经验，根据新的形势、新的任务、新的要求，在探索中国环保新道路的征程中奋力前行，全面开创环境保护的新局面。

可以说，中国环境保护的历史就是不断探索中国环保新道路的历史。上个世纪70年代初，立足于工业化起步和局部地区环境污染有所显现的现实，我们开始探索避免走先污染后治理的环保道路。特别是改革开放30多年来，付出了艰辛的努力，在新道路的探索中，环

保事业不断发展，探索重点与时俱进，国家环保机构也实现了“三次跨越”。在1973年第一次全国环保会议上提出的“全面规划、合理布局、综合利用、化害为利、依靠群众、大家动手、保护环境、造福人民”的32字方针的基础上，上个世纪80年代确立了环境保护的基本国策地位，明确了“预防为主防治结合，谁污染谁治理，强化环境管理”的三大政策体系，制定了八项环境管理制度，向环境管理要效益。进入90年代后，提出由污染防治为主转向污染防治和生态保护并重；由末端治理转向源头和全过程控制，实行清洁生产，推动循环经济；由分散的点源治理转向区域流域环境综合整治和依靠产业结构调整；由浓度控制转向浓度控制与总量控制相结合，开始集中治理流域性区域性环境污染。步入“十一五”以来，我们按照历史性转变的要求，确立了全面推进、重点突破的工作思路，提出从国家宏观战略层面解决环境问题，从再生产全过程制定环境经济政策，让不堪重负的江河湖泊休养生息，努力促进环境与经济的高度融合，积极实践以保护环境优化经济增长的路子。这一系列重大决策部署和环保系统坚持不懈的努力，大大推进了探索环保新道路的历程，积累了丰富的经验。历任环保部门的老领导都是探索中国环保新道路的先行者，几代环保人都是探索中国环保新道路的实践者。

历史是宝贵的财富，继承历史才能创造未来。探索中国环保新道路必须继承几代环保人积累下来的宝贵财富。有了继承才有创新，因为每一个创新都是对过去实践经验的总结和升华。因此，学习和掌握环境保护的历史，既是我们工作的需要，也是我们作为环保人的责任。

《中国区域环境保护丛书》(以下简称《丛书》)的编纂出版为我们了解、学习环境保护的历史提供了独特的平台。《丛书》是2008年在我国实施改革开放30周年和我国环境保护工作开创35周年之际启动的一项重大环境文化建设工程，第一次从区域环境的角度，对我国环境保护的历史进行了全面系统的总结、归纳和梳理，充分展现了30多年来我国各省市自治区环境保护工作取得的卓越成就，展现了环境保护事业不断发展壮大的历史，展现了几代环保人不懈奋斗和追求的历程。

要继续探索中国环保新道路，继承是基础，创新是动力。当前，积极探索中国环保新道路，已经成为环保系统的普遍共识和自觉行动。我们要努力用新的理念深化对环境保护的认识，用新的视野把握环境保护事业发展的机遇，用新的实践推动环境保护取得更大的实际成效，用新的体制机制保障环境保护的持续推进，用新的思路谋划环境保护的未来。以环境保护优化经济发展，以环境友好促进社会和谐，以环境文化丰富精神文明，为经济社会全面协调可持续发展作出更大贡献。

环境保护新道路是一个海纳百川、崇尚实践、高度开放的系统工程，是一个不断丰富、不断发展、不断提高的过程，在探索的道路上需要所有环保人前赴后继，永不停息。当前，新的探索已经起步，前进的路途坎坷不平。越是身处逆境，越是形势复杂，越要无所畏惧，越要勇于创新。要以海洋一样博大的胸怀，给那些勇于探索、大胆实践的地方、单位、个人，创造更加宽松的环境，提供施展才华的舞台，让他们轻装上阵、纵横驰骋。要继承30多年来探索环境保护新道路实践的伟大成果，借鉴人类社会一切保护环境的有益经验，站在新的历史起点上，大胆实践，不断创新，将中国环境保护新道路的探索推向一个新的阶段！

环境保护部部长

《中国区域环境保护丛书》总编委会主任

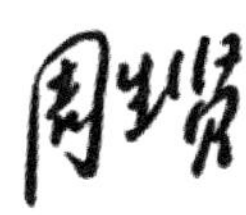

二〇一一年六月

前言

我国改革开放30多年来，取得了西方世界用百年时间获得的经济社会发展成果，而西方发达国家在上百年的发展过程中产生的环境问题也在我国近几十年来集中显现。环境保护和可持续发展已经成为全人类的共识。我国的环境问题已经成为社会各界关注的焦点、人民群众关心的热点，成为构建社会主义和谐社会应当着力解决的重要问题。

党中央、国务院历来高度重视环境保护，早在20世纪80年代初期，就确立了“经济建设、城乡建设与环境建设同步规划、同步实施、同步发展，实现经济效益、社会效益与环境效益统一”的战略方针，将环境保护提上了事关国家兴衰成败的基本国策高度。随着改革开放和经济建设的飞速发展，党的十六大又从构建社会主义和谐社会的高度确立了“科学发展”的重大战略；党的十七大更加明确地提出了要把建设资源节约型、环境友好型社会放在工业化、现代化发展战略的突出位置，落实到每个单位和家庭。从而使我国进入了以保护环境优化经济增长的新的发展阶段。

重庆是地处我国西部特殊地理环境的直辖市，环境保护任务艰巨。在党中央、国务院的高度关怀和支持下，以科学发展观为指导，认真贯彻落实党的十七大精神和胡锦涛总书记“314”总体部署，抓住机遇、乘势而上，以推进环境保护“四大行动”和“污染物总量减排”为抓手，以三峡库区水环境保护和主城区大气污染防治为重点，着力解决影响可持续发展和损害群众健康的突出环境问题，积极探索环境保护新道路，加快了环境保护历史性转变。直辖以来，重庆市在经济社会快速健康发展的同时，城乡环境质量也得到了很大改善。

即将出版的《重庆环境保护丛书》是在环保部的统一领导下，编纂的一部具有重庆地方特色的环境保护丛书，是《中国区域环境保护丛书》的一个组成部分。其编纂工作由丛书编辑委员会组织重庆市的环保科研机构、相关大专院校的知名学者、专家和富有实践经验的环保管理干部，历时两年时间，在广泛查阅资料、深入调查研究、反复校正核实的基础上完成的。

本丛书分为《环境科学研究》、《环境发展规划》、《环境污染防治》、《环境管理》以及《生态环境保护》五个分册。从不同侧面，较全面地反映了重庆市的环境特点和环境质量现状，重点反映了重庆直辖以来环保工作的发展历程、重要举措和所取得的重要成就，较详细地介绍了直辖以来保护工作的经验和做法。本丛书是重庆市环境保护事业开创以来所编辑出版的集知识性、学术性和资料价值于一体的综合性书籍。相信本丛书能帮助读者更加系统地认识了解重庆的环境现状及环保工作，从而为“十二五”及更长远的经济社会发展和实际行动提供参考。

愿重庆市广大环保工作者以史为鉴，承上启下，继往开来，一如既往地努力推进全市环境保护工作，为创造重庆更加美好的明天作出贡献！

《重庆环境保护丛书》编委会执行主任　曹光辉

二〇一一年四月十八日

编者的话

《重庆环境科学研究》是一个时代转折期的重庆市环境科研和监测事业发展实录，反映了成为直辖市以来重庆市环境科研和监测事业取得的成就。

自 1997 年成为直辖市以来，重庆市环境科研和监测事业取得了跨越式的发展，为环境保护决策和环境管理提供了大量科学、准确、及时的监测信息，提供了良好的技术支撑和技术服务，为维护国家环境安全，保障人民群众健康，促进经济社会全面可持续发展作出了重要贡献。直辖以来，重庆市环境科研和监测公共服务能力明显增强，环境科研和监测技术水平显著提升，形成了以重庆市环境科学研究院、高等院校及各部门科研机构为主体的环境科研体系，研究领域广泛，形成了水环境保护、大气环境保护、声环境保护、固体废物控制、电磁辐射防护、环境管理等领域的科研能力，为环境决策提供了坚实的科技支撑；形成了由重庆市环境监测中心、重庆市辐射环境监督管理站和 40 个区县环境监测站为成员的环境监测组织体系，建立了全市水、气、声、土壤、放辐射环境监测网络，形成了环境质量评价、污染源监控、环境事故应急处置的能力，为环境保护优化社会经济发展提供了坚实的技术支持。

本书经过编撰人员的艰苦努力，依靠各有关部门、单位和有识之士的支持、配合，搜集了大量资料，本着严谨、认真的态度，实事求是地记述了直辖以来重庆市环境科研和监测的发展情况。环境监测和科研事业正处在一个新的历史阶段，正迎来新的发展机遇，希望广大环保工作者通过本书能全面了解重庆市环境科研和监测的发展史，为全面推进环境科研和监测又好又快发展，探索中国环境保护新道路作出新的更大的贡献。

目录

第一章 绪论

重庆幅员辽阔，地形地貌复杂，市域内气候适宜，水热条件充沛，自然资源丰富，为社会经济的健康发展提供了物质基础。直辖以来，重庆社会经济快速发展，产业结构不断优化，经济实力不断增强，人民生活水平不断提高。伴随社会经济的发展，环境保护事业也不断向前推进，环境科研和监测事业也随之得到发展，为环境保护优化社会经济发展提供了坚实的技术支撑。

第一节 重庆市自然环境概况

一、地理位置

重庆市位于中国内陆西南部，长江上游，四川盆地东部边缘，地跨东经 105°11′～110°11′、北纬 28°10′～32°13′之间的青藏高原与长江中下游平原的过渡地带。东邻湖北、湖南，南接贵州，西靠四川，北连陕西，是长江上游最大的经济中心、西南工商业重镇和水陆交通枢纽。1997 年 3 月 14 日，第八届全国人民代表大会第五次会议通过了设立重庆直辖市的决议，与北京、上海、天津并称为四大直辖市。

重庆幅员总面积 8.24 万平方千米，东西长 470 千米，南北宽 450 千米，下辖 19 个区、21 个县，其中 19 个区为：万州区、涪陵区、渝中区、大渡口区、江北区、沙坪坝区、九龙坡区、南岸区、北碚区、万盛区、双桥区、渝北区、巴南区、黔江区、长寿区、江津区、合川区、永川区、南川区；21 个县为：綦江县、潼南县、铜梁县、大足县、荣昌县、璧山县、开县、忠县、梁平县、云阳县、奉节县、巫山县、巫溪县、城口县、垫江县、武隆县、丰都县、石柱土家族自治县、彭水苗族土家族县、酉阳土家族苗族县、秀山土家族苗族县。

重庆地势由南北向长江河谷逐级降低，西北和中部以丘陵、低山为主，东南部靠大巴山和武陵山两座大山脉，地形起伏较大。

重庆幅员辽阔，域内峰峦叠翠，江河纵横。北有大巴山，东有巫山，东南有武陵山，南有大娄山，地貌以丘陵、山地为主，坡地面积较大，成层性明显，分布着典型的石林、峰林、溶洞、峡谷等喀斯特景观。主要河流有长江、嘉陵江、乌江、涪江、綦江河、大宁河等。长江干流自西向东横贯全境，流程长达 665 千米，横穿巫山三个背斜，形成著名的瞿塘峡、巫峡、西陵峡，即举世闻名的长江三峡。嘉陵江自西北而来，三折入长江，有沥鼻峡、温塘峡、观音峡，即嘉陵江小三峡。

钟灵毓秀的山川地理孕育了集山、水、林、泉、瀑、峡、洞为一体的奇特壮丽的自然景观。最负盛名的立体画廊长江三峡奇峰陡立、峭壁对峙，以瞿塘雄、巫峡秀、西陵险而驰名中外。更有流晶滴翠的大宁河小三峡、马渡河小小三峡，千姿百态，各具魅力。神奇的自然地理还造就了有天然基因宝库之称的南川金佛山、全球同纬度地区唯一幸存最大原始森林的江津四面山等自然资源富集之地和乌江、嘉陵江、大宁河等壮丽的江河峡谷及小南海、长寿湖、青龙湖等幽深的湖泊。

重庆市中心城区为长江、嘉陵江所环抱，夹两江、拥群山，各类建筑依山傍水，鳞次栉比，错落有致，素以美丽的“山城”、“江城”著称于世。

二、气候与气象

重庆地区属中亚热带湿润季风气候区。其主要气候特点是：冬暖、春早、夏长、秋凉；云雾多，日照少，湿度大，风力小，无霜期长；雨量充沛，却时空分布不均，气候温和，但气象灾害频繁，气候资源丰富且光热水同步。

1．气象基本情况

据重庆市直辖以来的气象资料统计，市区年平均气温在 18.7℃左右，常年降雨量 814.8～1 508.0 毫米，日照总时数 703.8～1 117.1 小时，平均风速 1.3～1.6 米/秒（见表 1-1）。

表 1-1　重庆直辖以来的气象基本情况

年份	降雨量/mm	平均气温/℃	日照时数/h	平均相对湿度/%	平均风速/（m/s）	平均气压/10^2Pa
1997	898.8	18.5	943.0	79	1.4	983.8
1998	1 508.0	19.2	941.9	79	1.5	983.0
1999	1 305.6	18.5	833.6	81	1.5	983.2
2000	1 010.9	18.2	961.1	80	1.4	983.0
2001	814.8	18.8	1 050.4	78	1.6	983.3
2002	1 430.6	18.8	1 117.1	80	1.6	983.3
2003	1 025.0	18.9	875.7	80	1.6	983.2
2004	1 182.1	18.4	974.7	78	1.3	984.0
2005	1 019.8	18.6	903.9	77	1.4	982.5
2006	839.6	19.2	1 114.3	75	1.4	982.9
2007	1 439.2	19.0	856.2	81	1.3	983.3
2008	985.3	18.6	703.8	82	1.3	983.9

注：此表为重庆市区资料，摘自重庆统计年鉴（2009 年版）。

2. 主要气象特征

气温：重庆市地势由西向东抬升，沿长江河谷向南北倾斜，北有秦岭、大巴山脉阻挡，北方冷空气不易侵入，气温高于同纬度其他地区；且海拔高差大（73.1～2 796.8 米），南北纬度相差 4 度以上，因而形成了独特复杂的气候。

降雨量：重庆市常年雨量充沛，但分配不均，主要降雨量都集中在 4—9 月，占全年雨量的 70%～90%，其中 6—8 月降雨量可达全年雨量的 50%以上，有光、热、水同季的特点。雨量地域差异较大，东部和中部沿长江两岸广大地区年降雨在 1 000～1 200 毫米左右；东南部（黔江开发区、南川区、万盛区一带）和东北部（巫溪、城口等地）常年降雨在 1 200～1 500 毫米左右，而西部个别地区（如潼南、大足）全年降雨则不足 1 000 毫米。

日照数：重庆地区年平均日照时数为 980～1 580 小时，仅为可照时数的 24%～36%，比同纬度的武汉、南京、上海等地显著偏少，是全国日照最少的地区之一。日照与大气环流密切相关，在 7 月、8 月副热带高压控制时，全市晴天少云，高温暑热严重，此时的月日照时数可达 200～250 小时。整个夏季（5—9 月）日照时数占全年日照的 80%以上。全年日照时数较少的时候是冬季（12 月—次年 1 月），可出现全月无日照的现象。

风：重庆市地形复杂，常年风速较小，年平均在 0.6～2.1 米/秒，且多数地方在 1 米/秒左右，甚至不足 1 米/秒。冬、春季节北方冷空气入侵可形成寒潮大风，风速一般为 10～20 米/秒，其持续时间较长，影响范围较宽；夏季雷雨天气时，常伴有阵性大风，风速在 17～25 米/秒，最大风速可达 30 米/秒以上，此种风破坏力极大，但持续时间较短。

雾：多雾是重庆气候一大特点，雾成之后不易消散，形成大雾笼罩，素有“雾都”、“雾重庆”之称。随着气候变化和城市规模的扩大，近年来雾在城市呈减少趋势，市区年平均雾日50次左右。

三、地形与地貌

重庆地处四川盆地东南丘陵山地区，市域内存在各个构造体系：新华夏构造体系的渝东南川鄂湘黔隆褶带，渝西川中褶带，渝中川东褶带，经向构造的渝南川黔南北构造带和渝东北大巴山弧形褶皱断裂带等（见附录图1-1）。

由于地质条件复杂，各构造体系不同的岩层组合，差异性很大的构造特征和发生、发育规律，塑造了复杂多样的地形地貌形态。主要有4个特征：

地势起伏大，层状地貌明显。全市最低点在巫山县碚石村鱼溪口，海拔73.1米；最高点为巫溪、巫山和湖北神农三县交界的阴条岭，海拔2 797米，相对高差2 723.9米。东部、南部和东南部地势较高，多在海拔1 500米以上；西部地势较低，多为海拔300～400米的丘陵。

地貌以山地、丘陵为主。全市地貌类型分中山、低山、高丘陵、中丘陵、低丘陵、缓丘陵、台地、平坝等8大类，其中山地（中山和低山）面积62 413.24平方千米，占幅员面积75.8%；丘陵面积近14 985.76平方千米，占18.2%；平地2 964.22平方千米，占3.6%；平坝面积1 976.14平方千米，占2.4%。

地貌形态区域分异明显。华蓥山—巴岳山以西为丘陵地貌；华蓥山至方斗山之间为平行岭谷区；北部为大巴山中山同地；东部、东南部和南部属巫山大娄山山区。

喀斯特地貌分布广泛。在东部和东南部地区，喀斯特地貌大量集中分布，地下水和地表喀斯特形态发育较好。在北斜条形山地中发育了渝东地区特有的喀斯特槽谷奇观。在东部和东南部的喀斯特山区分布着典型的石林、峰林、洼地、浅丘、落水洞、溶洞、暗河、峡谷等喀斯特景观。

四、土壤与耕地

土壤的形成，是气候、地形、母质、生物、水文以及人为活动的产物。重庆市在特定的地质、地貌、气候、水文和植被条件下，土壤具有明显的形成特点和分布规律，发育的土壤类型多样。

重庆本地土壤分为水稻土、新积土、紫色土、黄壤、黄棕壤、石灰（岩）土、红壤、山地草甸土等八个土类十六个亚类（见表 1-2）。

表 1-2　重庆市主要土壤及其分布（2005 年）

土壤类型	总面积/万 hm^2	耕地面积/万 hm^2	占耕地比例/%	分　布　地　区
水稻土	110.10	110.10	42.75	800 米以下的河谷阶地、丘陵、低山坡的溶蚀槽坝
新积土	2.96	2.19	0.85	河床一、二级阶地
紫色土	171.27	78.78	30.59	1 400 米以下的西部丘陵地区、涪陵、南川、丰都、云阳、忠县、万州、开县等
黄壤	199.39	41.38	16.09	500～1 500 米的低、中山和丘陵地带，长江及大支流沿岸三、四、五级阶地
黄棕壤	47.91	3.60	1.40	1 500 米以上的中山区（城口、巫山、开县、奉节、巫溪等）
石灰（岩）土	76.91	21.47	8.34	1 500 米以下的岩溶中山和背斜低山槽谷（涪陵、武隆、南川、万州、黔江等）
山地草甸土	2.15			1 500～2 700 米的高山地带
合　计	610.69	257.52	100.00	

黄壤是本市第一大类土壤，也是重庆市地带性土壤，分布面积 199.39 万公顷，占重庆市总土地面积的 24.2%，其中耕地 41.38 万公顷，占耕地总面积的 16.07%；紫色土是本市第二大类土壤，也是主要耕作土壤之一，面积 171.27 万公顷，占总土地面积的 20.8%，其中耕地面积 78.78 万公顷，占全市耕地总面积的 30.59%；水稻土是本市主要耕作土

壤，面积 110.10 万公顷，占全市耕地面积的 42.75%，总土地面积的 13.4%；石灰（岩）土包括黄色石灰土和黑色石灰土两个亚类，全市分布总面积 74.18 万公顷，占总土地面积的 9.3%，其中耕地 21.47 万公顷，占耕地面积的 8.34%。上述四种主要土壤类型合计占全市总土地面积的 67.7%，占全市耕地面积的 97.75%。其余土壤类型均属零星分布，面积小于 50 万公顷。

五、水资源

1. 地表水

①河流水系。

重庆市境内江河纵横，水网密布，均属长江水系。以 600 余公里长江干流为线，汇集了嘉陵江、渠江、涪江、乌江、大宁河等五大支流及上百条小河流。除任河流入汉江、酉水汇入北河注入沅江流入洞庭湖、濑溪河和大清河注入沱江外，其余均在重庆市境内注入长江。总计流域面积大于 50 平方千米的河流 374 条，其中流域面积大于 1 000 平方千米的河流 36 条，流域面积大于 3 000 平方千米的河流 18 条（见表 1-3）。

长江自西南向东北横贯市境，北有嘉陵江、南有乌江汇入，形成不对称、向心的网状水系。长江、嘉陵江、乌江（重庆段）枯水期平均流量（P=85%）见表 1-4。

表 1-3 重庆市流域面积大于 3 000 平方千米河流情况表

编号	河名	全流域		重庆市境内		多年平均流量/（m^3/s）
		面积/km^2	长度/km	面积/km^2	长度/km	
1	长江	1 800 000	6 300.0	994 851	683.8	11 067.0
2	嘉陵江	157 900	1 120.0	9 262	153.8	2 120.0
3	乌江	86 900	1 020.0	28 554	235.0	1 610.0
4	渠江	32 900	720.0	1 602	72.7	744.0
5	涪江	36 400	700.0	4 369	123.2	572.0

编号	河名	全流域		重庆市境内		多年平均流量/（m^3/s）
		面积/km^2	长度/km	面积/km^2	长度/km	
6	酉水	8 530	477.0	3 981	110.0	267.0
7	芙蓉江	7 793.5	231.0	1 574	35.0	189.0
8	綦江	7 068	216.8	4 394	153.0	122.0
9	阿蓬江	5 585	249.0	3 018	139.0	151.0
10	小江	5 172.5	117.5	5 172.5	117.5	116.0
11	任河	4 900	163.0	2 356	128.0	106.0
12	郁江	4 617	175.0	3 085	87.0	134.0
13	大宁河	4 200	142.7	4 200	142.7	98.0
14	琼江	4 329	235.0	1 223	95.4	37.8
15	御临河	3 860.9	208.4	9 080	58.4	50.7
16	濑溪河	3 257	238.0	1 631.5	118.3	34.2
17	龙溪河	3 248	218.0	3 248	218.0	54.0
18	磨刀溪	3 179	191.0	2 790	191.0	60.3

表 1-4　长江、嘉陵江、乌江重庆段枯水期平均流量（P = 85%）

河流		水文站	距河口距离/km	枯水期平均流量/（m^3/s）
嘉陵江	渠江	岳池县罗渡溪	56	100
	涪江	合川小河坝	81	110
	干流	武胜	167	203
		北碚	60	428
乌江		龚滩（酉阳）	188	430
		彭水	155	439
		武隆	65	551
长江		朱沱	2 646	2 709
		寸滩	2 495	3 039
		清溪场	2 366	4 157
		沱口	2 171	3 975

长江是我国第一大江，在江津羊石镇入重庆市境，流经重庆市 17 个区（县），在巫山县碚石镇出境，境内江段长 683.8 千米，占长江总长

的 10.85%，入境（朱沱站）多年平均年径流量 2 692 亿立方米，出境（巫山站）多年平均年径流量 4 292 亿立方米。三峡库区形成后，回水长达 600 多千米，水面更加宽阔，给三峡成库的水环境保护提出了更高的要求。

嘉陵江是长江的主要支流之一，广元市城区江段以上为嘉陵江上游，广元至合川城区江段为嘉陵江中游，合川城区以下至河口为下游。嘉陵江从重庆合川区古楼镇入境，在合川城附近接纳涪江和渠江后向南过沥鼻峡、温塘峡、观音峡，经北碚区、沙坪坝区、渝北区和江北区，在市中心的朝天门汇入长江。河流全长 1 120 千米，流域面积 157 969 平方千米，河口多年平均流量 2 120 米^3/秒。重庆市境内嘉陵江干流河长 153.8 千米，流域面积 9 854.5 平方千米，落差 43.1 米。流域内属亚热带季风气候区，多年平均气温 16～18 ℃，常年降水集中在 5—10 月，多年平均降水量约 1 000 毫米。

乌江发源于贵州省威宁县的乌蒙山麓，在酉阳县万木镇入境，经彭水、武隆，在涪陵城东注入长江。河流全长 1 037 千米，流域面积 8.79 万平方千米，境内流域面积 2.85 万平方千米，河长 219.5 千米，多年平均年径流量 519 亿立方米，多年平均流量 1 650 米^3/秒。

② 地表水资源数量及其变化。

全市有过境河流 31 条，多年平均入境水量 4 460.39 亿立方米。其中长江占 80%以上，嘉陵江占 9.9%，乌江占 6.6%，其他小河占 2.5%。入境水量是以长江干流寸滩水文站的径流量为控制，出境（巫山站）多年平均径流量为 4 292 亿立方米。再扣除总面积上的当地径流量，即为各河流上段进入重庆地域处的总入境水量。重庆市当地地表水为 569.33 亿米^3/年，多年平均径流深 461 毫米，径流系数为 0.42。

2008 年全市当地地表水资源量为 576.93 亿立方米，较 2007 年偏少 12.98%，较多年平均值偏多 1.62%。

2008 年长江、嘉陵江、乌江水质评价结果表明："三江"重庆段水质保持稳定，21 个监测断面均满足III类水质标准。

2．地下水

①地下水资源类型及分布。

水文地质分区：重庆市地下水系降水入渗补给，地下水资源量地区分布特征与降水分布具备一致性，呈现由东往西递减的趋势，这也符合重庆市地质岩类分布的特征。根据大地构造单元和区域地貌形态的不同，将全市地下水资源划分为 3 个区：

盆中红层丘陵水文地质区：位于重庆西部，地下水为基岩裂隙水，地下水资源相对较贫乏；

盆东平行岭谷水文地质区：分布于重庆中部，各类地下水均有分布，地下水资源较为丰富；

大巴山、武陵山盆周岩溶中低山水文地质区：位于渝东南部和东北部，属四川盆地盆周山地区的一部分。地下水以碳酸盐岩类岩溶水为主，夹少量基岩裂隙水，地下水资源丰富，但分布不均。

在行政分区中，酉阳县地下水资源量最为丰富，巫溪县次之，渝中区最小。在流域分区中，北岸盆地区地下水资源量最大，北岸盆地边沿区次之，濑溪河区最小。

地下水类型：全市地下水类型主要分为三类：碳酸盐岩类岩溶水、基岩裂隙水、松散岩类孔隙水。碳酸盐岩类岩溶水分布面积共计 28 407.18 平方千米，占全市总面积的 34.46%，是重庆地下水中最丰富的一类，但含水极不均一，富水性受地层岩性、地貌、水文网、岩溶发育程度等多种因素影响，富水性差异极大。基岩裂隙水在本区出露总面积 54 023.72 平方千米，占全市总面积的 65.54%。松散岩类孔隙水零星分布在长江、嘉陵江、涪江等江河两岸的漫滩、阶地，以及垫江、梁平山间盆地区。地下水主要储存在砂卵石层中，分布面积小，一般无供水意义。

②地下水天然补给。根据重庆市水文地质特征与已有资料，选用地

下径流模数法和渗入系数法计算境内地下水天然补给资源量。

重庆市总面积为 8.24 万平方千米，各类地下水类型分布面积为：碳酸盐岩类岩溶水 28 407.18 平方千米，占总面积的 34.46%；基岩裂隙水面积 54 023.72 平方千米，占总面积的 65.54%。

重庆市地域内多年平均径流量为 143.86 亿米^3/年，其中碳酸盐岩类岩溶水为 117.88 亿米^3/年，基岩裂隙水为 25.98 亿米^3/年。大气降水渗入补给量为 152.03 亿米^3/年，其中碳酸盐岩类岩溶水为 126.48 亿米^3/年，基岩裂隙水为 25.55 亿米^3/年。

六、动植物资源与生态

重庆市地质地貌复杂，山地、丘陵众多，环境异质性高；市域内气候适宜，水热条件充沛，气候垂直差异显著，河流众多，水体环境多样化。优越的地理位置和复杂的自然条件，孕育了丰富多样的生物物种资源，珍稀、濒危和特有动植物种类极其丰富。

1. 动物资源

脊椎动物：迄今为止，重庆市已知脊椎动物约 865 种，其中鱼类 172 种，占 19.89%；两栖类 54 种，占 6.24%；爬行类 61 种，占 7.05%；鸟类 432 种，占 49.94%；兽类 146 种，占 16.88%。

重庆有国家Ⅰ级保护动物 13 种，国家Ⅱ级保护动物 74 种；市级重点保护陆生脊椎动物 52 种。重庆市中国特有动物 206 种，其中鱼类 104 种，两栖类 27 种，爬行类 29 种，鸟类 15 种，哺乳类 31 种。

无脊椎动物：根据 2006 年开始的重庆市物种资源调查结果，重庆市已知无脊椎动物有 4 368 种，隶属于 16 纲 55 目 338 科 2 303 属。其中，昆虫纲 3 751 种，占已知无脊椎动物种数的 85.9%，其他无脊椎动物 617 种。

微生物：全市大型真菌已知有 100 多种，其他微生物已知有 183 种。

目前重庆已知的微生物主要包括土壤微生物、淡水微生物、病原微生物、仓储微生物、污染环境微生物、水处理微生物以及极端环境微生物等。

2. 植物资源

物种数量：全市有野生维管束植物（包括外来入侵种和逸生种）5 890种，隶属于227科、1 302属。其中蕨类植物631种，隶属于47科、123属；裸子植物42种，隶属于7科、25属；被子植物5 217种，隶属于173科、1 154属。

特有植物：重庆范围内特有植物498种，占重庆维管束植物总数的8.5%，隶属于90科、253属。其中，蕨类植物44种，裸子植物27种，被子植物427种。重庆特有种有南川木菠萝（*Artocarpus nanchuanensis*）、崖柏、缙云黄芩（*Scutellaria tsinyunensis*）等几十种。

濒危植物：结合《中国植物红皮书》（傅立国，1991）和《国家重点保护野生植物名录（第一批）》统计出重庆范围内稀有濒危及国家重点保护野生植物共85种，分属于47科、69属，其中被子植物57种，裸子植物18种，蕨类植物10种。

3. 生态系统多样性

重庆市的自然生态系统丰富，主要有森林生态系统、河流生态系统、湿地生态系统、草甸生态系统和灌丛生态系统；人工或半人工生态系统主要有农业生态系统和城镇生态系统。

森林生态系统：森林生态系统在重庆具有最为丰富的物种多样性，如森林兽类和鸟类，分别占所有统计到的重庆兽类和鸟类总数的83.1%和75.1%，且濒危及特有物种众多，如金丝猴（*Rhinopithecus roxellanea*）、黑叶猴（*Trachypithecus francoisi*）、林麝（*Moschus berezovskii*）、白冠长尾雉（*Phasianus reevesii*）、崖柏（*Thuja sutchuenensis Franch*）、红豆杉（*Taxus celebica*）、连香树（*Cercidiphyllum japonicum*）、香果树

（*Emmenopterys henryi*）等。全市森林主要包括针叶林、阔叶林、竹林三类，主要分布在渝东北大巴山区、渝东南武陵山区、金佛山区、四面山区以及渝中平行岭谷的山脊，全市森林覆盖率约32%。

河流生态系统：重庆市域内的河流主要由长江和嘉陵江水系构成。水体环境的多样性孕育了丰富的水生生物，其中至少有65种被国家列为长江上游的珍稀特有物种，如中华鲟（*Acipenser*）、长江鲟（*Acipenser dabryanus*）、胭脂鱼（*Myxocyprinus asiaticus*）、中国大鲵（*Andrias davidianus*）等。除境内的长江上游珍稀特有鱼类自然保护区外，令人关注的还有高海拔区域的冷水性河溪，其冷水生物丰富而独特，代表性的物种有巫山被鲵（*Ranodon shihi*）等。

湿地生态系统：重庆湿地面积约2 405平方千米，占全市国土面积的2.92%。全市湿地可分为自然湿地和人工湿地两大类型，共11个亚型。最具特色和魅力的湿地有三峡库区消落带湿地、喀斯特沼泽湿地和山地溪源湿地等。重庆湿地中有高等维管束植物84科236属377种，野生动物70科215属404种。濒危的湿地植物有水杉（*Metasequoia glyptostroboides*）、野菱（*Trapa incisa*）、浮叶慈姑（*Sagittaria natans*）等，重要的湿地动物有胭脂鱼、中国大鲵、巫山北鲵等。重庆湿地类型多、物种丰富，具有很高的科学意义和保护价值。

草甸生态系统：重庆市的草甸生态系统共9类，其中最重要的大巴山、阴条岭、五里坡、雪宝山、金佛山等海拔2 000米以上的亚高山草甸，是我国中低纬度区域面积最大、保存最原始的亚高山草甸，生物多样性丰富，具有重要的科研价值，还起着涵养水源的作用。

灌丛生态系统：重庆市灌丛类型众多，按植被类型划分，共有常绿针叶灌丛、常绿革叶灌丛、落叶阔叶灌丛、常绿阔叶灌丛、灌草丛5大类。既有适应低温、大风的亚高山原生灌丛，适应河流边岸生境的河岸灌丛，也有森林破坏后形成的次生灌丛。

喀斯特生态系统：重庆市喀斯特地貌分布广泛，主要分布在渝东南的武隆县、彭水县、黔江区、酉阳县、秀山县，以及渝东北的城口县、开县、巫溪县、巫山县、奉节县等地。在所有这些喀斯特地区中，尤以作为世界自然遗产地的武隆县最引人注目，其喀斯特生态系统类型独特，物种丰富。调查表明，该区域内有维管束植物558种，其中蕨类植物56种，裸子植物12种，被子植物490种；有动物237种，其中兽类47种，鸟类108种，两栖爬行类19种，鱼61种。其特有的天坑洞穴生态系统，由于人类难以到达、研究极少，许多动植物尚不为人知。

农业生态系统：重庆市农业生态系统面积约3.5万平方千米，占幅员面积的36%以上，可分为三大区域，即渝西方山丘陵农业生态系统、三峡库区山地农业生态系统、渝东南喀斯特山地农业生态系统。农业区域人口稠密，年播种面积3.14万平方千米，复种指数2.22。

城镇生态系统：直辖后的重庆辖19区21县，其中都市区（主城九区）是典型的山水城市，其生物多样性较为丰富。在都市区5 473平方千米的范围内，四条山脊纵贯城区，长江和嘉陵江在此交汇。都市区有长江上游珍稀特有鱼类国家级自然保护区和缙云山常绿阔叶林国家级自然保护区以及圣灯山、华蓥山等市级自然保护区还有若干国家森林公园、湿地公园、风景名胜区。都市区的核心——渝中半岛还拥有独特的岩壁生态系统。

七、资源储量与分布

1. 水资源与分布

① 水资源总量。全市区域内当地降水形成的地表和地下水资源总量（不包括外来地表水资源量和地下水资源量相加，扣除两者间相互转换的重复计算量），2008年量为576.93亿立方米，折合径流深700.2毫米。其中，地表水资源量576.93亿立方米，地下水资源量88.40亿立方米，重复计算量88.40亿立方米，平均产水系数0.59，产水模数70.02

万米^3/千米^2。

② 蓄水量。2008年末，全市大中型水库蓄水总量为21.392 4亿立方米，比年初蓄水总量增加1.716 4亿立方米。其中，大型水库年末蓄水量13.160 2亿立方米，比年初增加0.579 5亿立方米；中型水库年末蓄水量为8.232 2亿立方米。

③ 水资源分布特点。水资源时空分布极为不均。大体情况是西南部丘陵地区和华蓥山以西的平行岭谷地区，水资源量少，农耕发达、人口密度大、水资源供需矛盾突出，当地水资源可利用量不能满足需求；华蓥山以东至方斗山之间的平行岭谷地区的当地水资源基本能满足需求。南部低山深丘地区当地水满足需求有余。北、东、东南部山区水资源较为丰富。

2. 矿产资源与分布

矿产资源是工业的物质基础，是经济社会发展的重要保障，矿业经济的持续发展和壮大，加快了工业化进程，促进了社会进步。加强对矿产资源的勘察、开发利用和保护、矿山生态环境保护和治理，可以促进矿产资源的可持续利用，以满足国民经济和社会发展对矿产资源的需求。

① 矿产资源类型。重庆市已发现矿产68种（含亚矿种），占全国（171种）的40%；查明矿产资源储量60种，占全国（159种）的38%。已发现各类矿产地1 222处，其中金属408处，非金属476处，煤炭338处；大型矿床46处，中型矿床100处。

重庆市矿产资源总体不丰富，但具有特色优势矿产。具有现实资源优势矿产主要有天然气、煤、地热、锶矿、锰矿、铝土矿、毒重石（钡矿）、水泥灰岩、汞矿、石膏、粉石英、铁矿、岩盐等，具有找矿潜力的矿产主要有硫铁矿、炼镁白云岩、铜、铅、锌等（见表1-5）。

表 1-5 重庆市主要矿产资源（2008 年）

矿产资源	保有基础储量	矿产资源	保有基础储量
天然气/亿 m^3	1 559	熔剂用灰岩/矿石万 t	10 287
煤/万 t	209 705	冶金用白云岩/矿石万 t	4 546
铁/矿石万 t	112	冶金用石英砂岩/矿石万 t	382
锰/矿石万 t	1 845	陶瓷用砂岩/矿石万 t	495
锌/金属万 t	15	耐火黏土/矿石万 t	169
铝土/矿石万 t	3 639	重晶石/矿石万 t	185
汞/t	1 917	毒重石/矿石万 t	491
锶/天青石万 t	43	盐矿/矿石万 t	100 296

注：来源于重庆统计年鉴（2009 年版）；天然气数据为剩余技术可采储量。

已查明矿产资源保有资源储量在全国排名前 10 位的矿产有 17 种。其中天然气、岩盐资源分布范围广、资源丰富，锶矿和毒重石为特色优势矿产、储量大、质量优，锰矿保有资源储量居全国第 5 位，汞矿为全国罕见的特大型矿床，为构建重庆市特色资源加工业及其发展提供了丰富的物质基础。

市域内饮用矿泉水资源较丰富，主要为硅酸矿泉类型，泉水中含多种微量元素，可作饮用和医疗用。

重庆矿产资源的总体特征是：大型矿床少，中小型矿床多；能源矿产、非金属矿产多，金属矿产少；共生、伴生矿床多，单一矿床少；贫矿、难选冶矿多，富矿少。

② 矿产资源分布。重庆市矿产资源分带较明显，分布相对较集中。市域矿产资源主要分布在城口锰、钡成矿带，巫山铁、煤成矿带，云阳—开县粉石英成矿远景区，长寿—万州天然气、岩盐、铁成矿远景区，渝中地热、煤、铁成矿远景区，渝西锶、煤成矿带，渝南铝、煤、硫成矿带，渝东南锰、汞、铅锌多金属成矿带等八大成矿区带或成矿远景区。其中渝东南锰、汞、铅锌多金属成矿带处于全国十六个重要成矿区带之一“鄂西湘西多金属成矿带”西部，市域属四川含油气岩盐盆地和渝

东—湘鄂西含油气构造的一部分，渝南铝、煤成矿带属黔北成矿带的北延部分，渝东北城口锰、钡成矿带处于川陕渝鄂成矿带的中段以及渝西锶矿带等，均在全国占有较重要的地位。

3. 能源资源

重庆市天然气储量丰富，拥有一定数量煤炭资源和水能资源。已探明天然气储量 3 650 亿立方米，其中可采储能量 2 678 亿立方米，占全国 10%左右，年产 60 多亿立方米，并且不断有新的发现，资源总量还在增加。已探明煤炭资源储量 30.49 亿吨，占全国 3‰，保有资源储量 23.07 亿吨，人均保有煤炭资源储量仅 76 吨，后备资源储量不足。预测全市煤层气资源总量为 703.07 亿立方米。水力资源理论蕴藏量 2 300 万千瓦，占全国的 3.3‰，其中经济可开发量为 820 万千瓦，占全国的 2%。

第二节 社会经济概况

一、人口及其分布

直辖以来，重庆市常住人口规模稳步下降，下降速度呈逐步放慢的趋势；人口结构、城镇化进程、人口素质等方面都得到进一步的改善，人口形势不断向好，为重庆市实现可持续发展和全面建设小康社会创造了良好的人口环境，为和谐社会的发展作出了铺垫。

1. 人口规模

直辖以来，重庆市总人口由 1997 年的 3 042.92 万人增加到 2008 年的 3 257.15 万人，增加 214.23 万人，增长 7.44%；总户数由 1997 年的 897.78 万户增加到 2008 年的 1 080.15 万户；农业人口由 1997 年的 2 448.34 万人减少到 2008 年的 2 349.67 万人，减少 98.67 万人，减少 4.03%；非农业人口由 1997 年的 594.58 万人增加到 2008 年的 907.38 万人，增加 312.80 万人，增加 52.61%（见表 1-6）。

表 1-6　主要年份总户数、总人口（1997—2008 年）　　单位：万人

年份	总户数	总人口	按性别分		按农业、非农业分	
			男	女	农业	非农业
1997	897.78	3 042.92	1 588.10	1 454.82	2 448.34	594.58
1998	907.17	3 059.69	1 596.88	1 462.81	2 445.66	614.03
1999	922.73	3 072.34	1 602.42	1 469.92	2 437.18	635.16
2000	938.87	3 091.09	1 611.68	1 479.41	2 430.20	660.89
2001	950.56	3 097.91	1 614.91	1 483.00	2 408.39	689.52
2002	961.69	3 113.83	1 623.13	1 490.7	2 392.38	721.45
2003	977.01	3 130.10	1 631.66	1 498.44	2 376.18	753.92
2004	988.59	3 144.23	1 637.18	1 507.05	2 358.40	785.83
2005	1 010.41	3 169.16	1 649.26	1 519.90	2 351.88	817.28
2006	1 030.66	3 198.87	1 662.77	1 536.10	2 353.44	845.43
2007	1 056.97	3 235.32	1 681.10	1 554.22	2 358.35	876.97
2008	1 080.15	3 257.15	1 690.56	1 566.49	2 349.67	907.38

2．人口变动情况

人口规模的变化，主要受人口自然变动和人口迁移变动的影响。直辖以来重庆市的人口变动继续向“低出生、低死亡、低增长”的现代型人口生产方式转变；外出人口流动加快，出市外人口持续增加，但趋势有所减缓，市外来人口增长较快。

市内外出人口和市外来人口的快速增长主要是受重庆市经济迅猛增长的影响。城镇化进程的快速发展，推动市内流动人口加快，随着重庆市经济实力的进一步增强，将会吸纳更多的外来人口。

3. 人口分布与城镇化率

直辖以来，随着经济的发展和城镇化进程的快速推进，城镇化率稳步上扬，城市的功能不断完善，人口的空间分布也逐渐向城镇聚集。2008 年，分“一圈两翼”看，一小时经济圈城镇化率为 62.75%，与 2007 年相比，比重上升 1.45 个百分点；渝东北翼城镇化率为 32.69%，比重上升 1.69 个百分点；渝东南翼城镇化率为 24.49%，比重上升 1.49 个百分点（见表 1-7）。

表 1-7 重庆市主要年份常住人口分布情况和城镇化率

	1996	1997	2000	2005	2006		2007	2008
常住人口/万人	2 875.30	2 876.36	2 848.82	2 798.00	2 808.00	常住人口/万人	2 816.00	2 839
都市经济圈/万人	596.34	600.95	607.82	645.51	659.06	1 小时经济圈/万人	1 687.65	1 709.94
渝西走廊/万人	870.06	873.47	876.14	829.37	838.15	渝东北翼/万人	847.01	848.16
三峡库区/万人	1 408.90	1 398.94	1 364.86	1 313.12	1 310.79	渝东南翼/万人	281.34	280.9
城镇化率/%	29.50	31.00	35.60	45.20	46.70	城镇化率/%	48.3	49.99

二、资源开发利用

1. 水资源开发利用

① 供用水量。到 2008 年年底，全市供水量为 82.77 亿立方米（比 1998 年增加 28.40 亿立方米，增幅达 54.13%），其中当地地表水 80.86 亿立方米，占总供水量的 97.70%；地下水 1.87 亿立方米，占总供水量的 2.26%，污水处理回用 0.04 亿立方米，占总供水量的 0.04%。全市用水量为 82.77 亿立方米(比 1998 年增加 29.07 亿立方米，增幅达 54.15%)，

其中生产用水为 69.81 亿立方米，占总用水量的 84.34%，生活用水为 12.50 亿立方米，占总用水量的 15.10%，生态用水为 0.46 亿立方米，占总用水量的 0.56%（见表 1-8）。

表 1-8　近年重庆市供用水量表　　单位：亿 m^3

年份	供水量				用水量				
	地表水	地下水	其他	总供水量	农业	工业	生活	生态	总用水量
1998	52.46	1.42	0.03	53.91	19.11	23.45	11.13	—	53.69
2000	54.55	1.79	0.19	56.54	18.53	25.18	12.65	—	56.37
2001	55.45	1.79	0.32	57.55	20.31	24.46	12.78	—	57.55
2002	57.92	2.19	0.24	60.35	20.69	24.79	14.85	—	60.35
2003	60.90	1.93	0.33	63.17	52.26		10.59	0.31	63.16
2005	69.52	1.60	0.03	71.16	59.52		11.24	0.38	71.15
2006	71.01	2.09	0.08	73.20	61.32		11.47	0.41	73.20
2007	75.55	1.84	0.03	77.43	64.79		12.19	0.43	77.43
2008	80.86	1.87	0.04	82.77	69.81		12.50	0.46	82.77

② 开发利用情况。到 2000 年底，全市共建成各类水利工程 183 546 处，其中：中型水库 33 座。年蓄引提水能力 390 947 万立方米，有效灌溉面积 939 万亩[①]，占耕地面积的 39.5%，保灌面积 638 万亩，占耕地总面积的 26.85%。已建成乡镇供水工程 1 112 处，总规模 92 万吨/日，受益人口达到 435.58 万人；共计解决农村人口饮水困难 527.17 万人。

至 2008 年，全市大中型水库共计 65 座，其中大型水库 6 座，中型水库 59 座。与 2001 年比较，新增水库 23 座，其中大型水库 2 座，中型水库 21 座。2008 年大中型水库年末蓄水总量为 21.392 4 亿立方米，比 2001 年末增加 13.722 1 亿立方米。其中，大型水库增加 8.636 0 亿立方米，中型水库增加 5.086 1 亿立方米。大中型水库蓄水动态如表 1-9 所示。

① 1 亩=1/15 公顷。

表 1-9 2001—2008 年重庆市大中型水库蓄水情况

年份	大型水库		中型水库		年末蓄水总量/亿 m^3
	座数/座	年末蓄水量/亿 m^3	座数/座	年末蓄水量/亿 m^3	
2001	4	4.52	38	3.14	7.67
2002	4	7.17	38	3.83	11.01
2003	4	7.08	43	4.83	11.92
2004	4	10.79	49	5.42	16.24
2005	5	10.75	49	5.77	16.53
2006	5	9.02	57	5.28	14.30
2007	5	11.77	57	6.91	18.68
2008	6	13.16	59	8.23	21.39

2．矿产资源开发利用

① 矿产资源开发利用情况。至 2008 年，已开发利用矿产 35 种，已建各类矿山 3 529 个（不含天然气矿山）。其中，大型 13 个，中型 135 个，小型及以下 3 381 个；煤炭矿井 1 109 个，整合规划后矿井 1 050 个，金属矿山 77 个，非金属矿山 2 605 个（含地热、矿泉水）；国有矿山 47 个，集体矿山 315 个，私营矿山 2 175 个，合资及外资矿山 12 个，其他矿山 1 242 个。

矿产资源特色产业集群初步形成。矿产资源开发向多元化方向发展，矿山企业所有制结构进一步优化，开发利用规模逐步扩大，矿业经济稳步增长，以矿产为原料的深加工业得以长足发展，逐步形成了长寿天然气化工，长寿、万州盐化工，涪陵优质化肥，铜梁、大足锶化工，秀山、城口锰工业，江津、合川建材工业，松藻、南桐煤炭工业，南川铝业，云阳、开县硅业等具有一定规模的矿产资源特色产业集群或产业链。

② 矿山环境保护与恢复治理。重庆市因采矿引起的矿山环境问题较多，类型较为复杂，其中矿山地质灾害、矿山占用及破坏土地资源、

矿山地下水系统破坏和“三废”污染等是目前存在的主要矿山环境问题。

重庆市高度重视矿山环境保护问题，制订了《重庆市 2006—2015 年矿山环境保护与治理规划》，目前正在编制《重庆市废弃矿井治理（专项）规划》。为落实市委、市政府提出的建设“森林重庆”的目标，重庆市国土房管局又组织编制了《重庆市城周矿山植被恢复子规划》纳入《重庆市森林工程总体规划》中。2007 年 2 月市国土房管局、市财政局和市环保局联合出台了《重庆市矿山环境保护与恢复治理保证金管理暂行办法》（渝财建[2007]41 号文），初步建立了全市矿山环境恢复保证金制度，截至 2008 年年底，全市累计缴存 4 180.2 万元。

矿山生态环境保护的长效机制初步形成，实施了一批矿山环境恢复治理工程项目，极大地推进了重庆市矿山环境恢复治理工作，有效地保护了矿山环境，促进了地方经济的持续健康发展，并取得了较为显著的成效。

3. 生态资源开发利用

① 耕地与生态农业。直辖以来，重庆市通过划定基本农田保护区，对耕地实行特殊保护，按照“保持耕地总量动态平衡”的目标，实行耕地占补平衡制度，积极推进土地整理和复垦，限制性地进行土地开发，努力增加耕地面积，保持耕地面积的基本稳定。大力调整农业结构和布局，坡度大于 25 度的耕地，逐步实行退耕还林（草），耕地种植多年生常绿经济作物，减少雨水冲刷，15～25 度的耕地，实行耕地综合治理，推广使用横坡耕作，防止水土流失，改善农业生态环境。平衡施肥，加强中低产田土的改造，增加对农业水利、灌溉等基础设施的投入，改善耕地的灌溉条件，实施“沃土工程”，提高耕地质量。

农业生态环境保护工作逐步加强。加强对农药、化肥、农膜使用的控制，开展秸秆综合利用，推广使用生物农药和优质有机肥。坚持开展高毒高残留农药专项整治，进一步扩大测土配方施肥示范面。仅 2008

年，全市 32 个区县（自治县）推广测土配方施肥 2 070.82 万亩，减少不合理施肥 1.58 万吨。对 12 个区县基本农田土壤定点监测表明，环境质量均属安全级，符合国家农业生产环境质量标准。抽样监测的 53 个无公害农产品基地和 22 个绿色食品基地全部符合国家相应产地环境技术条件。

② 园林绿化。重庆市围绕改善生态环境和创建“山水园林城市”的总体目标，贯彻落实全国城市绿化会议精神、大力创建国家园林城市，推进城市森林工程建设，通过完善公园基础设施建设、加强公园景点改造、大力实施景观整治，增加城市绿地、推进公园规范化管理和创建达标工作、抓重点项目、样板工程、城市干道绿化和生态林建设，加大园林绿化建设力度，增加城市绿化总量，提升绿化档次和城市景观，基本达到国家园林城市要求，园林创建工作成效明显。

2008 年全市城市建成区园林绿地 28 859 公顷，公园绿地 10 504 公顷，绿化覆盖面积 31 820 公顷，城市公园 169 个（面积 3 954 公顷），城市建成区绿化率 33.0%，比 1998 年增加 13.1 个百分点；绿化覆盖率 35.9%，比 1998 年增加 18 个百分点；人均公园绿地 9.63 平方米，比 1998 年增加 7.34 平方米。主城建成区园林绿地 15 624 公顷，公园绿地 5 875 公顷，绿化覆盖面积 17 119 公顷，城市公园 87 个（面积 2 351 公顷），城市建成区绿地率 34.9%，绿化覆盖率 38.2%，人均公园绿地 10.75 平方米。

③ 森林与草地。通过广泛动员和组织全市人民，加强现有森林资源保护管理，制止毁林开垦和乱占林地，大力采取植树造林和封山育林等措施，不断提高森林覆盖率；通过天然林保护工程、退耕还林工程、封山育林工程、生态林营造工程、商品林建设工程等五大工程以及“森林工程”的实施，重庆市从根本上遏制了水土流失，逐步改善生态环境。

截至 2008 年，全市林业用地面积 407.87 万公顷，比 1998 年增加 105.23 万公顷；森林面积 280.00 万公顷，比 1998 年增加 107.80 万公顷；

森林覆盖率为34.00%，比1998年增加13.02个百分点；活立木总蓄积量为1.20亿立方米，增加0.48亿立方米（见表1-10）。

表1-10　直辖以来重庆市森林变化情况

年份	林用地/万 hm^2	森林/万 hm^2	森林覆盖率/%
1998	301.10	172.80	20.98
1999	387.00	172.80	23.10
2000	297.39	177.92	24.00
2001	297.40	190.30	25.00
2002	303.42	186.03	25.00
2003	319.00	223.70	27.15
2004	319.00	223.70	27.15
2005	407.87	247.33	30.00
2006	407.87	263.33	32.00
2007	407.87	271.72	33.00
2008	407.87	280.00	34.00

通过实施牧草种子工程、人工种草工程、飞播放草工程、小草原改良工程、草业技术服务体系建设、天然草原植被恢复与保护、地方优良牧草资源保护、草种繁育基地建设等一系列项目建设，2008年末全市种草累计保留面积达5.70万公顷。全年治理草原鼠虫害0.40万公顷，草场禁牧1.88万公顷，草原围栏0.84万公顷。积极开展水土流失综合治理，初步治理水土流失面积2 538.70平方千米。

④ 自然保护区、风景名胜区和森林公园。自然保护区、风景名胜区和森林公园的建立，为重庆市的自然资源和生态资源以及濒危珍稀物种保护方面起到了重要作用。1998年以来，重庆市自然保护区建设步伐加快，自然保护区、风景名胜区、森林公园总数从11个、37个、43个增加至2008年的52个、59个、65个。到2008年年底，全市自然保护区总面积91万多公顷，占全市幅员面积近12%，其中国家级4个，市

级 21 个，区县级 27 个；森林公园面积 19 万多公顷，占全市幅员面积的 2.3%，其中国家级 22 个，市级 43 个；风景名胜区面积 6 000 多平方千米，占全市幅员面积 7%多，其中国家级 6 个，市级 31 个。自然保护区、森林公园和风景名胜区分布在重庆市域范围内，基本涵盖了重庆市域内具有保护价值的地区。

4. 土地资源开发利用

① 土地资源利用现状。截至 2008 年 12 月 31 日，全市土地总面积 12 340.3 万亩，其利用现状为：

全市农用地为 10 380.1 万亩，占全市土地总面积的 84.1%，耕地面积为 3 353.8 万亩、园地面积为 360.4 万亩、林地面积为 4 936.6 万亩、牧草地面积为 355.8 万亩、其他农用地为 1 373.9 万亩，分别占全市土地总面积的 27.2%、2.9%、40.0%、2.9%和 11.1%，体现重庆大农村的特色。

建设用地为 889.8 万亩，占全市土地总面积的 7.2%，其中居民点及工矿用地为 734.3 万亩、交通用地 72.6 万亩、水利设施用地 83.0 万亩，分别占全市土地总面积的 5.9%、0.6%和 0.7%。

② 耕地的利用规模。2008 年，全市耕地总面积为 223.59 万公顷，其中常用耕地面积 138.46 万公顷，占耕地总面积的 61.8%，平均每个农村人口拥有常用耕地 0.86 亩（见表 1-11）。

表 1-11　重庆市土地分类面积（截至 2008 年底）

地类	辖区面积	农用地						建设用地	未利用地
		合计	耕地	园地	林地	牧草地	其他农用地		
面积/万 hm^2	824.01	692.04	223.59	24.02	329.11	23.72	91.60	59.32	71.33
占辖区比例/%	100.00	83.98	27.13	2.92	39.94	2.88	11.12	7.20	8.66

5. 能源资源开发利用

按照把重庆建设成长江上游经济中心的要求，直辖以来，重庆市加快了能源项目的策划和前期工作，辖区内能源资源开发利用得到了很大提高，加强与周边省份的能源战略合作，以电力为中心，煤炭为基础，天然气为补充的能源保障体系初步形成，能源供应能力和水平快速提高，为经济和社会高速发展奠定了重要的物质基础。

① 电力发展情况。电力工业是国民经济先行行业。直辖以来，为构筑重庆市安全可靠的能源保障体系，全市实施了电力优先发展战略，加快推进了电力建设和前期工作。

电源建设成绩斐然。珞璜电厂二期工程（72 万千瓦）、白鹤电厂二期工程（60 万千瓦）、松藻安稳电厂（30 万千瓦）、合川双槐电厂一期（60 万千瓦）、珞璜电厂三期工程第一台（60 万千瓦）、万盛电厂第一台（30 万千瓦）等一批大型火电机组和江口水电站（30 万千瓦）、鱼剑口水电站（6 万千瓦）等一批大中型水电站已经建成投产，为全市新增发电装机 446 万千瓦。全市电力装机容量从 1997 年的 314 万千瓦突增至 2006 年底的 760 万千瓦，增幅高达 142%。直辖以来，电源投产规模大大超出了自 1906 年重庆有电以来 90 年的建成总量。

重庆市正在开工建设重点电源项目共计 16 个，总装机规模达 424 万千瓦。其中：水电站有 13 座，装机规模 307 千瓦，包括重庆最大的水力发电站彭水电站（175 万千瓦）、嘉陵江草街航电枢纽工程（6 万千瓦）、马岩洞水电站（6.6 万千瓦）、石堤水电站（12 万千瓦）、箱子岩电站（3.2 万千瓦）、中梁水电站（12 万千瓦）、金家坝水电站（6.3 万千瓦）、芝麻田水电站（2.4 万千瓦）、巴山电站（14 万千瓦）、酉酬电站（12.2 万千瓦）、门坎滩电站（2.5 万千瓦）、湾滩河电站（5.16 万千瓦）。火电项目 3 个，总装机规模 117 万千瓦，包括珞璜电厂三期工程第二台（60 万千瓦）、万盛火电厂第二台（30 万千瓦）、永川松溉发电厂（27

万千瓦）。

全市正在推进前期工作的重大电源项目共 13 个，总装机容量 700 多万千瓦（不含抽水蓄能），包括核电项目（200 万千瓦）、奉节电厂（60 万千瓦）、石柱电厂（60 万千瓦）、习水二郎火电厂（120 万千瓦）、乌江银盘水电站（60 万千瓦）、浩口水电站（15 万千瓦）、小南海水电站（175 万千瓦）、綦江盘龙抽水蓄能电站一期工程（60 万千瓦）、巫山抽水蓄能电站（120 万千瓦）、云阳抽水蓄能电站（180 万千瓦）等。

电网建设高速发展。1997—2006 年，重庆电网建设总投资 267 亿元。1998 年重庆作为全国第一批城网改造试点城市获得日本协力银行 139 亿日元的城网改造贷款资金。重庆电网启动了历史上规模最大、投资最多的电网建设与改造。

直辖以来，重庆电网从无到有，支撑起 500 千伏骨干网架，横贯东西的 500 千伏骨干电网已形成双回链形结构，中西部已形成以城区为中心的联系较紧密的 220 千伏双回环网，一个东联三峡、华中，西接二滩、四川的“川电东送”中枢通道已经形成。110 千伏辐射网络供电格局与珠罗密布的配网形成了一个较为完善的输配电网络，一个高电压、大机组、高参数和较高自动化水平的现代化电网正在逐步建成。

② 煤炭企业发展情况。

煤炭产量稳步增长，生产经营秩序逐步规范。直辖以来，在党中央的正确领导下，全市人民紧紧抓住设立直辖市、三峡移民迁建和库区开发、实施西部大开发等重大机遇，开拓进取，扎实工作，国民经济和社会发展取得显著成就，实现了国民经济的快速增长。在全市一次能源生产量和消费的煤炭实施了稳步增长，原煤产量由直辖时的 2 787 万吨，增长到 2006 年的 3 500 万吨，不但基本上满足全市工农业生产和人民生活对煤炭能源的需求，同时每年还向四川、湖南、湖北、广东、广西、上海等省区调出约 600 万吨。

煤矿建设步伐加快，煤矿技术水平不断提高。根据全市电源建设的需求和“十一五”能源发展规划，重庆市加快了煤矿新井建设速度。当前全市重点煤矿新建矿井开工建设总规模为 210 万吨/年，其中：綦江张狮坝井田设计能力 60 万吨/年，万盛区兴隆井田设计能力 60 万吨/年，合川沥鼻峡盐井一矿 90 万吨煤田。已完成勘探和可行性研究前期工作的矿井总规模达 390 万吨/年。从 2005 年开始，年投入新井建设和技改在 5 亿元以上，煤矿建设步伐超过了全市煤炭建设史上任何阶段。

市属煤矿结合建设高产高效矿井，对煤炭资源条件好，市场潜力大的矿井进行技术改造，依靠科技进步改革采煤方法，提高技术装备水平，引进大功率高强度综合采煤和掘进机械化，在职工减少一半的情况下，提高了煤产量；小煤矿实现了机械通风，部分矿井实现了壁式开采，安装了瓦斯监测系统，依靠技术进步改善了井下主业环境，正逐步开展矿井质量标准化建设，实现规范化生产。

③ 天然气发展情况。重庆市是天然气主产区，也是天然气的重要消费区。近年来，全市的天然气消费保持了 10%的增长速度，天然气在全市能源结构中的比重约占 13%，远远高于全国 2%的平均水平。51%以上的工业经济与天然气使用密切相关。CNG 汽车、民用天然气的消费量也在增加，全市城镇气化率达到 80%以上。2006 年，全市天然气需求达到 39 亿立方米。按现有规划的项目需求匡算，2010 年全市天然气消费需要 93 亿立方米。重庆市 2005 年形成 65 亿米^3/年配套生产能力，争取 2010 年形成 90 亿米^3/年配套生产能力。

④ 农村能源发展情况。农村沼气建设联结农业生产、农民生活和农村生态三大环节，集经济、社会和生态效益于一体。发展农村沼气，从根本上改变农村环境卫生状况，极大改善农民的生产生活条件，提高生活质量。沼气的利用，降低了煤柴的消耗，减少了烟尘和有害气体排放对大气的污染，有利于保护森林资源，改善土壤结构，保护和改良农业生态环境。因此，发展农村沼气对于建设社会主义新农村具

有重要意义。

直辖以来，重庆市农村沼气事业经历从慢到快，从单一到复合的两个阶段发展历程。第一阶段从直辖到 2002 年，农村沼气发展定位为优化农村用能结构，重点以发展单一的农村户用沼气为主，其间主要实施了农村小型公益设施建设，全年年均增长 2 万～3 万座。第二阶段从 2003 年开始，主要以实施生态家园富民工程为标志，摆脱“就能源抓能源”的旧思路，围绕农村经济建设和生态环境建设两项根本任务，优化融合各项能源技术和庭院高校农业技术，以村庄和农户为建设单位，将沼气建设与厨房、厕所、畜舍、庭院环境卫生等结合起来，以期达到家居温暖情节化、庭院经济高效化和农业生产无害化。

全市已累计发展农村户用沼气池 63.31 万座，年总产量为 20 752 万立方米，年开发能源 14.82 万吨标煤，年度增长数较 1998 年翻了一番。以沼气为纽带的生态农业得到了一定发展，全市建立了多种“猪—沼—果”等生态农业模式，“三沼”综合利用技术得到推广，2005 年全市推广沼液浸种 3.63 万公顷，沼渣、沼液养鱼 5 463 公顷，沼液养猪 28.69 万头；沼渣种菇 42.37 万平方米；沼气保鲜水果 25.94 吨，沼气储粮 105 吨。

三、产业发展

直辖以来，全市深入贯彻落实科学发展观，实现了第一、第二、第三产业以及教育科研、医疗卫生和交通运输业的协调、快速、健康发展。

1．第一产业

重庆市坚持“加快发展，富民为本”的工作方针，紧紧围绕农民增收、农业增效、农村发展，大力实施科教兴农、综合开发、城镇带动和可持续发展“四大战略”，实施“三百工程”成效显著，推进农业和农村经济结构战略性调整，提升农业产业化经营水平，农民生活水平和质量不断提高，农村面貌焕然一新，整体进入建设小康社会阶段。

① 农村经济全面增长，综合实力显著增强。直辖以来，尽管遭受连年自然灾害，但农、林、牧、副、渔业仍全面发展，农村经济总量大幅增加。2008 年全市农村经济总量（即县以下 GDP）达到 1 408 亿元，为 1996 年的 2.87 倍；农业增加值达到 560.68 亿元，为 1996 年的 1.97 倍。从业人员达到 1 379.89 万人。农民收入稳定增长，直辖前的 1996 年，全市农民人均纯收入仅为 1 479 元，到 2008 年增加到 4 126 元（见表 1-12）。

表 1-12　农村经济主要指标情况

年份	农村经济总量/亿元	农业增加值/亿元	农民人均纯收入/元
1996	491	284.89	1 479
1997	534	304.51	1 692
1998	569	298.67	1 801
1999	582	284.28	1 836
2000	616	283	1 892
2001	667	293.03	1 971
2002	730.5	315.78	2 098
2003	802.1	341.07	2 215
2004	986	431.04	2 510
2005	1110	463.04	2 809
2006	1201	424.07	2 871
2007	1342	492.18	3 509
2008	1408	560.68	4 126

② 结构性调整取得阶段性成果，农村二、三产业快速发展。直辖以来，重庆全市按照“改造提高第一产业，壮大优化第二产业，加快发展第三产业”的思路，集中力量调整农业农村经济结构，并对都市发达经济圈、渝西经济走廊和三峡库区生态经济区三大经济区实行分类指导，农业农村结构调整取得突出成就，产业结构得到明显优化（见表 1-13）。

表 1-13 农村经济结构指标情况表 单位：亿元

年份	总产值	农业	林业	牧业	渔业
1996	424.99	271.38	11.55	131.17	10.89
1997	439.35	267.89	11.73	146.89	12.84
1998	428.88	254.94	15.09	144.48	14.38
1999	416.88	249.62	11.56	140.95	14.74
2000	412.63	244.74	10.82	141.99	15.08
2001	431.17	250.40	11.20	154.40	15.16
2002	460.98	264.08	13.51	166.20	17.19
2003	488.57	270.12	14.58	177.64	18.33
2004	612.77	332.95	18.48	230.94	21.25
2005	662.19	358.30	19.97	249.50	23.80
2006	637.24	340.95	22.31	240.31	21.86
2007	720.73	401.48	25.92	264.48	18.44
2008	871.39	465.47	29.34	344.15	21.15

③ 农产品结束了长期短缺历史，市场竞争力明显增强。全市主要农产品产量大幅增加，基本实现了自给。同时，商品率由 1998 年的 25.45%提高到 2008 年的 65.3%；粮食产量稳定在 1 000 万吨左右，人均占有粮食高于全国。

2002 年以来，启动实施“无公害食品行动计划”，全面推进农产品质量安全监管。制定农业行业标准和地方标准 188 项，建立了国家和重庆市地方农业标准化示范区 145 个（30 万公顷）。认定名牌农产品 156 个，无公害农产品 153 个，绿色食品 145 个，有机食品 25 个。

④ 扶贫攻坚计划圆满完成，全面进入建设小康社会阶段。直辖以来，全市开创集团式扶贫方式，举全市之力大打扶贫攻坚战，20 个贫困县如期于 2000 年底成建制越温达标。直辖初，全市有 366 万建卡贫困人口，占全市农村人口 15%，通过 10 年的扶贫攻坚，取得了显著成绩，贫困地区农民收入逐年增加、地区经济持续快速发展，基础设施进一步改善、社会事业明显进步。

2. 第二产业

全力推进新型工业化“5444”战略，工业发展跃升到一个新的高度，成为带动全市经济增长的“引擎”。实施主城区“退二进三”和“退城进园”发展战略，工业生产力布局得到调整，汽车摩托车、装备制造、资源加工、高技术四大支柱产业发展加速，工业经济集约化、产业集聚效应效果显现。已经形成“1430”特色工业园区协调发展的格局，成为区域经济发展的新的增长点。

直辖以来，重庆市第二产业成为三大产业中增长最快的产业，增加值由1997年的540.08亿元增加到2008年的2 433.27亿元。其中工业由464.48亿元提高到2 036.40亿元；建筑业由75.6亿元增加到396.87亿元（见表1-14）。

① 工业。重庆是我国重要的工业基地和国防科研生产基地，有较强的产业基础，在全国40个工业大类行业中，重庆有39个，资产存量大、配套加工能力强是重庆工业经济的特点，同时，工业在重庆发展的各个历史时期都作出了重要贡献。重庆直辖以来工业发展可以分为三个阶段。

第一阶段即1997年至2000年的扭亏脱困阶段。从1996年起，重庆工业沦入连续四年的亏损之中。情况最严重的是直辖之初的头两年，1997年全市国有工业企业亏损面超过60%；1998年全市规模以上工业企业亏损面超过49.46%，其中国有工业企业亏损面高达63.29%。为此，1999年，重庆市委召开一届六次全委会议专题研究国有企业改革和发展的问题，作出了全面的工作部署，出台了《关于贯彻落实党的十五届四中全会精神，加快国有企业改革和发展的意见》，提出了“七个一批”的改革发展思路和工作措施，实施了重庆直辖后的第一次重大调整产业结构政策，1999年当年就减亏10亿元。在2000年结束了国有企业长达6年、整个工业长达4年的高额亏损局面，基本完成了三年脱困目标。

表 1-14 第二产业产值

年份	第二产业		工业		建筑业	
	增加值/亿元	增速/%	增加值/亿元	增速/%	增加值/亿元	增速/%
1997	540.08	112.3	464.48	111.1	75.60	118.5
1998	558.87	106.5	467.86	104.0	91.01	119.6
1999	574.98	110.5	478.16	110.9	96.82	108.8
2000	623.83	110.6	512.07	110.5	111.76	111.3
2001	688.40	111.9	559.36	111.2	129.04	114.9
2002	780.97	113.9	631.11	113.8	149.86	114.5
2003	921.10	116.2	744.77	116.4	176.33	115.2
2004	1 112.80	116.4	899.68	116.8	213.12	114.3
2005	1 259.12	112.9	1 023.35	114.0	235.77	107.9
2006	1 500.97	119.2	1 234.12	120.6	266.85	113.2
2007	1 892.10	126.1	1 572.26	127.4	319.84	119.9
2008	2 433.27	128.6	2 036.40	129.5	396.87	124.1

第二阶段即实施“三大基础”工程优化产业结构阶段。自 2000 年全市工业整体扭亏脱困后，市委、市政府审时度势，在“七个一批”工作成效的基础上，提出并实施了建立合理的经济结构、建立先进的技术进步体系、建立灵活的经济运营机制“三大基础”工程，对症下药，一厂一策，辨证施治，加大了工业的调整改造力度，大大增强了经济发展的活力，提高了经济发展的质量。工业利润相继突破 20 亿元、30 亿元、80 亿元后，2007 年更是突飞猛进达到 241.7 亿元。

第三阶段即推进新型工业化不断壮大重庆工业阶段。2003 年，新一届重庆市委、市政府认真贯彻落实党的十六大提出的走新型工业化道路的要求，及时总结经验，清理发展思路，提出了“工业强市”的指导思想和分“三步走”的发展战略。在此基础上，为进一步细化工作思路，统筹一、二、三产业的协调发展，2004 年，按照党的十六大、十六届三中全会和中央经济工作会议精神的要求，深入学习贯彻“三个代表”重要思想，认真树立和落实科学发展观，进一步加大推进改革的工作力度，市委二届五次全委会专题研究加快推进新型工业化问题，通过了《关于〈中共重庆市委关于加快推进新型工业化的决定〉的决议》。市委、市政府又在全市范围内广泛开展了加快推进重庆新型工业化“5444”发展思路（实现五大发展目标、发展四大重点产业、抓好四大战略任务、实施四大保障措施），有力地推动了重庆工业的加速发展。

② 建筑业。直辖以来，建成了一大批技术先进、工艺复杂、规模宏大的工业、交通、能源、水利、通信、国防、城市基础设施和大型群体建筑工程。建成了珞黄电厂二期工程、渝长及渝涪高速公路，在主城区 600 平方千米内实施清洁能源工程，新建了一批水环境项目工程。全市 15 个区和 4 个县级市生活垃圾无害化处理达 54.78%。

在交通和城市基础建设领域，高质量建成了一批交通和市政基础设施工程。先后建成了黄花园大桥、鹅公岩长江大桥、李家沱长江大桥、嘉陵江渝澳大桥，万州、忠县、涪陵、丰都、奉节、江津等区县的长江大桥，五桥机场、达万铁路、万州深水码头、库区沿江高速公路也先后建成通车通航投入运营，大公馆立交桥、四公里立交桥、轻轨二号线、朝天门广场、人民广场、三峡博物馆、奥体中心、国际会展中心等工程和城市交通建设工程、城市基础设施建设工程一道，对于再造社会功能，完善城市综合实力，起到了积极作用。

3. 第三产业

第三产业发展是人类物质活动进行到较高阶段的必然结果，是一个国家和地区经济发展水平的重要标志。第三产业对优化资源配置、培育市场体系，提高人民生活水平，促进就业、拉动第一、第二产业发展，均具有十分重要的作用。

直辖以来，重庆市委、市政府在加快推进新型工业化的同时，提出了加快第三产业发展的思路和对策，市委市政府多次下发专项文件，鼓励国家、集体、个人一起上，大力发展多种所有制、多种形式的第三产业，加快商业网点建设，增加基础设施投资，大大加快了重庆市第三产业的发展。

1997 年重庆直辖之初，第三产业实现增加值 482.19 亿元，占国民生产总值的比重为 35.7%，到 2008 年，第三产业实现增加值 2 087.99 亿元，占国民生产总值的比重为 40.97%。1997 年，重庆市第三产业容纳就业人员数为 432.15 万人，占全部就业人数的 25.6%；2008 年，重庆市第三产业容纳就业人员数为 560.36 万人，占全部就业人数的 34.0%。重庆市第三产业进入前所未有的高速发展时期。

传统商贸业是第三产业的先行产业，一般在第三产业发展初期，所占比重较大，而到了第三产业高速发展期，应是金融、现代物流、科技服务等生产型服务行业占据第三产业的重要比重。重庆市批发和零售业第三产业中所占的比重下降了近 5 个百分点，房地产业得到了较好的发展，但是，金融、现代物流业在第三产业中的比重上升较慢。这说明，重庆市第三产业的内部结构仍处于比较初级阶段，需要进一步调整和优化。

4. 教育科研

直辖以来，重庆市教育取得了令人瞩目的重大成就。2008 年与 1997 年相比，“两基”人口覆盖率 40.5%上升到 100%，全市实现了“两基”目标，“两基”人口覆盖率增长 59.55 个百分点；截至 2008 年年底，全市有各级学校 12 595 所，其中，普通高等学校 47 所，普通中等专业学校 25 所，普通中学 1 325 所，小学 7 575 所，特殊教育学校 41 所，幼儿园 3 582 所；教职工 268 952 人，其中，普通高等学校教职工 28 398 人，普通中等专业学校教职工 2 105 人，普通中学教职工 103 111 人，小学教职工 119 161 人，特殊教育学校教职工 670 人，幼儿园教职工 15 507 人；普通高等学校在校生 485 013 人，普通中等专业学校在校生 113 853 人，普通中学在校生 1 907 856 人，小学在校生 2 243 916 人，特殊教育学校在校生 12 172 人，幼儿园在校生 574 187 人。

5. 医疗卫生

直辖以来，市委、市政府高度重视卫生工作，采取了一系列推进改革和加快发展的政策措施，卫生事业发展取得了阶段性成就，全市城乡居民健康水平稳步提高。到 2008 年年底，全市（不含军队系统）有 2 258 个各级各类医疗卫生机构，有 81 950 张床位、88 746 名卫生技术人员，平均每万人拥有病床 23.92 张、执业医师 29 476 人、注册护士 26 799 人，人均期望寿命 75.8 岁。1997 年年末至 2008 年年末，医院门（急）诊人次从 5 584 万下降到 3 037.50 万，住院人数从 96 万上升到 132.70 万。1997 年末到 2008 年底，全市孕产妇死亡率从 79.12 ‱下降到 35.2 ‱，婴儿死亡率从 19.08‰下降到 5.2‰，孕产妇住院分娩率达到 78.05%；全市儿童脊灰、麻疹、卡介和百日破“四苗”接种率从 93.33% 上升到 97.86%。

6. 交通运输

“经济要发展，交通需先行”，特别是在大城市与大农村并存的山地城市，交通发展显得尤为重要。重庆直辖后，市委、市政府决定把加快基础设施建设作为推动重庆经济发展的切入点，明确了基础设施建设以交通为重点，交通建设以公路为重点，公路建设以高速公路为重点的发展思路，使全市交通建设以前所未有的规模和速度迅猛推进。

直辖以来，重庆在交通建设与发展中呈现出以下突出特点与亮点：

① 重庆八小时工程。“八小时工程”是重庆市委、市政府在 2000 年 8 月首次提出，是建成长江上游经济中心和交通枢纽的需求，是实施西部大开发、以大城市带大农村的需要。规划重点是解决秀山、巫山、巫溪、城口的交通瓶颈问题。依托已建成的渝长、长涪高速公路和在建

的长万高速公路，重点建设国道 319 涪陵至秀山、省道 103 万州至巫山以及省道 202 万州至城口的公路，总里程 922 千米，总投资约为 34.84 亿元。工程于 2001 年全面开工建设，2003 年年底，随着长万高速公路的贯通，标志着“八小时工程”全面竣工。

“八小时工程”建成后，从重庆内环高速出发，8 小时之内可到达市内任何一个区县县城所在地。这从根本上解决了秀山、巫山、巫溪和城口四个边缘县城的出行难问题，大大提高了沿线地区的对外交通条件，改变了人们的思想观念。“八小时工程”包含的项目与其他线路形成了较为完善的公路交通网络，增大公路在全市农村地区、移民地区和贫困地区的公路通达程度和路网密度，为重庆市区域经济的协调发展打下坚实基础。

② 主城半小时工程。为了解决主城区日益严重的交通堵塞问题，改善主城区的交通状况，提高城市形象，提高人民群众的生活质量，2000 年，市委、市政府提出实施“半小时主城”的目标。2001 年市建委同市规划局等市级部门制订《“半小时主城”建设计划》，同年 11 月该计划经市委、市政府审议通过，并将“半小时主城”交通建设工程列入全市民心工程。“半小时主城”交通建设工程要实现的目标为：主城区外环线内，各组团中心及重要节点到人民广场半小时通达，各组团中心及重要节点到外环线节点半小时通达，主城区外的北部新区和北碚城区到外环线节点半小时通达。

③ 农村公路通达通畅工程。按照规划，重庆将投入 221.2 亿元新建和改造农村公路，总里程将达 70 663 千米。自 2003 年以来，已累计完成建设资金 14 多亿元。农村公路建设超过 2.3 万千米。“十一五”期间，全市农村公路建设力度进一步加大，需新、改建农村公路 4.6 万千米，建设总投资约 172 亿元，其中交通部对全市农村公路建设资金补助的 55 亿元以及市政府向国家开发银行贷款的 55 亿元已基本落实。此外，每年从交通规费、扶贫开发费、以工代赈资金以及各区县税收增量中拿出

部分专项资金，用于农村公路建设。到2010年全市基本实现100%的乡镇通油（水泥）路、有条件的行政村全部通公路、50%的行政村通油（水泥）路的总体目标。

④ 运输服务方面。重庆直辖以来，由于交通基础设施网络条件不断改善，适度竞争的运输市场逐步形成，行业管理日益规范等因素的影响，整个综合交通体系的服务水平有了明显的提高。

公路。道路运输市场实行了规范化管理，主次枢纽站场设施明显改善，乡镇客源站点建设逐步加快，乡村通班车率大大提高。中长途客运线路等级得到了优化和升级、车辆设备逐步升级换代、司乘服务水平得到了很大改善，乘车安全性和舒适性也得到了大大提高。城市公交重点发展中、高档客车，实行星级服务等级标准，逐步规范各种管理程序和行为，大大提升了公交客运档次，改善了城市公交的窗口形象。

水路。建成了重庆口岸物流EDI平台，并实现了与上海港EDI联网，形成了集装箱快速通关体系。针对三峡工程蓄水变化，及时推出了库区最新航行图，并全力开展干支流航道船舶GPS定位系统，保障了通航安全。

铁路。经过数次提速后，列车运行速度有所提高，空调专列、旅游专列的开通满足了不同层次的旅客需求，同时列车的服务质量也有所提高。

民航。重庆机场高度重视航空市场的工作，不断加大航空营销力度，创新开发了一系列新颖独特的航线产品。特别是开通“成渝空中穿梭快巴”，更是成为了“中国支线航空的样板和典范”。

第三节　重庆市环境科研监测发展历程

一、环境科研发展历程

直辖以来，重庆市环境科研不断发展，目前，形成了以重庆市环境科学研究院及相关科研机构的环境科研体系，研究领域广泛，涉及水环境保护、大气环境保护、声环境保护、固体废物控制、电磁辐射防护、环境管理等领域，并不断取得新的研究成果，为环境决策提供了坚实的科技支撑。

1. 环境机构逐步发展壮大

重庆直辖之初，重庆市的环境科研力量主要包括重庆市环境科学研究院、少数高校及部分行业科研机构。直辖后，市环保局直属事业单位重庆市辐射环境监督管理站、重庆市固体废物管理中心、重庆市环境信息保护中心也逐步开展了相应领域的科研；重庆大学、西南大学等重庆本地高校陆续开设或优化了环境科学专业，并开展了大量的研究工作，为重庆市环境科学研究作出了积极的贡献。

2. 环境科学研究领域逐步扩大

重庆直辖之初，重庆市在环境科学研究基本沿着传统的研究领域开展，主要包括大气污染防治研究、酸沉降研究、水环境研究及少量的实用技术研究，其他领域涉及甚少。直辖以来，伴随着社会经济的发展和环境管理的强势需求，环境科研领域逐步扩展，截至目前，研究领域涵盖水环境保护、大气环境保护、声环境保护、生态环境保护、固体废物控制、电磁辐射防护、环境管理、环境与健康、环境标准与技术规范研究等。

3. 环境科研向纵深推进

长期以来，和其他大多数地区一样，重庆市环境科学研究工作研究以调查研究、监测研究和“软”科学研究为主，对机理研究和“硬”技术的研究较少。直辖后，在机理研究和污染防治技术研究方面取得长足发展。较突出的是，在大气污染防治研究方面，研究重点逐步拓展到颗粒物上；在水环境研究方面，逐步开展水体富营养化机理研究等。污染防治适用技术研究取得重大进展，例如，由重庆市科委资助的“生活垃圾循环流化床洁净燃烧与二次污染物控制理论”项目，研究了城镇生活垃圾（MSW）循环流化床洁净燃烧机理与二次污染物控制特性，形成适合我国及发展中国家生活垃圾成分特点的垃圾焚烧发电理论体系，制定了垃圾焚烧装备国家标准，获得垃圾焚烧处理领域发明专利 8 项，实用新型专利 27 项。再如，2007 年，重庆组织申报的国家支撑计划“燃煤电厂烟气脱硫脱硝脱汞关键技术研究与工程示范”项目获科技部立项，于 2008 年 4 月 16 日正式实施。项目组已申请软件著作权 2 项，申请国内专利 28 项（其中发明专利 7 项），研制行业标准 2 项，成果应用数 3 项，获得省部级科技奖励 1 项。烟塔合一等装置已在北京热电有限公司、浙江玉环电厂、重庆合川电厂等工程得到了应用；脱硝 CFD 模型在上海高桥 2×1 000 兆瓦烟气脱硝工程应用，节约建设成本 730 万元。

二、环境监测发展历程

直辖以来，重庆环境监测不断发展和创新，监测机构和队伍建设长足发展，监测业务领域和范围不断扩大，监测技术水平不断提高，为重庆市的社会经济发展和环境保护事业提供了坚实的技术支撑。

1．监测机构和队伍日益壮大

直辖时，全市环境监测技术力量主要由重庆市环境监测中心（以下简称“市监测中心”）和 40 个区县环境监测站组成，共有监测人员 517 人。2003 年，重庆市辐射环境监督管理站（以下简称“市辐射站”）成立，编制 6 人，在岗人员 6 人；同时，市监测中心人员增加至 165 人，各区县环境监测站在岗人员由直辖时的 364 人增加至 434 人；全市监测人员 605 人，力量有所加强。

直辖后至2006年间，全市环境监测人员编制增加的幅度不大。2007年，原国家环境保护总局《全国环境监测站建设标准》（环发[2007]56号文件）和重庆市环保局《重庆市环境监测站建设标准》（渝环发[2008]52号文件）两个文件印发后，各级政府部门高度重视环境监测机构的建设，环境监测站人员编制得到较快发展（见表1-15）。

截至目前，形成了由重庆市环境监测中心、重庆市辐射环境监督管理站和40个区县环境监测站为成员的环境监测组织体系，其中有41个属全额拨款事业单位，一个属参公单位（市辐射站），全市环境监测人员编制数为957个、在岗862人（见表1-16）。

表1-15　重庆市环境监测站人员编制情况表　　单位：人

年份＼编制	市监测中心	市辐射站	区县站	合计
1997	150	0	457	607
1998	211	0	460	671
1999	211	0	461	672
2000	211	0	462	673
2001	211	0	470	681
2002	211	0	479	690
2003	201	6	481	687
2004	201	6	486	693
2005	201	6	507	714
2006	201	6	539	744
2007	201	6	607	814
2008	201	25	672	898
2009	201	25	731	957

表 1-16　重庆市环境监测站在岗人员情况表　　单位：人

年份 \ 在岗人数	市监测中心	市辐射站	区县站	合计
1997	153	0	364	517
1998	153	0	372	525
1999	153	0	373	526
2000	165	0	387	552
2001	165	0	391	556
2002	165	0	413	578
2003	165	6	434	605
2004	165	6	439	610
2005	171	6	478	655
2006	171	6	493	670
2007	171	6	519	696
2008	175	25	562	762
2009	175	25	620	862

2. 环境监测业务领域不断扩展

直辖时，重庆市环境监测业务领域主要限于环境空气、地表水、酸雨、噪声、废水、废气和废渣，业务领域还较有限。

1999 年 9 月，原国家环保总局组建国家环保总局辐射环境监测技术中心，开始了对全国辐射环境监测业务的指导。1999 年至 2000 年，重庆市环境监测中心对全市辐射和放射环境状况分别进行了调查；2002 年，开始进行辐射环境质量监测。2003 年重庆市辐射环境监督管理站成立后，承担了全市的放辐射环境质量监测。

2006 年，原国家环境保护总局下发《生态环境质量评价方法》（试行）；同年，中国环境监测总站组织全国环境监测系统开展首次生态遥感监测与评价。市环境监测中心按要求组建生态遥感监测力量，开始了重庆市生态遥感监测新领域的探索。

2006 年 8 月至 2009 年 10 月期间，重庆市按照原国家环保总局《关于开展全国土壤污染状况调查的通知》（环发［2006］116 号）要求，开展了重庆市土壤污染状况专项调查工作，土壤监测真正开展起来。

截至目前，重庆市环境监测的领域涵盖了环境空气、降水、地表水、集中式饮水源地、噪声和振动、固体（土壤、底质、植物、生物残留体、固体废物、煤质）、生物、辐射和废水、废气、室内空气等方面。

3. 环境监测范围不断扩大

直辖以来，环境监测从以城市为中心的范围扩大到流域、区域，并向城乡统筹环境监测迈进。

直辖初期，重庆市环境质量监测点位（断面）大多设置于 1992 年，先后只做过局部调整。1998 年，增设石桥铺高新开发区点空气质量手工监测，空气质量手工监测点包括原设置的解放碑、储奇门、观音桥等为 10 个；主城区空气质量自动监测站为 5 个。同时，开展了 33 个点的区域环境噪声、8 个点的交通噪声监测；在巫山县和忠县分别设 31 个土壤监测点；在长江寸滩、嘉陵江大溪沟两个断面 6 个测点、武隆山虎关水库设 5 个测点的水生生物监测；对 86 家污染源进行了监测，对 62 家重点工业污染源治理设施进行了年检监测，对 11 700 辆汽车排放尾气进行了监测。组织区县站开展了 67 个点环境空气、42 条河流 95 个断面 132 个点地表水、67 个点降尘、69 个点碱片、1 117 个点区域环境噪声、284 个点交通噪声、18 个点功能区噪声监测，开展了 147 家污染源废水、146 家污染源废气监测。至 1999 年，除土壤监测点位变动为巫山、奉节，生物监测取消武隆关山水库点，增设在长寿湖点外，其他监测基本按 1998 年度任务开展。

2000 年，朱沱水质自动监测站通过验收，开始水质自动监测；主城区空气质量自动监测站增加为 7 个，增加的 2 个是高家花园、人和，在云阳、开县、万州、忠县、丰都等五个区县设 78 个土壤监测点。组织区县站开展了 84 个点的环境空气、190 个断面 233 个点的地表水、86 个点的降尘、69 个点的碱片、42 个点降水、3 665 个点区域环境噪声、394 个点交通噪声、84 个点功能区噪声、监测，开展了 213 家污染源废水、222 家污染源废气监测。与过去几年比较，全市 2000 年的环境监测工作量明显增加。

2001 年，市环境监测中心开展了 9 个断面的饮用水源地水质监测、7 个空气质量自动站的监测（监测项目增加可吸入颗粒物，取消 TSP）、99 个点的区域环境噪声、45 个点的交通噪声；在石柱、长寿、涪陵、渝北共设 45 个土壤监测点；对 44 家重点源、90 家大型宾馆生活污水进行监测。组织区县站开展了 80 个点的空气、40 个点的降水、193 个断面 734 个点的地面水、3 665 个点的区域环境噪声、376 个点的交通噪声、84 个点的功能区噪声监测；171 家污染源废水、166 家污染源废气监测。

2002 年，在江北区、南岸区、巴南区、九龙坡区、江津市布设 35 个土壤监测点；对 113 家重点污染源进行废水、废气、噪声监测；加强对生活污水的监测，对主城区桃花溪、黄沙溪、杨公桥、龙门浩、三洞桥等 5 个大型城市污水口、唐家桥污水处理厂污水进行监测；组织区县站开展 67 个点的环境空气、34 个点降水、156 个断面 468 个点的地面水、2 879 个点的区域环境噪声、332 个点的交通噪声、68 个点的功能区噪声监测；开展了 683 家工业污染源的废水、废气、噪声监测。2003 至 2004 年，全市环境监测点位变动不大。

2005 年 6 月，重庆市环保局发布《关于开展重庆市环境质量监测点位（断面）调整与增设工作的通知》（渝环发[2005]52 号），对重庆市环境质量市控监测点位（断面）予以调整，统一布设，监测范围逐步拓宽。

全市共设空气监测点位（含降尘）85 个，主城区有 23 个点位，其中国控点 20 个（19 个点位以及 1 个背景对照点），即解放碑、风阳村、唐家沱、鱼嘴、高家花园、虎溪、白市驿、陶家、西彭、杨家坪、南坪、茶园、蔡家、天生、人和、礼嘉、两路、鱼新街、界石以及空气背景点缙云山；其余区县（市）共有 62 个点位。

全市共设降水监测点 44 个，其中原有的大足龙岗、巴南渔洞、北碚澄江、沙坪坝高家花园和江北观音桥 5 个国控点保持不变，其余 39 个为市控点位。44 个点位分布在主城九区有 9 个点，其余区县（市）有 35 个。跨省界断面 21 个，其中与重庆市水利局已设置的跨省界断面相对应的 12 个。

全市地表水共设置 231 个断面，其中“三江”设置 22 个断面，次级河流设置 155 个断面，主要集中式饮用水源地设置 54 个断面。长江、嘉陵江、乌江重庆段共设置 22 个监测断面。长江设朱沱、丰收坝、黄桷渡、寸滩、鱼嘴、扇沱、鸭嘴石、清溪场、丰都长江大桥、苏家、晒网坝、苦草沱、白帝城和培石 14 个断面（其中国控断面不予变动）。嘉陵江设利泽、北温泉、大溪沟 3 个断面（其中国控断面不予变动）。乌江设万木、鹿角、锣鹰、白马、麻柳嘴 5 个断面（其中国控断面不予变动）。

全市共设置主要集中式饮用水源地监测断面（点位）54 个，其中河流监测断面 34 个，湖库点位 19 个，地下水点位 1 个。

全市共设置区域环境噪声网格监测点位 3 574 个，覆盖面积为 623.4 平方千米，覆盖人口数 646.0 万人。从区域环境噪声网格所属环境功能区划来看，全市 1 类区网格 371 个，2 类区网格 2 473 个，3 类区网格 128 个，4 类区网格 602 个，分别占全市网格总个数的 10.38%、69.19%、3.58%和 16.84%。

全市设置道路交通噪声监测路段 643 个，监测路段总长度 890.98 千米。其中主城区设置道路交通噪声监测路段 276 个，监测路段总长度 418.98 千米；郊区县设置道路交通噪声监测路段 367 个，监测路段总长度 472.00 千米。

全市功能区环境噪声监测点位为 89 个，覆盖面积 372.148 平方千米。其中主城区设置功能区环境噪声监测点位 20 个，覆盖面积 176.630 平方千米；调整后 31 个郊区（县）设置功能区环境噪声监测点位 69 个，覆盖面积 195.518 平方千米。从各个区县设置功能区监测点位的个数来看，万州区设置 5 个，江北区、沙坪坝区、涪陵区、荣昌县、忠县和丰都县分别设置 3 个，其余各区县均分别设置 2 个监测点位。

至 2008 年，重庆市环境监测范围已逐步扩大到流域、区域和城镇。2008 年，组织开展了 40 个区县城区 45 个点环境空气、43 个点降尘和 42 个点降水，184 个点功能区环境噪声、3 005 个点区域环境噪声、647 个点交通干道噪声，61 条河流 143 个断面、940 个（40 个区县城区+817 个乡镇）饮用水源地等例行监测；开展了 32 条库区一级支流 65 个断面“水华”应急与预警监测和 21 条跨界河流断面水质同步抽测；对 1 000 多家主要污染源开展了总量减排监督性监测；对全市各种环境污染事件（包括支援汶川震后应急监测）开展了应急监测。

4．环境监测技术水平不断提高

直辖前，手工环境监测占据主导地位；直辖后，除了手工监测，自动在线连续监测和空间遥感监测大显身手，环境监测装备向高、精、尖和自动化发展，环境监测技术水平不断向前推进。

2000 年，朱沱水质自动监测站通过验收，开始水质自动监测；2003 年，利用世界银行贷款，投入 1 000 多万元，引进法国先进技术建设了一套崭新的空气质量自动监测系统（1 个中心站，11 个子站），覆盖主城 9 个行政区，并于当年 7 月 1 日起正式发布 9 区空气质量日报。至此，重庆市在水质自动监测和空气质量自动监测方面迈上新的台阶。

2001 年开始实施的世行贷款重庆城市环境项目水环境监测能力建设子项目，同时配备了一批现代化的仪器设备，包括气相色谱-质谱仪、ICP 等离子发射光谱仪、离子色谱仪器等大型仪器设备，废气流动监测车和废水流动监测车等，实验室分析手段和污染源在线监测能力明显提高，有机物分析能力逐步提升。

2006年，按照中国环境监测总站的要求，重庆市开始实施生态遥感监测，初步实现遥感解译能力，为实现“天地一体化”的环境监测奠定了良好的基础。

2008年开始实施的“重庆市水环境监测能力建设项目”等能力建设项目的实施，使重庆市环境监测技术水平显著提升，初步形成了常规监测、自动连续在线监测和生态遥感监测的立体监测能力。

三、环境科研和监测大事记

1976年4月，成立重庆市环保监测站（市监测中心的前身）；

1982年4月，重庆市环境监测站更名为重庆市环境科研监测所；

1984年，经重庆市委批准，重庆市环境科研监测所为县团级单位；

1987年，市监测中心荣获“全国优秀环境监测中心”称号；

1990年7月，经重庆市机构编制委员会批准，重庆市环境科研监测所分为重庆市环境科学研究所和重庆市环境监测中心站，实行一套机构两块牌子的管理体制；

1992年，市监测中心被授予“国家环境监测优质实验室”；

1996年，市监测中心被确定为“国家环保局长江暨三峡生态环境监测网中心”；

1997年，市监测中心被评为“全国环保系统先进监测中心”；

1998年，市监测中心被原国家环保总局确定为“东亚酸沉降监测网”（由中、俄、日、韩、蒙、泰、菲、越、马、印尼等十国组成）中国成员中心；

1998年12月，经重庆市机构编制委员会批准，撤销原重庆市环境科研监测所、重庆市环境监测中心站、重庆市污染源监督监测站，更名为重庆市环境监测中心、重庆市环境科学研究院，处级单位，仍执行一套机构两块牌子的管理体制；

1998 年 12 月，市环科院被国家环保总局授予“全国环保实力十强院所”；

1999 年 2 月 8 日，重庆市环境监测中心、重庆市环境科学研究院成立挂牌；

1999 年，市监测中心首次通过原国家环境保护总局的持证上岗和重庆市质量技术监督局的计量认证检查；

2001 年 3 月，市监测中心通过国家质量技术监督局的计量认证；

2001 年 11 月，市监测中心通过国家环保总局的持证上岗考核；

2002 年 10 月，市监测中心被国家环境保护总局评为“‘九五’期间全国先进环境监测站”；

2002 年 12 月，市监测中心通过国家计量认证的监督扩项评审，认证的监测能力为 210 个项目 532 个参数；

2003 年 12 月，市辐射站成立；

2004 年，市辐射站通过重庆市技术监督局的资质认定；

2004 年 7 月，市监测中心通过国家技术监督局的计量扩项认证；

2006 年 12 月，市监测中心通过国家质量技术监督局的计量认证，监测能力扩展到 250 个项目；

2009 年 11 月，市监测中心通过国家资质认定。

第二章　环境质量状况

重庆直辖以来，环境质量监测工作不断发展，监测领域由主要监测水、气、声发展到包括放辐射、土壤、生态、固体等各环境要素；监测网络逐步扩大，监测范围由城市发展到城镇；监测技术由手工监测为主发展到手工监测、自动监测并重；环境质量稳步改善。

“十五”期间主城区空气综合污染指数为 3.70，与“九五”相比，主城区空气综合污染指数下降 32.6%，主城空气质量满足Ⅱ级的比例为 64.3%。至 2008 年，主城区空气综合污染指数降为 2.65，全年空气质量满足Ⅱ级天数比例上升到 81.1%；长江、嘉陵江、乌江重庆段水质保持稳定，所有监测断面均满足 III 类水质标准；饮用水源地水质总体较好；主城区声环境质量保持稳定；辐射环境质量状况良好；生态环境质量逐步改善。

第一节　大气环境

一、“九五”期间（1996 年至 2000 年）大气环境质量

1.“九五”期间大气环境质量监测点位布设

重庆主城环境空气监测以自动监测为主，1997 年至 1999 年均设自

动监测点 5 个；2000 年增加至 7 个（增加高家花园、人和两个点），其中国控点 6 个，市控点 1 个（观音桥），见图 2-1。远郊区县环境空气监测均为手工监测。全市设环境空气对照点 1 个，即北碚缙云山（见表 2-1）。

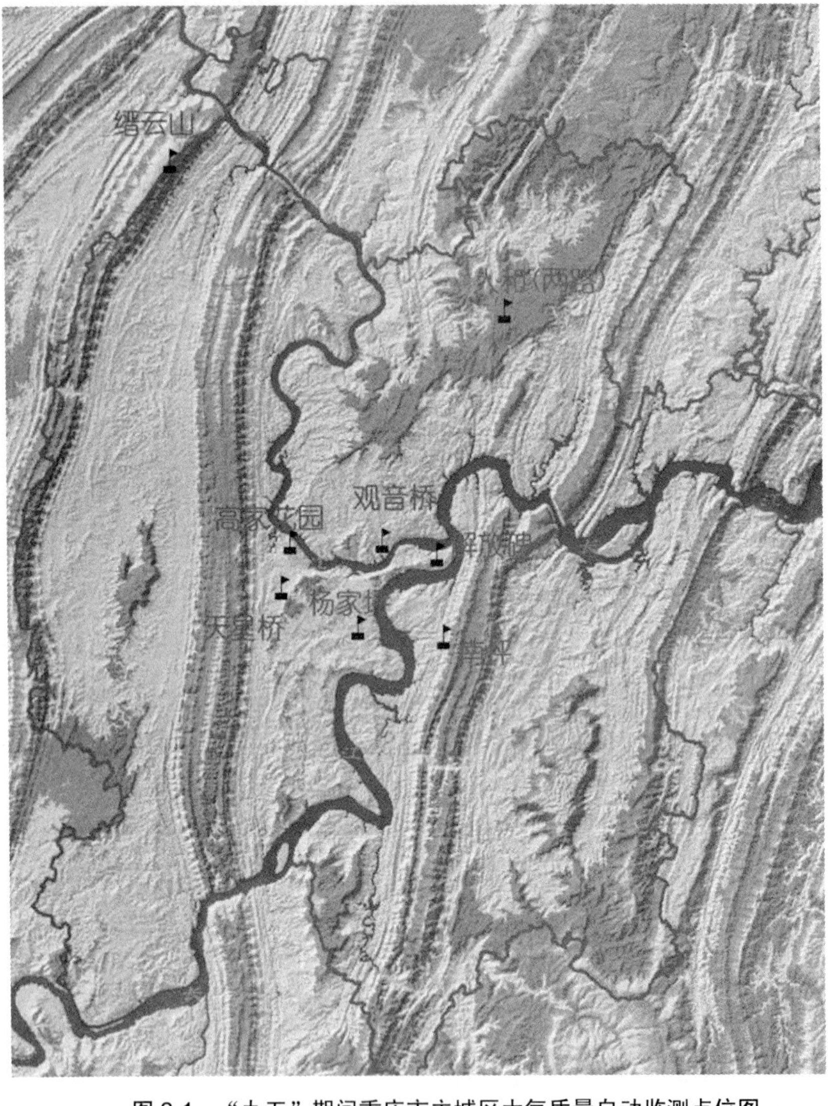

图 2-1　“九五”期间重庆市主城区大气质量自动监测点位图

表 2-1　　重庆市“九五”期间大气环境质量监测点位变化情况　　　　单位：个

<table>
<tr><th colspan="2">年份
点位</th><th>1997</th><th>1998</th><th>1999</th><th>2000</th></tr>
<tr><td rowspan="2">主城</td><td>地面自动监测</td><td>解放碑、天星桥、南坪、杨家坪、观音桥</td><td>同 1997 年</td><td>同 1998 年</td><td>国控点：解放碑、天星桥、南坪、杨家坪、高家花园、人和（两路）；市控点观音桥</td></tr>
<tr><td>手工监测</td><td>—</td><td>—</td><td>12</td><td>—</td></tr>
<tr><td rowspan="3">郊区</td><td>近郊※</td><td>70</td><td>72</td><td>41</td><td>41</td></tr>
<tr><td>万州、涪陵、黔江</td><td>18</td><td>18</td><td>18</td><td>18</td></tr>
<tr><td>远郊#</td><td>—</td><td>24</td><td>33</td><td>33</td></tr>
<tr><td></td><td>对照点</td><td colspan="4">北碚缙云山</td></tr>
</table>

注：带※包括以下区县：北碚区、渝北区、巴南区、长寿县、合川市、永川市、江津市、璧山县、铜梁县、潼南县、大足县、荣昌县、綦江县和万盛区等 14 个区、县（市）。郊区环境空气监测均采用手工监测。

带#指远郊，1997 年远郊未开展空气质量监测；1998 年包括以下区县：石柱县、南川市、武隆县、丰都县、垫江县、云阳县、开县等 7 个城市远郊区县（自治县、市），采用手工监测；1999 年和 2000 年包括以下区县：万州、涪陵、黔江、开县、忠县、云阳、奉节、巫山、垫江、丰都、武隆、南川、石柱、梁平、酉阳、巫溪、彭水 17 个区县（自治县、市）。

2.“九五”期间大气环境监测项目及技术方法

“九五”期间，重庆市大气环境质量监测项目逐年变化（见表 2-2）。1999 年增加一氧化碳项目，2000 年增加硫酸盐化速率，取消一氧化碳。

表 2-2　重庆市“九五”期间大气环境质量监测项目变化情况

年份	1997	1998	1999	2000
监测项目	二氧化硫、氮氧化物、总悬浮颗粒物和降尘	二氧化硫、氮氧化物、总悬浮颗粒物和降尘	二氧化硫、氮氧化物、总悬浮颗粒物、一氧化碳、降尘	二氧化硫、二氧化氮、氮氧化物、总悬浮颗粒物、降尘、硫酸盐化速率

“九五”期间大气环境质量监测项目有二氧化硫、二氧化氮、氮氧化物、总悬浮颗粒物、降尘和硫酸盐化速率。除降尘和硫酸盐化速率监

测频率为连续采样一个月后分析，2000年起采用连续采样实验室分析，每月采样不少于12天（总悬浮颗粒物不少于5天）。

3.“九五”期间重庆市大气环境质量状况

①“九五”期间大气环境质量监测。“九五”期间，重庆市主城区、近郊区和远郊区城镇二氧化硫浓度总体呈下降趋势，但远郊区2000年浓度比1999年有所上升；主城区、近郊区氮氧化物浓度不高，但氮氧化物浓度逐年上升；主城区总悬浮颗粒物浓度水平逐年上升；近郊区和远郊区总悬浮颗粒物浓度逐年下降；主城区和近郊区降尘量变化不大，远郊区降尘量有逐年上升的趋势；主城区和近郊区硫酸盐化速率逐年下降趋势明显；近郊区硫酸盐化速率也有下降趋势。

②“九五”期间大气环境质量评价。空气污染指数：主城区大气综合污染指数在1996年到1999年逐年下降，2000年又有所上升；近郊区空气污染指数1997年比1996年高，但随后逐年下降，2000年为最低；远郊区空气污染指数1996年到1999年逐年下降，但2000年比1999年有所上升。总的来说，空气综合污染指数呈现下降趋势，重庆市主城区空气质量在逐步好转。

“九五”期间，主城区二氧化硫等标污染负荷系数为40.9%，远高于近郊区（30.4%）和远郊区（35.2%）。主城区二氧化硫等标污染负荷系数在40.0%以上的测点比例为57.1%。二氧化硫等标污染负荷系数高于40.0%的区县（自治县、市），近郊区占28.6%，远郊区占33.3%。部分区县（自治县、市）的总悬浮颗粒物污染较重，全市空气中以总悬浮颗粒物为首要污染物的区县（自治县、市）占8.33%，其中近郊区占14.29%，远郊区占6.67%。首要污染物的区县（自治县、市）占8.33%，其中近郊区占14.29%，远郊区占6.6%。

③“九五”期间降水监测结果。“九五”期间，全市共采集雨样8 742个，酸雨样4 286个，占雨样总数49.0%。酸雨雨量占监测总雨量的50.9%。

降水 pH 范围为 3.27～8.90，降水 pH 均值为 4.86，酸雨 pH 均值为 4.57。重庆市酸雨污染面积广。在 38 个区县（自治县、市）（41 个测点）中，酸雨频率有 2 个区县大于 80%，9 个大于 60%，17 个大于 50%，22 个大于 40%，小于 30%的区县共占设有降水测点的区县（自治县、市）总数的 18.4%；酸雨频率最高的是南川市（99.1%）；最低的是巫山县（1.1%）。

各区县（自治县、市）降水 pH 均值范围为 4.43～6.83，86.8%区县（自治县、市）降水 pH 均值在 4.50～6.00。酸雨 pH 均值范围为 3.48～5.45，有 32 个区县（自治县、市）酸雨 pH 均值大于 4.50，有 6 个区县（自治县、市）的酸雨 pH 均值小于 4.50；酸雨 pH 均值最高的是奉节县（5.45）；酸雨 pH 均值最低的是巫山（3.48）。除梁平县、垫江县和秀山县外，35 个区县（自治县、市）pH 最低检出值低于 5.00。其中有 24 个的 pH 检出值低于 4.00。

二、“十五”期间（2001 年至 2005 年）大气环境质量

1. “十五”期间大气环境监测点位布设

“十五”期间，全市设空气质量监测点 83 个。其中主城九区（即渝中区、大渡口区、江北区、沙坪坝区、九龙坡区、南岸区、北碚区、巴南区和渝北区）设有自动监测点位 11 个，其中国控点 6 个：解放碑、天星桥、南坪、杨家坪、高家花园和人和，市控点有 5 个：观音桥、新山村、渔新街、天生路和两路（其中新山村、渔新街、天生路 3 个点 2003 年 7 月开始运行，两路监测点 2005 年运行），清洁对照点设在北碚区缙云山。同时，2001—2003 年另设空气质量连续监测点 11 个。其余区县（以下简称“郊区县”）城镇设有空气监测点 61 个，监测项目为二氧化硫、二氧化氮和总悬浮颗粒物，部分区县监测了可吸入颗粒物、气温、气压、风向和风速等。

全市设降尘监测点 84 个，其中主城九区设监测点 20 个（包括国控点 6 个），郊区县城镇设监测点 63 个，在北碚缙云山设对照点 1 个。

全市先后设立了降水监测点 66 个，其中除城口县、合川市、彭水县、巫山县、武隆县和永川市先后各设置三个降水监测点，万州区、涪陵区、璧山县、长寿区、大渡口区、江津市、南川市、黔江区、沙坪坝区、石柱县、巫溪县、酉阳县、渝中区和云阳县各设两个降水监测点，其余 19 个区县（双桥区除外）在各县城设一个降水监测点，另外市环境监测中心设一个监测点。66 个降水测点中，江北观音桥、沙坪坝区天星桥、北碚、巴南渔洞镇以及大足县龙岗镇五个点是主城片区国控降水监测点。66 个降水监测点中，除主城片区五个国控点及万州、涪陵城区 6 个监测点在全年逢雨必测外，其余测点在 1、4、7、8、10 月份逢雨必测。“十五”期间重庆市大气环境质量监测点位变化情况见表 2-3，主城大气环境质量自动监测点位见图 2-2。

表 2-3　重庆市“十五”期间大气环境监测点位变化情况　　单位：个

<table>
<tr><td colspan="3">年份
点位</td><td>2001</td><td>2002</td><td>2003</td><td>2004</td><td>2005</td></tr>
<tr><td rowspan="5">空气质量</td><td rowspan="2">主城自动监测点</td><td>国控点</td><td colspan="5">解放碑、天星桥、南坪、杨家坪、高家花园、人和（两路）</td></tr>
<tr><td>市控点</td><td>观音桥</td><td>观音桥</td><td>观音桥、新山村、渔新街和天生路</td><td>观音桥、新山村、渔新街和天生路</td><td>观音桥、新山村、渔新街、天生路、人和</td></tr>
<tr><td colspan="2">主城手工监测点</td><td colspan="5">30</td></tr>
<tr><td colspan="2">郊区县手工监测点</td><td>64
（31 个县）</td><td>61
（32 个县）</td><td>61
（32 个县）</td><td>61
（32 个县）</td><td>61
（32 个县）</td></tr>
<tr><td colspan="2">对照点</td><td colspan="5">北碚缙云山</td></tr>
<tr><td rowspan="3">降尘</td><td colspan="2">主城 9 区</td><td>20（含国控点 6 个）</td><td>20（含国控点 6 个）</td><td>20（含国控点 6 个）</td><td>20
（含国控点 6 个）</td><td>20（含国控点 6 个）</td></tr>
<tr><td colspan="2">31 个郊区县</td><td>76</td><td colspan="4">63</td></tr>
<tr><td colspan="2">对照点</td><td colspan="5">北碚缙云山</td></tr>
<tr><td colspan="3">降水</td><td>40</td><td>41</td><td>41</td><td>53</td><td>66</td></tr>
</table>

注：1. 主城区 9 区包括渝中区、大渡口区、江北区、沙坪坝区、九龙坡区、南岸区、北碚区、巴南区和渝北区。

2. 主城 9 区渝中区、大渡口区、江北区、沙坪坝区、九龙坡区、南岸区、北碚区、巴南区和渝北区在各自区内另设空气质量连续监测点 11 个。

3. 降水国控点包括观音桥、天星桥、北碚、巴南渔洞、大足龙岗、万州区监测站和龙宝测点、涪陵区环保局和林科所测点。

2."十五"期间大气环境监测项目及技术方法

"十五"期间，按照原国家环保总局的要求，2001 年起，大气环境质量自动监测取消总悬浮颗粒物 TSP，增加可吸入颗粒物 PM_{10}，重庆市大气环境监测项目（见表 2-4）。

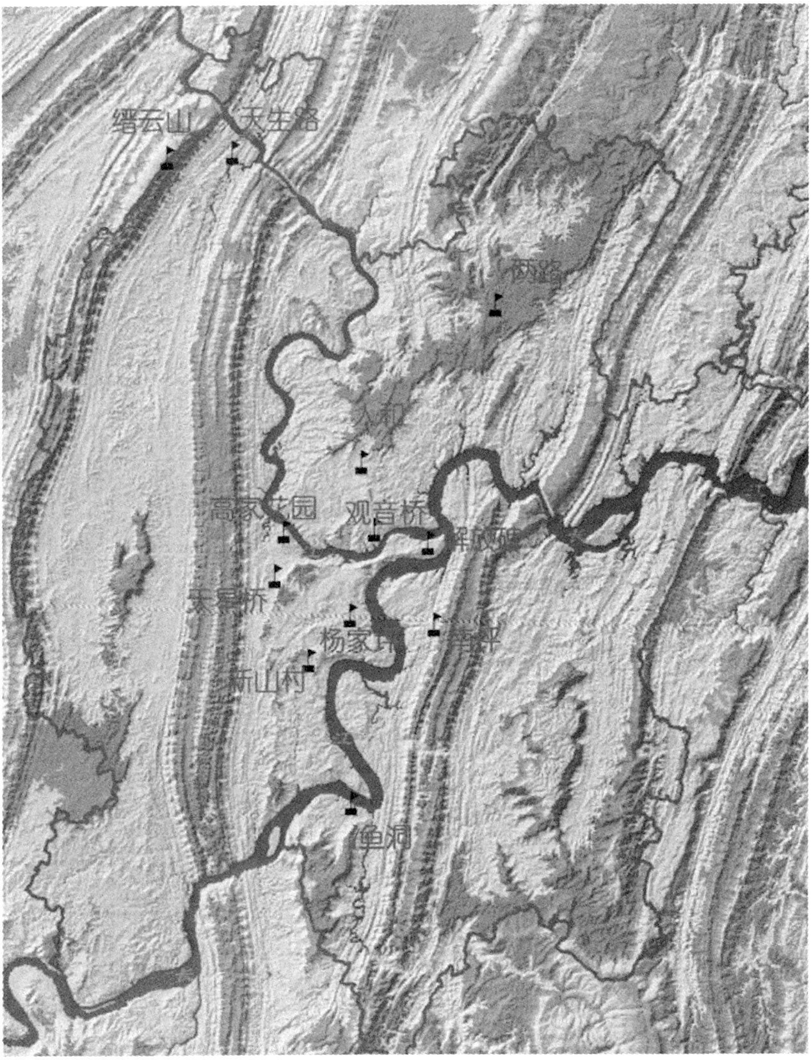

图 2-2　"十五"期间重庆市主城区大气质量自动监测点位图

表 2-4 重庆市“十五”期间环境空气监测项目变化情况

年份	2001	2002	2003	2004	2005
自动监测项目	二氧化硫、一氧化氮、二氧化氮、可吸入颗粒物、臭氧，气象参数	同 2001 年	同 2001 年	同 2001 年	同 2001 年
手工监测项目	二氧化硫、二氧化氮和总悬浮颗粒物，部分区县监测了气温、气压、风向和风速，降尘	同 2001 年	同 2001 年	同 2001 年	二氧化硫、二氧化氮和总悬浮颗粒物，部分区县监测了气温、气压、风向和风速，降尘

注：2005 年，环境空气质量监测必测项目为二氧化硫、二氧化氮、可吸入颗粒物和降尘四项，选测项目有一氧化氮、臭氧、一氧化碳及气温、气压、湿度、风速、风向等气象参数。

3. “十五”重庆市大气环境质量状况

① “十五”期间大气环境质量监测结果。“十五”期间，全市累计获得空气质量监测数据 36 万余个、降尘监测数据 7 000 余个、降水监测数据 7.8 万余个。

“十五”期间主城区空气质量监测结果。“十五”期间重庆市主城区空气中主要污染物监测结果统计见表 2-5。主城区环境空气中二氧化硫均值为 0.100 毫克/米^3，超过国家二级标准 0.67 倍；日均值范围为 0.001～0.563 毫克/米^3，日均值超标率为 19.1%，最大日均值超标 2.75 倍，出现在 2001 年。与“九五”相比，主城区环境空气中二氧化硫均值下降 47.9%，日均值超标率下降了 36.8 个百分点。“十五”期间二氧化硫日均值范围主要集中在 0.05～0.10 毫克/米^3，占 31.6%；与“九五”相比，日均值分布在低浓度段（≤0.10 毫克/米^3）的比例明显上升，高浓度段（＞0.20 毫克/米^3）的比例有较大幅度下降。

表 2-5　“十五”主城区空气中主要污染物监测结果统计

年度	污染物	日（月）均值范围	超标率/%	最大超标倍数	均值
2001	SO_2 /（mg/m^3）	0.001～0.563	26.79	2.75	0.108
	NO_2/（mg/m^3）	0.002～0.148	0.37	0.23	0.044
	PM_{10}/（mg/m^3）	0.023～0.540	39.33	2.6	0.149
	降尘/[t/（km^2·月）]	3.22～21.20			11.70
2002	SO_2 /（mg/m^3）	0.003～0.424	16.07	1.83	0.091
	NO_2/（mg/m^3）	0.002～0.100	0	0	0.038
	PM_{10}/（mg/m^3）	0.025～0.561	42.69	2.74	0.152
	降尘/[t/（km^2·月）]	5.02～16.79			9.21
2003	SO_2 /（mg/m^3）	0.002～0.526	25.62	2.51	0.115
	NO_2/（mg/m^3）	0.007～0.133	0.41	0.11	0.046
	PM_{10}/（mg/m^3）	0.003～0.613	39.04	3.09	0.147
	降尘/[t/（km^2·月）]	5.29～14.55			9.29
2004	SO_2 /（mg/m^3）	0.001～0.421	21.72	1.81	0.113
	NO_2/（mg/m^3）	0.002～0.201	4.05	0.68	0.067
	PM_{10}/（mg/m^3）	0.011～0.532	32.15	2.55	0.142
	降尘/[t/（km^2·月）]	5.10～17.00			9.68
2005	SO_2 /（mg/m^3）	0.001～0.428	5.53	1.85	0.073
	NO_2/（mg/m^3）	0.002～0.155	0.37	0.29	0.048
	PM_{10}/（mg/m^3）	0.007～0.451	25.21	2.01	0.120
	降尘/[t/（km^2·月）]	2.88～14.36			8.52
十五	SO_2 /（mg/m^3）	0.001～0.563	19.14	2.75	0.100
	NO_2/（mg/m^3）	0.002～0.201	1.04	0.68	0.049
	PM_{10}/（mg/m^3）	0.003～0.613	35.67	3.09	0.142
	降尘/[t/（km^2·月）]	2.88～21.20			9.68

注：除降尘为月均值外，其他均为日均值。

主城区环境空气中二氧化氮均值为 0.049 毫克/米^3，达到国家二级标准；日均值范围为 0.002～0.201 毫克/米^3，日均值超标率为 1.0%，最大日均值超标 0.68 倍，出现在 2004 年。与“九五”相比，主城区二氧化氮均值上升 40.0%。

主城区空气中可吸入颗粒物均值为 0.142 毫克/米 ^{3}，超过国家二级标准 0.42 倍；日均值范围为 0.003～0.613 毫克/米 ^{3}，日均值超标率为 35.7%，最大日均值超标 3.09 倍，出现在 2003 年；与“九五”相比，主城区可吸入颗粒物均值下降 4.7%。

主城区月均降尘量均值为 9.68 吨/（千米 ^{2} •月），超过参考标准[4.35 吨/（千米 ^{2} •月）]1.22 倍；月均值范围为 2.88～21.20 吨/（千米 ^{2} •月），最大月均值出现在 2001 年。与“九五”相比，主城区降尘量均值下降 15.4%。

“十五”期间郊区县城镇空气质量监测结果。“十五”期间郊区县城镇环境空气中主要污染物浓度监测结果统计见表 2-6。郊区县城镇环境空气中二氧化硫浓度均值为 0.063 毫克/米 ^{3}，超过二级标准（0.060 毫克/米 ^{3}）0.05 倍。日均值范围为 0.001～1.515 毫克/米 ^{3}，日均值超标率为 6.2%，最大日均值超标 9.10 倍。各区县二氧化硫浓度均值范围为 0.016～0.178 毫克/米 ^{3}，其中城口县最高，巫溪县最低；各区县中，二氧化硫浓度均值达二级标准的区县有 18 个（占 60.0%）。

表 2-6 “十五”期间郊区县城镇空气主要污染物监测结果

年度	项目	日均值范围	超标率/%	日均值最大超标倍数	平均值
2001	SO_2	0.001～1.515	14.9	9.10	0.089
	NO_2	0.001～0.721	0.2	5.01	0.029
	TSP	0.016～0.830	17.3	1.77	0.224
	降尘				7.40
2002	SO_2	0.002～0.642	7.5	3.28	0.071
	NO_2	0.001～0.370	0.1	2.08	0.026
	TSP	0.011～0.836	16.0	1.79	0.220
	降尘				7.98
2003	SO_2	0.001～0.423	3.7	1.82	0.058
	NO_2	0.001～0.330	0.0	1.75	0.027
	TSP	0.006～1.189	10.6	2.96	0.199
	降尘				7.59

年度	项目	日均值范围	超标率/%	日均值最大超标倍数	平均值
2004	SO_2	0.001～0.642	1.9	3.28	0.046
	NO_2	0.001～0.120			0.025
	TSP	0.006～0.610	2.9	1.03	0.166
	降尘				6.85
2005	SO_2	0.001～0.350	2.1	1.33	0.047
	NO_2	0.001～0.200	0.0	0.67	0.025
	TSP	0.003～0.707	2.0	1.36	0.143
	降尘				6.42
“十五”期间	SO_2	0.001～1.515	6.2	9.10	0.063
	NO_2	0.001～0.721	0.1	5.01	0.026
	TSP	0.003～1.189	9.3	2.96	0.188
	降尘				7.20

注：SO_2、NO_2、TSP 的单位为 mg/m^3，降尘的单位为 t/（km^2·月）。

郊区县城镇环境空气中二氧化氮质量浓度均值为 0.026 毫克/米^3，达到二级标准。日均值范围为 0.001～0.721 毫克/米^3，日均值超标率为 0.1%，最大日均值超标 5.01 倍。各区县二氧化氮浓度均值范围为 0.009～0.050 毫克/米^3，其中璧山县最高，黔江区、武隆县最低，各区县二氧化氮浓度均值均达标。

郊区县城镇环境空气中总悬浮颗粒物年均值为 0.188 毫克/米^3，达到二级标准。日均值范围为 0.003～1.189 毫克/米^3，日均值超标率为 9.3%，最大日均值超标 2.96 倍。在各区县中，总悬浮颗粒物年均值达到二级标准的区县有 19 个（占 63.3%）；其余 11 个区县（占 36.7%）年均值超过二级标准。

郊区县城镇月均降尘量在 1.38～20.08 吨/（千米^2·月）范围内，平均降尘量为 7.20 吨/（千米^2·月），超参考标准 0.66 倍。郊区县城镇年均降尘量范围为 2.73～13.18 吨/（千米^2·月）。有 24 个区县降尘量超过参考标准，占 77.4%；丰都县、武隆县、璧山县、黔江县、双桥区、垫江县和巫溪县等 7 个区县低于参考标准，占 22.6%。

② “十五”期间大气环境质量评价。主城区空气质量综合污染指数评价结果（及主要污染物负荷比）如表 2-7 所示。“十五”期间主城区综合污染指数（*P*）为 3.70；与“九五”相比，主城区空气综合污染指数下降 32.6%。

“十五”主城区空气中 PM_{10}、SO_2 和 NO_2 的负荷比（*F*）分别为 38.4%、45.0%和 16.6%。各区中，SO_2 的负荷比以巴南区和九龙坡区相对较高，分别为 52.2%和 50.0%；PM_{10} 的负荷比以渝北区最高，为 47.2%。与“九五”相比，SO_2 的负荷比有较大幅度下降，下降了 13.3 个百分点；PM_{10} 的负荷比上升了 10.5 个百分点。

表 2-7 “十五”期间主城区环境空气综合污染指数及主要污染物负荷比

区域	二氧化硫			二氧化氮			可吸入颗粒物			*P*
	浓度	*P*	*F*/%	浓度	*P*	*F*/%	浓度	*P*	*F*/%	
渝中区	0.119	1.98	48.4	0.058	0.73	17.7	0.139	1.39	33.9	4.10
渝北区	0.047	0.78	31.6	0.042	0.53	21.2	0.117	1.17	47.2	2.48
沙坪坝	0.100	1.67	44.0	0.046	0.58	15.2	0.155	1.55	40.9	3.79
南岸区	0.109	1.82	47.4	0.050	0.63	16.3	0.139	1.39	36.3	3.83
九龙坡	0.129	2.15	50.0	0.051	0.64	14.8	0.151	1.51	35.1	4.30
江北区	0.107	1.78	43.2	0.067	0.84	20.3	0.151	1.51	36.6	4.13
大渡口	0.130	2.17	48.8	0.054	0.68	15.2	0.160	1.60	36.0	4.44
北碚区	0.068	1.13	44.3	0.026	0.33	12.7	0.110	1.10	43.0	2.56
巴南区	0.105	1.75	52.2	0.033	0.41	12.3	0.119	1.19	35.5	3.35
主城区	0.100	1.67	45.0	0.049	0.61	16.6	0.142	1.42	38.4	3.70

注：*P* 为综合污染指数；*F* 为污染物负荷比；浓度的单位为 mg/m^3。

“十五”期间主城区共报出空气质量日报 1 826 期。主城区日空气质量属于Ⅰ级、Ⅱ级、Ⅲ级、Ⅳ级和Ⅴ级的天数分别为 63 天、1 112 天、644 天、5 天和 1 天，比例分别为 3.4%、60.9%、35.3%、0.3%和 0.1%；其中满足Ⅱ级的比例为 64.3%（见表 2-8）。首要污染物为可吸入颗粒物和二氧化硫，比例分别为 84.5%和 15.5%。

表 2-8　“十五”期间主城区环境空气质量日报结果统计

测点名称	空气质量级别					首要污染物		
	Ⅰ级	Ⅱ级	Ⅲ级	Ⅳ级	Ⅴ级	二氧化硫	二氧化氮	可吸入颗粒物
渝中区	61（3.3%）	1 011（55.4%）	743（40.7%）	10（0.5%）	1（0.1%）	541（30.7%）	3（0.2%）	1 221（69.2%）
南岸区	94（5.1%）	1 008（55.2%）	711（38.9%）	12（0.7%）	1（0.1%）	467（27.0%）	8（0.5%）	1 257（72.6%）
九龙坡区	33（1.8%）	953（52.2%）	796（43.6%）	32（1.8%）	12（0.7%）	630（35.1%）	2（0.1%）	1 161（64.8%）
江北区	66（3.6%）	946（51.8%）	773（42.3%）	36（2.0%）	5（0.3%）	325（18.5%）	19（1.1%）	1 416（80.5%）
沙坪坝区	53（2.9%）	930（50.9%）	820（44.9%）	19（1.0%）	4（0.2%）	279（15.7%）		1 494（84.3%）
北碚区	106（11.6%）	606（66.2%）	202（22.1%）	2（0.2%）		104（12.8%）		706（87.2%）
大渡口区	28（3.1%）	450（49.1%）	423（46.2%）	10（1.1%）	5（0.5%）	309（34.8%）	3（0.3%）	576（64.9%）
巴南区	63（6.9%）	590（64.4%）	261（28.5%）	2（0.2%）		241（28.3%）		612（71.7%）
渝北区	165（9.0%）	1 263（69.2%）	393（21.5%）	5（0.3%）		79（4.8%）	4（0.2%）	1 578（95.0%）
主城区平均	63（3.4%）	1 112（60.9%）	644（35.3%）	5（0.3%）	2（0.1%）	274（15.5%）		1 489（84.5%）

注：表中括号前数字的单位为天，括号内表示括号前天数占总天数的比例。

“十五”期间主城区二氧化硫浓度 2002 年较 2001 年有所降低，2003 年和 2004 年有所上升，且浓度高于 2001 年，2005 年又有较大幅度下降。可吸入颗粒物浓度总体呈缓慢下降趋势。二氧化氮浓度 2001—2003 年变化不大，2004 年上升较大，2005 年又有所下降。降尘量以 2001 年最高，2002 年和 2003 年下降幅度较大，2004 年有所上升，2005 年又有所下降。

“十五”期间酸控区22个区县二氧化硫污染情况统计表明：酸控区的二氧化硫年均值为0.079毫克/米^3，超过国家二级标准0.32倍。日均值范围为0.001～0.800毫克/米^3，日均超标率为11.8%，最大日均值超标4.33倍。酸控区中，荣昌县、双桥区、潼南县、璧山县、大足县、渝北区、北碚区、长寿区、永川市和铜梁县10个区县的二氧化硫年均值达到国家二级标准，占45.5%。

③ “十五”期间降水质量状况。

“十五”期间主城区国控点降水质量状况。“十五”期间，主城片区5个国控点降水监测结果统计见表2-9。五年中国控点共采集雨样2 158个，其中酸雨样926个，酸雨频率为42.9%，酸雨雨量占监测总雨量的50.6%。降水pH范围为3.32～7.94，降水pH均值为4.84，酸雨pH均值为4.56。雨水中离子组分阴离子以硫酸根为主，阳离子中以铵离子和钙离子为主。与“九五”期间相比，“十五”期间主城片区5个国控点降水pH上升0.10，酸雨频率下降7.7个百分点，酸雨pH上升0.06，酸雨雨量占监测总雨量的比例减少5.8个百分点。

表2-9 “十五”期间国控点降水监测数据统计表

年份	雨样总个数/个	酸雨样		降水总量/mm	降水pH		酸雨	
		个数/个	频率/%		范围	均值	酸雨量/mm	pH均值
2001	357	117	32.8	3 621.5	3.32～7.49	4.91	1 200.7	4.44
2002	436	190	43.6	6 575.5	3.47～7.64	4.89	3 834.4	4.67
2003	411	162	39.4	4 881.0	3.48～7.40	5.00	1 893.4	4.61
2004	474	208	43.9	5 620.6	3.62～7.62	4.79	3 102.1	4.54
2005	480	249	51.9	5 510.1	3.55～7.94	4.72	3 226.5	4.50
合计	2 158	926	42.9	26 208.7	3.32～7.94	4.84	13 257.1	4.56

年份	电导率/(μS/cm)	月平均化学成分/（mg/L）								
		SO_4^{2-}	NO_3^-	NH_4^+	Ca^{2+}	Mg^{2+}	Cl^-	K^+	Na^+	F^-
2001	65.60	29.140	4.350	4.340	10.390	0.520	3.250	0.980	0.560	0.400
2002	44.10	16.560	2.590	2.490	5.710	0.280	1.070	0.700	0.360	0.280
2003	53.70	18.010	3.260	2.730	4.950	0.220	1.420	0.940	0.320	0.250
2004	58.60	19.500	3.540	3.130	4.590	0.260	1.310	1.050	0.390	0.290
2005	61.00	21.940	4.850	3.100	5.670	0.350	1.680	1.030	0.540	0.480
合计	55.50	20.330	3.640	3.050	5.970	0.310	1.620	0.930	0.420	0.340

“十五”期间酸控区降水质量状况。“十五”期间，酸控区降水监测结果统计见表 2-10。五年中酸控区共采集雨样 6 961 个，其中酸雨样 3 080 个，酸雨频率为 44.3%。酸雨雨量占监测总雨量的 41.6%。降水 pH 范围为 3.28～8.85，降水 pH 均值为 4.92，酸雨 pH 均值为 4.56。雨水中离子组分阴离子以硫酸根为主，阳离子中以钙离子为主。

表 2-10　“十五”期间酸控区降水监测数据统计表

年份	雨样总个数/个	酸雨样		降水总量/mm	降水 pH		酸雨	
		个数/个	频率/%		范围	均值	酸雨量/mm	pH 均值
2001	1 251	446	35.7	12 170.0	3.32～7.80	5.11	4 268.4	4.68
2002	1 387	561	40.5	20 222.2	3.47～7.64	5.02	9 939.3	4.73
2003	1 101	448	40.7	24 916.8	3.28～7.98	5.25	6 055.1	4.66
2004	1 605	772	48.1	23 659.5	3.37～8.85	4.73	11 385.4	4.43
2005	1 617	853	52.8	22 397.0	3.40～7.94	4.79	11 396.9	4.50
五年	6 961	3 080	44.3	103 365.5	3.28～8.85	4.92	43 045.1	4.56

年份	电导率/(μS/cm)	月平均化学成分/（mg/L）								
		SO_4^{2-}	NO_3^-	NH_4^+	Ca^{2+}	Mg^{2+}	Cl^-	K^+	Na^+	F^-
2001	75.10	26.690	3.900	3.920	9.420	0.740	3.200	0.950	0.500	0.380
2002	68.00	16.740	3.200	3.750	5.340	0.270	1.830	0.760	0.370	0.330
2003	76.10	19.070	3.530	2.810	4.890	0.210	1.520	0.850	0.280	0.420
2004	70.90	22.130	3.400	2.820	4.680	0.250	1.360	0.910	0.430	0.300
2005	70.80	19.980	4.100	3.060	5.240	0.340	1.340	0.970	0.600	0.470
五年	72.10	20.500	3.620	3.160	5.440	0.320	1.640	0.900	0.460	0.380

“十五”期间全市降水质量状况。“十五”期间，全市 39 个区县降水监测结果统计见表 2-11。统计表明：五年全市共采集雨样 9 656 个，酸雨样 3 951 个，酸雨频率为 40.9%。酸雨雨量占监测总雨量 37.6%。降水 pH 范围为 3.28～8.85，降水 pH 均值为 4.97，酸雨 pH 均值为 4.56。与“九五”期间相比，全市降水 pH 上升 0.11，酸雨频率减少 8.1 个百分点，酸雨 pH 基本保持不变。

表 2-11　“十五”期间全市降水监测结果

年度	雨样总个数/个	酸雨样		降水总量/mm	降水 pH		酸雨	
		个数/个	频率/%		范围	均值	酸雨量/mm	pH 均值
2001	1 617	562	34.8	16 901.7	3.32～8.52	5.06	5 545.5	4.60
2002	1 939	704	36.3	28 260.9	3.47～8.10	5.10	11 899.3	4.75
2003	1 555	574	36.9	32 638.4	3.28～8.09	5.27	8 043.8	4.68
2004	2 217	1 029	46.4	40 008.5	3.37～8.85	4.84	15 461.0	4.43
2005	2 328	1 082	46.5	31 898.7	3.40～8.60	4.83	15 361.1	4.53
五年	9 656	3 951	40.9	149 708.2	3.28～8.85	4.97	56 310.7	4.56

年度	电导率/（μS/cm）	月平均化学成分/（mg/L）								
		SO_4^{2-}	NO_3^-	NH_4^+	Ca^{2+}	Mg^{2+}	Cl^-	K^+	Na^+	F^-
2001	70.10	23.840	3.470	3.690	8.740	0.690	2.980	1.050	0.520	0.370
2002	67.00	15.630	2.860	3.440	4.720	0.250	1.610	0.670	0.340	0.280
2003	70.30	16.760	3.040	2.450	4.130	0.190	1.340	0.700	0.370	0.320
2004	64.90	18.310	2.670	2.490	4.200	0.240	1.360	0.950	0.460	0.250
2005	66.80	18.790	3.600	2.780	4.490	0.330	1.160	0.840	0.560	0.390
五年	67.60	18.200	3.060	2.830	4.750	0.300	1.490	0.850	0.460	0.320

“十五”期间，全市除荣昌县、垫江县、武隆县、奉节县、巫山县和秀山县等 6 个区县没有监测到酸雨外，其余区县（双桥区除外）的酸雨频率范围为 1.6%～92.7%，其中南川市最高，梁平县最低。

三、2006 年以来大气环境质量

1. 2006 年以来大气环境质量状况

2006 年重庆市取消了主城区天星桥空气质量监测点，主城区空气质量监测点有 11 个，分别是解放碑、南坪、杨家坪、高家花园、人和、观音桥、新山村、渔洞、两路和天生路，缙云山有一个对照点。其余监测点位没有发生变化，空气质量监测项目以及方法与 2005 年一致。

① 2006 年大气质量监测结果。2006 年，主城区空气中二氧化硫年均值为 0.074 毫克/米^3，超过国家二级标准 0.23 倍；日均值范围为 0.001～0.265 毫克/米^3，日均值超标率为 3.2%，最大日均值超标 0.77 倍。主城区空气中二氧化氮年均值为 0.047 毫克/米^3，达到国家二级标准；日均值范围为 0.002～0.167 毫克/米^3，日均值超标率为 0.5%，最大日均值超标 0.39 倍。主城区空气中可吸入颗粒物年均值为 0.111 毫克/米^3，超过国家二级标准 0.11 倍；日均值范围为 0.004～0.435 毫克/米^3，日均值超标率为 19.6%，最大日均值超标 1.90 倍。主城区年均降尘量为 7.74 吨/（千米^2·月）[范围为 1.75～17.0 吨/（千米^2·月）]，超过参考标准[3.81 吨/（千米^2·月）]1.03 倍。

2006 年郊区县城镇环境空气中二氧化硫年均值为 0.042 毫克/米^3，达到国家空气质量二级标准。日均值范围为 0.001～0.600 毫克/米^3，日均值超标率为 1.6%，最大日均值超标 3.0 倍。郊区县城镇环境空气中二氧化氮年均值为 0.024 毫克/米^3，达到二级标准。日均值范围为 0.001～0.260 毫克/米^3，日均值超标率为 0.03%。环境空气中可吸入颗粒物年均值为 0.093 毫克/米^3，达到二级标准。日均值范围为 0.006～0.810 毫克/米^3，日均值超标率为 7.1%，最大日均值超标 4.4 倍。郊区县城镇年均降尘量范围为 2.53～10.94 吨/（千米^2·月），平均降尘量为 6.29 吨/（千米^2·月）。

2006年全市城镇空气中二氧化硫年均值为0.052毫克/米^3，达到二级标准。日均值范围为0.001～0.600毫克/米^3，日均值超标率为2.4%，最大日均值超标3.0倍。全市城镇空气中二氧化氮年均值为0.032毫克/米^3，达到二级标准。日均值范围为0.001～0.260毫克/米^3，日均值超标率为0.2%，最大日均值超标1.2倍。全市城镇空气中可吸入颗粒物年均值为0.100毫克/米^3，达到二级标准。日均值范围为0.003～0.810毫克/米^3，日均值超标率为11.6%，最大日均值超标4.4倍。降尘全市城镇空气中年均降尘量在0.68～28.39吨/（千米^2•月）范围内，平均降尘量为6.66吨/（千米^2•月），超参考标准[3.81吨/（千米^2•月）]0.75倍。

②2006年大气环境质量评价。2006年主城区空气综合污染指数为2.93。主城区空气中PM_{10}、SO_2、NO_2的负荷比分别为37.9%、42.1%和20.0%。PM_{10}和SO_2是主要污染物。2006年主城区共报出空气质量日报365期。主城区日空气质量属于Ⅰ级、Ⅱ级、Ⅲ级和Ⅳ级的天数分别为35天、252天、77天和1天，分别占9.6%、69.0%、21.1%和0.3%；首要污染物为可吸入颗粒物和二氧化硫，分别占83.3%和16.7%。全年日空气质量满足Ⅱ级天数比例为78.6%。

2006年郊区县城镇空气综合污染指数（P）范围为1.03～3.24，平均值为1.93。郊区县空气中PM_{10}、SO_2、NO_2的负荷比分别为48.2%、36.3%和15.5%。可吸入颗粒物是主要污染物。

2006年全市城镇环境空气综合污染指数（P）平均为2.27。主城区空气中PM_{10}、SO_2和NO_2的负荷比分别为44.1%、38.2%和17.7%。PM_{10}和SO_2对全市空气质量的影响较大。

③ 2006年降水质量状况。2006年5个国控点共采集雨样366个，其中酸雨样208个，酸雨频率56.8%，酸雨量占降水总量的65.0%，降水pH均值为4.69。降水pH实测值范围为3.54～7.88，最低值于3月出现在沙坪坝区，最高值出现在大足县。所有国控测点均有酸雨检出。

2006 年，全市共采集雨样 1 422 个，其中酸雨样 741 个，酸雨频率 52.1%，酸雨量占降水总量的 56.5%，降水 pH 均值为 4.73。降水 pH 范围为 3.54～8.50，最低值于 3 月出现在沙坪坝区，最高值出现在江北区。

各区县降水 pH 年均值范围为 4.20～7.20，年均最低值在铜梁县和城口县，年均最高值在彭水县。年均 pH 小于 5.60 的区县有 25 个（占 64.1%）。39 个区县城镇降水 pH 在 4.5 以下、4.5～5.0、5.0～5.6 的分别有 4 个、11 个和 7 个区县，分别占总数的 17.9%、28.2%、17.9%。

“酸控区”21 个区县 27 个测点全年共采集雨样 971 个，其中酸雨样 581 个，酸雨频率 59.8%，酸雨量占降水总量的 68.1%，降水 pH 均值为 4.70。降水 pH 范围为 3.54～9.05，最低值于 8 月出现在江津市，最高值于 2 月出现在永川市。

各区县降水 pH 年均值范围为 4.20～6.16，年均最低值在铜梁县，年均最高值在永川市；其中 pH 年均值小于 5.60 的区县有 18 个，占“酸控区”数的 85.7%。1 个区县（永川市占 4.8%）无酸雨样检出。从降水 pH 分布看，酸控区区县城镇降水 pH 在 4.5 以下、4.5～5.0、5.0～5.6 之间的分别有 5 个、8 个和 5 个区县，分别占总数的 23.8%、38.1%、23.8%。

2．2007 年大气环境质量状况

2007 年主城区环境监测的点位新增加了沙坪坝区的虎溪空气质量监测点和高新区的礼嘉空气质量监测点，同时原先代表江北区空气质量的观音桥监测点在 2007 年 11 月转移到唐家沱。重庆市主城区空气质量自动监测点增加到 13 个，其中国控点有 12 个分别是解放碑、南坪、杨家坪、高家花园、人和、礼嘉、茶园、虎溪、唐家沱、两路、天生路和渔洞，1 个市控点（新山村），在北碚缙云山有一个对照点。其余点位以及监测的项目和监测方法并没有发生变化。

①2007 年大气环境质量监测结果。2007 年，主城区空气中二氧化硫年均值为 0.065 毫克/米^3，超过国家二级标准 0.08 倍；日均值范围为 0.003～0.313 毫克/米^3，日均值超标率为 3.7%，最大日均值超标 1.09 倍。主城区空气中二氧化氮年均值为 0.044 毫克/米^3，比 2006 年下降 6.4%，达到国家二级标准；日均值范围为 0.003～0.185 毫克/米^3，日均值超标率为 0.2%，最大日均值超标 0.54 倍。2007 年，主城区空气中可吸入颗粒物年均值为 0.108 毫克/米^3，超过国家二级标准 0.08 倍；日均值范围为 0.006～0.488 毫克/米^3，日均值超标率为 20.1%，最大日均值超标 2.25 倍。主城区年均降尘量为 6.80 吨/（千米^2·月）[范围为 1.57～43.20 吨/（千米^2·月）]，超过参考标准[3.80 吨/（千米^2·月）] 0.79 倍。

2007 年郊区县城镇环境空气中二氧化硫年均值为 0.039 毫克/米^3，达到国家空气质量二级标准。日均值范围为 0.001～0.993 毫克/米^3，日均值超标率为 1.1%，最大日均值超标 5.62 倍。郊区县城镇环境空气中二氧化氮年均值为 0.023 毫克/米^3，达到二级标准。日均值范围为 0.001～0.2 毫克/米^3。郊区县城镇环境空气中可吸入颗粒物年均值为 0.082 毫克/米^3，达到二级标准。日均值范围为 0.006～0.319 毫克/米^3，日均值超标率为 2.5%，最大日均值超标 1.13 倍。郊区县城镇年均降尘量范围为 2.42～10.02 吨/(千米^2·月)，平均降尘量为 5.82 吨/(千米^2·月)，超过参考标准 0.53 倍。

2007 年全市城镇空气中二氧化硫年均值为 0.047 毫克/米^3，达到二级标准。日均值范围为 0.001～0.993 毫克/米^3，日均值超标率为 1.9%，最大日均值超标 5.62 倍。全市城镇空气中二氧化氮年均值为 0.030 毫克/米^3，达到二级标准。日均值范围为 0.001～0.200 毫克/米^3，日均值超标率为 0.2%，最大日均值超标 0.67 倍。全市城镇空气中可吸入颗粒物年均值为 0.091 毫克/米^3，达到二级标准。日均值范围为 0.006～0.488 毫克/米^3，日均值超标率为 8.2%，最大日均值超标 2.25

倍。全市城镇空气中年均降尘量在 1.28～43.20 吨/（千米 ^{2} · 月）范围内，平均降尘量为 6.33 吨/（千米 ^{2} · 月），超过参考标准[3.80 吨/（千米 ^{2} · 月）]0.67 倍。

② 2007 年大气环境质量评价。2007 年主城区空气综合污染指数为 2.71。主城区空气中 PM_{10}、SO_2、NO_2 的负荷比分别为 39.8%、39.9% 和 20.3%。PM_{10} 和 SO_2 是主要污染物。2007 年主城区共报出空气质量日报 365 期。主城区日空气质量属于 Ⅰ 级、Ⅱ 级、Ⅲ级和Ⅳ级的天数分别为 47 天、242 天、75 天和 1 天，分别占 12.9%、66.3%、20.5% 和 0.3%；首要污染物为可吸入颗粒物和二氧化硫，分别占 95.0%和 5.0%。全年日空气质量满足Ⅱ级天数比例为 79.2%。

2007 年郊区县城镇空气综合污染指数（P）范围为 0.77～2.89，平均值为 1.76。郊区县空气中 PM_{10}、SO_2、NO_2 的负荷比分别为 46.6%、36.9%和 16.5%。可吸入颗粒物是主要污染物。

2007 年全市城镇环境空气综合污染指数（P）平均为 2.27。主城区空气中 PM_{10}、SO_2 和 NO_2 的负荷比分别为 44.0%、37.9%和 18.1%。PM_{10} 和 SO_2 对全市空气质量的影响较大。

③ 2007 年降水质量状况。2007 年 5 个国控点共采集雨样 459 个，其中酸雨样 307 个，酸雨频率 66.9%，酸雨量占降水总量的 72.1%，降水 pH 均值为 4.53。降水 pH 实测值范围为 3.20～7.90，最低值于 2 月出现在大足县，最高值于 3 月出现在江北区。所有国控点均有酸雨检出。

2007 年“酸控区”21 个区县 25 个测点全年共采集雨样 1 340 个，其中酸雨样 759 个，酸雨频率 56.6%，酸雨量占降水总量的 64.3%，降水 pH 均值为 4.57。降水 pH 范围为 3.20～8.04，最低值于 2 月出现在大足县龙岗，最高值于 8 月出现在大渡口区。各区县降水 pH 年均值范围为 3.94～5.93，年均最低值在铜梁县，年均最高值在南岸区；其中 pH 年均值小于 5.60 的区县有 17 个，占“酸控区”数的 81.0%。酸控区区县城镇降水 pH 在 4.5 以下、4.5～5.0、5.0～5.6 和大于 5.6 的分别有 5

个、7 个、5 个和 4 个区县，分别占总数的 23.8%、33.3%、23.8%和 19.1%。

2007 年全市，共采集雨样 1 995 个，其中酸雨样 960 个，酸雨频率 48.1%，酸雨量占降水总量的 52.6%，降水 pH 均值为 4.69。降水 pH 范围为 3.20～8.04，最低值于 2 月出现在大足县，最高值于 8 月出现在大渡口区。各区县降水 pH 年均值范围为 3.94～7.24，年均最低值在铜梁县，年均最高值在垫江县。年均 pH 小于 5.60 的区县有 23 个（占 60.5%）。38 个区县中城镇降水 pH 在 4.5 以下、4.5～5.0、5.0～5.6 之间的分别有 5 个、12 个和 6 个区县，分别占总数的 13.2%、31.6%、15.8%。

3．2008 年大气环境质量状况

① 2008 年大气环境质量监测结果。2008 年主城区大气环境监测布点情况见图 2-3。

2008 年，主城区空气中二氧化硫年均值为 0.063 毫克/米 ^{3}，超过国家二级标准 0.05 倍。日均值范围为 0.002～0.245 毫克/米 ^{3}，日均值超标率为 3.3%，最大日均值超标 0.63 倍。主城区空气中二氧化氮年均值为 0.043 毫克/米 ^{3}，达到国家二级标准。日均值范围为 0.003～0.153 毫克/米 ^{3}，日均值超标率为 0.42%，最大日均值超标 0.28 倍。主城区空气中可吸入颗粒物年均值为 0.106 毫克/米 ^{3}，超过国家二级标准 0.06 倍。日均值范围为 0.004～0.467 毫克/米 ^{3}，日均值超标率为 17.1%，最大日均值超标 2.1 倍。主城区年均降尘量为 6.61 吨/（千米 ^{2} •月）[范围为 1.80～10.19 吨/（千米 ^{2} •月）]，超过参考标准[3.75 吨/（千米 ^{2} •月）] 0.76 倍。

2008 年郊区县城镇环境空气中二氧化硫年均值为 0.036 毫克/米 ^{3}，达到国家空气质量二级标准。日均值范围为 0.001～0.272 毫克/米 ^{3}，日均值超标率为 0.39%，最大日均值超标 0.81 倍。郊区县城镇环境空气中二氧化氮年均值为 0.023 毫克/米 ^{3}，达到二级标准。日均值范围为 0.001～0.104 毫克/米 ^{3}。郊区县城镇环境空气中可吸入颗粒物年均值为 0.079 毫

克/米³，达到二级标准。日均值范围为 0.002～0.328 毫克/米³，日均值超标率为 2.1%，最大日均值超标 1.2 倍。郊区县城镇年均降尘量范围为 2.03～8.93 吨/（千米²·月），平均降尘量为 5.50 吨/（千米²·月），超过参考标准 0.47 倍。

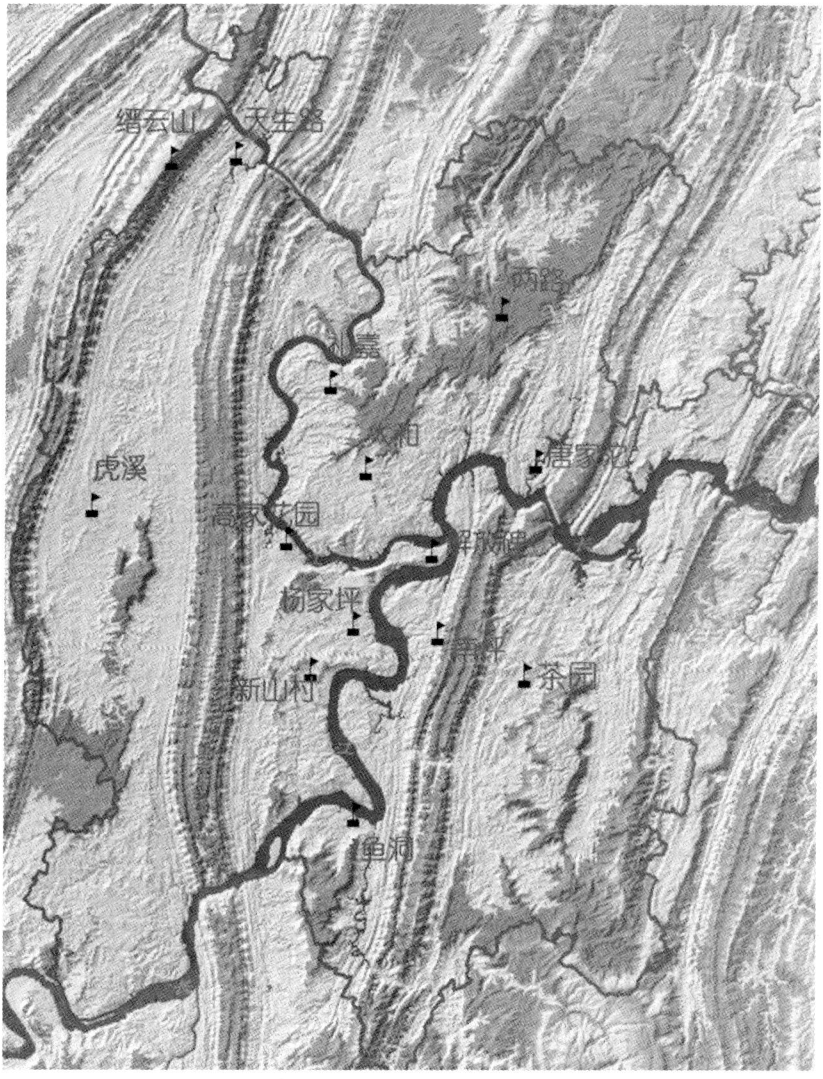

图 2-3　2008 年重庆市主城区空气质量自动监测点位图

2008 年全市空气中二氧化硫年均值为 0.043 毫克/米^3，达到二级标准。日均值范围为 0.001～0.272 毫克/米^3，日均值超标率为 1.2%，最大日均值超标 0.81 倍。2008 年全市空气中二氧化氮年均值为 0.029 毫克/米^3，达到二级标准。日均值范围为 0.001～0.153 毫克/米^3，日均值超标率为 0.16%，最大日均值超标 0.28 倍。全市空气中可吸入颗粒物年均值为 0.087 毫克/米^3，达到二级标准。日均值范围为 0.002～0.467 毫克/米^3，日均值超标率为 6.6%，最大日均值超标 2.1 倍。全市空气中年均降尘量在 2.03～12.82 吨/（千米^2·月）范围内，平均降尘量为 5.97 吨/（千米^2·月），超过参考标准[3.75 吨/（千米^2·月）]0.59 倍。

② 2008 年大气环境质量评价。2008 年主城区空气综合污染指数为 2.65。主城区空气中 PM_{10}、SO_2、NO_2 的负荷比分别为 40.0%、39.7%和 20.3%，PM_{10} 和 SO_2 为主要污染物。2008 年主城区共报出空气质量日报 366 期。主城区日空气质量属于Ⅰ级、Ⅱ级和Ⅲ级天数分别有 46 天、251 天和 69 天，分别占 12.5%、68.6%和 18.9%，首要污染物为可吸入颗粒物和二氧化硫，比例分别占 95.0%和 5.0%。全年空气质量满足Ⅱ级天数比例为 81.1%。

2008 年郊区县城镇空气综合污染指数（P）范围为 0.8～2.62，平均为 1.68。郊区县空气中 PM_{10}、SO_2、NO_2 的负荷比分别为 47.3%、35.7%和 16.9%。可吸入颗粒物和 SO_2 是主要污染物。2008 年全市环境空气综合污染指数（P）平均为 1.95。全市空气中 PM_{10}、SO_2 和 NO_2 的负荷比分别为 44.4%、37.2%和 18.4%。

③ 2008 年降水质量状况。2008 年 5 个国控点共采集雨样 413 个，其中酸雨样 322 个，酸雨频率 78.0%，酸雨量占降水总量的 80.8%，降水 pH 均值为 4.53。降水 pH 实测值范围为 3.52～7.69，最低值于 3 月出现在北碚区，最高值于 7 月出现在大足县。所有国控点均有酸雨检出。

2008 年全市共采集雨样 2 053 个，其中酸雨样 996 个，酸雨频率

48.5%，酸雨量占降水总量的 52.9%，降水 pH 均值为 4.78。降水 pH 范围为 3.26～8.31，最低值于 1 月出现在荣昌县，最高值于 8 月出现在石柱县。各区县降水 pH 年均值范围为 3.26～8.31，年均最低值在荣昌县，年均最高值在垫江县。年均 pH 小于 5.60 的区县有 28 个（占 71.8%）；39 个区县中城镇降水 pH 在 4.5 以下、4.5～5.0、5.0～5.6 之间的分别有 5 个、12 个和 11 个区县，分别占总数的 12.8%、30.8%、28.2%。

2008 年“酸控区”21 个区县 22 个测点全年共采集雨样 1 330 个，其中酸雨样 787 个，酸雨频率 59.2%，酸雨量占降水总量的 62.9%，降水 pH 均值为 4.67。降水 pH 范围为 3.26～7.76，最低值于 1 月出现在荣昌县，最高值于 3 月出现在渝北区。各区县降水 pH 年均值范围为 4.06～6.05，年均最低值在荣昌县，年均最高值在南岸区；其中 pH 年均值小于 5.60 的区县有 19 个，占“酸控区”数的 90.5%。酸控区区县城镇降水 pH 在 4.5 以下、4.5～5.0、5.0～5.6 和大于 5.6 的分别有 4 个、8 个、7 个和 2 个区县，分别占总数的 19.0%、38.1%、33.3% 和 9.5%。

第二节　水环境

一、地表水

重庆境内地表水系由长江、嘉陵江、乌江以及众多的中小支流、湖库组成。1997—2008 年重庆市各区县环境监测站系统地对长江、嘉陵江、乌江重庆段（简称“三江”）和 70 余条次级河流水质进行了监测。2003 年 6 月，长江三峡库区二期蓄水后，部分支流形成回水区，为确保三峡库区重庆段水质安全，库区各区县环境监测站加强了对库区一级支流回水区水质的预警和巡查应急监测。

1. 长江、嘉陵江、乌江水质

① “三江”监测断面及频次。1997—2008 年，长江、嘉陵江、乌江（简称“三江”）重庆段监测断面为 17～27 个，历年监测断面设置情况见表 2-12，由于监测方案的调整，各年的断面不完全相同，为了便于叙述和比较，故将距离较近的断面进行了整合，并标注了不同年份监测的断面。监测断面布设示意图见附录图 2-1 至附录图 2-3。2002 年起，将长江朱沱、寸滩、清溪场、晒网坝和培石，嘉陵江利泽和大溪沟，乌江麻柳嘴 8 个断面设置为国控断面。监测是在每个断面左、中、右三条垂线上采集水面下 0.5 米处水样，全年按枯（2 月）、平（5 月）、丰（8 月）三个水期开展监测，每个水期采样 2 次，间隔 1～3 天。1997—2002 年，除嘉陵江城区段的磁器口和大溪沟断面全年按枯、平、丰三个水期各监测 4 次，全年共测 12 次外，“三江”其他断面枯、平、丰水期各监测 2 次，全年共测 6 次；2003—2008 年，除 8 个国控断面每月监测 1 次（2、5、8 月监测 2 次），全年共测 15 次外，其他断面枯、平、丰水期各监测 2 次，全年共测 6 次。

② “三江”水质监测项目。1997—2000 年，监测项目有水温、pH、总硬度、溶解氧、高锰酸盐指数、化学需氧量、生化需氧量、非离子氨、亚硝酸盐氮、硝酸盐氮、挥发酚、氰化物、砷化物、总汞、六价铬、铜、铅、锌、镉、石油类、氟化物、大肠菌群（2000 年改为粪大肠菌群）、凯氏氮、阴离子表面活性剂、总磷、总氮、电导率等 27 项。2001—2008 年，监测项目有流量、水温、pH、溶解氧、高锰酸盐指数、化学需氧量、生化需氧量、挥发酚、氰化物、砷化物、氨氮、汞、六价铬、铜、铅、锌、镉、石油类、氟化物、粪大肠菌群、硒、硫化物、阴离子表面活性剂、总磷、总氮、电导率等 26 项。

③ 水质评价方法。1997—2000 年，采用《地表水环境质量标准》（GB 3838—88）Ⅲ类水质标准进行超标统计，水质评价方法采用环境质量分级的 W 值法。

表 2-12 1997－2008 年长江、嘉陵江和乌江断面布设情况

河流名称	断面名称	所在区县	1997	1998	1999	2000	2001	2002	2003	2004	2005	2006	2007	2008
长江	朱沱（白沙）	永川区（江津区）	白沙√	白沙√	白沙√	朱沱√	朱沱√	朱沱√	朱沱√	朱沱√	朱沱√	朱沱√	朱沱√	朱沱√
	铜罐驿（黄谦）	九龙坡（江津区）	黄谦√	黄谦√	黄谦√	黄谦√	黄谦√		铜罐驿√	铜罐驿√	铜罐驿√			
	丰收坝	大渡口										√	√	√
	黄桷渡（望龙门）	南岸区（渝中区）	望龙门√	望龙门√	望龙门√	望龙门√	望龙门√	望龙门√	望龙门√	望龙门√	望龙门√	黄桷渡√	黄桷渡√	黄桷渡√
	寸滩	江北区或南岸区	√	√	√	√	√	√	√	√	√	√	√	√
	鱼嘴	江北区										√	√	√
	扇沱（黄草峡）	长寿区	黄草峡√	黄草峡√	黄草峡√	黄草峡√	黄草峡√	黄草峡√	黄草峡√	黄草峡√	黄草峡√	扇沱√	扇沱√	扇沱√
	鸭嘴石	涪陵区	√	√	√	√	√	√	√	√	√	√	√	√
	红光桥（自来水点）				自来水点√	自来水点√	自来水点√	红光桥√	红光桥√	红光桥√	红光桥√			
	清溪场（美女碛）		美女碛√	美女碛√	美女碛√	美女碛√	清溪场√	清溪场√	清溪场√	清溪场√	清溪场√	清溪场√	清溪场√	清溪场√
	大桥（米市圈）	丰都县		米市圈√	米市圈√	米市圈√	米市圈√	米市圈√	米市圈√	米市圈√	米市圈√	大桥√	大桥√	大桥√
	苏家（九条河）	忠县			九条河√	九条河√	九条河√	九条河√	九条河√	九条河√	九条河√	苏家√	苏家√	苏家√
	连二碛				√	√	√	√	√	√	√			

河流名称	断面名称	所在区县	1997	1998	1999	2000	2001	2002	2003	2004	2005	2006	2007	2008
长江	桐园（沱口）	万州区	沱口√	沱口√	沱口√	沱口√	桐园√	桐园√	桐园√	桐园√	桐园√			
	红沙碛		√	√	√	√								
	晒网坝		√	√	√	√	√	√	√	√	√	√	√	√
	苦草沱（下岩寺）	云阳县					下岩寺√	下岩寺√	下岩寺√	下岩寺√	下岩寺√	苦草沱√	苦草沱√	苦草沱√
	盐码头			√	√	√	√	√	√	√	√			
	白帝城	奉节县		√	√	√	√	√	√	√	√	√	√	√
	培石（流石）	巫山县	流石√	流石√	流石√	培石√	培石√	培石√	培石√	培石√	培石√	培石√	培石√	培石√
嘉陵江	利泽	合川区	√	√	√	√	√	√	√	√	√	√	√	√
	北温泉（北碚）	北碚区	北碚√	北碚√	北碚√	北碚√	北碚√	北碚√	北温泉√	北温泉√	北温泉√	北温泉√	北温泉√	北温泉√
	磁器口	沙坪坝	√	√	√	√	√	√	√	√	√			
	大溪沟	渝中区	√	√	√	√	√	√	√	√	√	√	√	√
乌江	万木（龚滩大桥）	酉阳县							龚滩大桥√	龚滩大桥√	龚滩大桥√	万木√	万木√	万木√
	鹿角（万足）	彭水县					万足√	万足√	万足√	万足√	万足√	鹿角√	鹿角√	鹿角√
	外河坝						√	√	√	√	√			
	共和						√	√	√	√	√			
	锣鹰											√	√	√
	白马（武隆）	武隆县	武隆√	武隆√	武隆√	武隆√	白马√	白马√	白马√	白马√	白马√	白马√		
	麻柳嘴	涪陵区	√	√	√	√	√	√	√	√	√	√	√	√
监测断面数/个			17	20	23	23	26	25	27	27	27	22	21	21

注：2007 年起，乌江麻柳嘴断面水质监测采样位置移至白马渡口。

2001 年，采用国家《地表水环境质量标准》（GHZB 1—1999）III类水质标准进行超标统计，并计算各污染指标的污染分担率及断面综合污染指数；水质评价选取 pH、溶解氧、高锰酸盐指数、生化需氧量、氨氮、亚硝氮、硝酸盐氮、挥发酚、氰化物、砷、汞、六价铬、铅、镉、石油类等 15 项，按单项指标均值，分别与 GHZB 1—1999 标准对照，确定该项目的水质类别，同时以单项指标污染最重的来确定断面的水质类别。

2002—2008 年，采用国家《地表水环境质量标准》（GB 3838—2002）III类水质标准进行超标统计，并计算各污染指标的污染分担率及断面综合污染指数。水质评价 2002—2003 年选取 pH、溶解氧、高锰酸盐指数、生化需氧量、氨氮、化学需氧量、总磷、铜、锌、挥发酚、氰化物、砷、汞、六价铬、铅、镉、石油类、阴离子表面活性剂、硫化物、氟化物等 20 项。根据原国家环保总局环函[2003]2 号文要求，2004—2008 年选取 pH、溶解氧、高锰酸盐指数、生化需氧量、氨氮、汞、铅、石油类和挥发酚 9 项，用单项指标均值分别与 GB 3838—2002 标准对照，确定该项目的水质类别，以单项指标污染最重的来确定断面的水质类别。1997—2008 年“三江”重庆段各断面水质评价结果见表 2-13，超标项目情况统计见表 2-14。

表 2-13 1997—2008 年长江、嘉陵江和乌江水质类别评价结果

河流名称	断面名称	1997	1998	1999	2000	2001	2002	2003	2004	2005	2006	2007	2008
长江	朱沱（白沙）	III	III	III	II	II	II	II	II	II	II	II	III
	铜罐驿（黄谦）	III	IV	IV	III	IV		III	III	III			
	丰收坝										II	II	II
	黄桷渡（望龙门）	III	III	V	III	IV	II	III	III	III	II	II	II

河流名称	断面名称	1997	1998	1999	2000	2001	2002	2003	2004	2005	2006	2007	2008
长江	寸滩	Ⅲ	Ⅲ	Ⅲ	Ⅲ	Ⅳ	Ⅱ	Ⅲ	Ⅲ	Ⅲ	Ⅱ	Ⅱ	Ⅱ
	鱼嘴										Ⅲ	Ⅱ	Ⅱ
	扇沱（黄草峡）	Ⅲ	Ⅳ	Ⅳ	Ⅳ	Ⅱ	Ⅲ	Ⅱ	Ⅱ	Ⅱ	Ⅱ	Ⅲ	Ⅱ
	鸭嘴石	Ⅱ	Ⅱ	Ⅳ	Ⅲ	Ⅱ	Ⅲ	Ⅱ	Ⅱ	Ⅱ	Ⅱ	Ⅱ	Ⅱ
	红光桥（自来水点）			Ⅳ	Ⅲ	Ⅱ	Ⅲ	Ⅲ	Ⅱ	Ⅱ			
	清溪场（美女碛）	Ⅱ	Ⅱ	Ⅳ	Ⅲ	Ⅱ	Ⅲ	Ⅲ	Ⅱ	Ⅱ	Ⅱ	Ⅱ	Ⅱ
	大桥（米市圈）		Ⅲ	Ⅲ	Ⅲ	Ⅳ	Ⅲ	Ⅲ	Ⅱ	Ⅱ	Ⅱ	Ⅱ	Ⅱ
	苏家（九条河）			Ⅳ	Ⅱ	Ⅱ	Ⅲ	Ⅲ	Ⅲ	Ⅱ	Ⅱ	Ⅱ	Ⅱ
	连二碛			Ⅳ	Ⅲ	Ⅱ	Ⅲ	Ⅲ	Ⅲ	Ⅱ			
	桐园（沱口）	Ⅱ	Ⅱ	Ⅳ	Ⅳ	Ⅲ	Ⅲ	Ⅲ	Ⅱ	Ⅱ			
	红沙碛	Ⅲ	Ⅱ	Ⅳ	Ⅳ								
	晒网坝	Ⅱ	Ⅱ	Ⅳ	Ⅳ	Ⅲ	Ⅳ	Ⅲ	Ⅱ	Ⅱ	Ⅱ	Ⅰ	Ⅰ
	苦草沱（下岩寺）					Ⅱ	Ⅳ	Ⅲ	Ⅲ	Ⅲ	Ⅲ	Ⅲ	Ⅲ
	盐码头		Ⅰ	Ⅱ	Ⅱ	Ⅱ	Ⅲ	Ⅲ	Ⅲ	Ⅲ			
	白帝城		Ⅱ	Ⅳ	Ⅳ	Ⅱ	Ⅲ	Ⅲ	Ⅱ	Ⅱ	Ⅱ	Ⅰ	Ⅱ
	培石（流石）	Ⅲ	Ⅲ	Ⅳ	Ⅱ	Ⅱ	Ⅱ	Ⅲ	Ⅱ	Ⅱ	Ⅰ	Ⅰ	Ⅱ
嘉陵江	利泽	Ⅲ	Ⅱ	Ⅱ	Ⅱ	Ⅱ	Ⅱ	Ⅱ	Ⅱ	Ⅱ	Ⅱ	Ⅱ	Ⅱ
	北温泉（北碚）	Ⅲ	Ⅲ	Ⅲ	Ⅲ	Ⅳ	Ⅲ	Ⅲ	Ⅱ	Ⅱ	Ⅱ	Ⅱ	Ⅱ
	磁器口	Ⅲ	Ⅲ	Ⅳ	Ⅲ	Ⅱ	Ⅱ	Ⅲ	Ⅱ	Ⅱ			
	大溪沟	Ⅲ	Ⅳ	Ⅳ	Ⅲ	Ⅱ	Ⅱ	Ⅲ	Ⅲ	Ⅱ	Ⅱ	Ⅲ	Ⅱ

河流名称	断面名称	1997	1998	1999	2000	2001	2002	2003	2004	2005	2006	2007	2008
乌江	万木（龚滩大桥）							Ⅲ	Ⅰ	Ⅰ	Ⅰ	Ⅱ	Ⅱ
	鹿角（万足）					Ⅱ	Ⅱ	Ⅰ	Ⅰ	Ⅱ	Ⅰ	Ⅱ	Ⅱ
	外河坝					Ⅱ	Ⅱ	Ⅰ	Ⅰ	Ⅱ			
	共和					Ⅱ	Ⅱ	Ⅰ	Ⅰ	Ⅱ			
	锣鹰										Ⅰ	Ⅱ	Ⅱ
	白马（武隆）	Ⅱ	Ⅱ	Ⅱ	Ⅱ	Ⅱ	Ⅱ	Ⅱ	Ⅱ	Ⅰ	Ⅱ		
	麻柳嘴	Ⅱ	Ⅱ	Ⅲ	Ⅱ	Ⅱ	Ⅲ	Ⅱ	Ⅱ	Ⅱ	Ⅱ	Ⅱ	Ⅱ

表 2-14　1997—2008 年长江、嘉陵江和乌江超标项目统计表

超标污染物	1997	1998	1999	2000	2001	2002	2003	2004	2005	2006	2007	2008
粪大肠菌群*	●	●	●	●	●	●	●	●	●	●	●	●
石油类	○	●	●	●	●	●	○		○			
化学需氧量	○	○	●	●	○		○					
非离子氨	○	●	●	●	●							
氨氮					●		○					
总磷	●	●	●	●	●	●	○	○	○			○
凯氏氮	○	●	○	○								
亚硝氮	○	○	○	○								
挥发酚	○											
pH		○										
铅				○								
高锰酸盐指数		○										
生化需氧量		○	○	○								
六价铬		○	○									
汞			○									
测值超标项目数/个	8	11	10	9	6	3	5	2	3	1	1	2
均值超标项目数/个	2	5	5	5	5	3	1	1	1	1	1	1

注：* 1997—1999 年为大肠菌群；○ 测值出现超标；● 年均值出现超标。

④ “三江”水质状况。各年度《重庆市环境质量报告书》中，关于“三江”重庆段水质评价状况如下：

“九五”期间“三江”水质状况。《1996—2000 年重庆市环境质量报告书》对“九五”期间“三江”重庆段水质状况作了评价，并对 1991—2000 年“三江”重庆段主要控制断面十年的水质变化趋势作了评述。1996—2000 年“三江”重庆各断面水质指标中，年均值超Ⅲ类水标准或对水质影响大的项目是细菌学指标、总磷、非离子氨和石油类，它们是“九五”期间影响“三江”水质的主要污染物。“九五”期间长江、嘉陵江重庆段水质以Ⅱ类、Ⅲ类水质为主，乌江重庆段总体水质良好，稳定在Ⅱ类；“三江”重庆段水质有 15 项指标出现超标，其中长江出现超标项目 7～9 项，嘉陵江出现超标项目 5～10 项，乌江出现超标项目 1～4 项。1996—2000 年长江总体年均水质以Ⅱ类、Ⅲ类水为主，分别占统计年数的 32.9%和 40.0%；属Ⅳ类水占 24.3%，属Ⅰ类和Ⅴ类水的各有一年，仅各占 1.4%；嘉陵江总体年均水质仍以Ⅱ类、Ⅲ类水为主，分别占统计断面年数的 30.0%和 50.0%，属Ⅳ类水占 20.0%；乌江总体水质基本稳定，两断面年均水质除 1999 年的麻柳嘴断面为Ⅲ类水外，其余年份水质均为Ⅱ类水（表 2-15）。

表 2-15　1996—2000 年“三江”水质评价结果（*W* 值）

水质类别	长江		嘉陵江		乌江	
	断面年数	占统计断面年数/%	断面年数	占统计断面年数/%	断面年数	占统计断面年数/%
Ⅰ	1	1.4				
Ⅱ	23	32.9	6	30	9	90
Ⅲ	28	40	10	50	1	10
Ⅳ	17	24.3	4	20		
Ⅴ	1	1.4				

"十五"期间"三江"水质状况。《2001—2005 年重庆市环境质量报告书》对"十五"期间"三江"重庆段水质状况作了评价。2001—2005 年出现超标的项目污染物有粪大肠菌群、石油类、总磷、化学需氧量、溶解氧和氨氮 6 项，其中粪大肠菌群指标连续 5 年超标，断面超标率居高不下，均值超标项目也只有粪大肠菌群一项，因此，"三江"水体中首要污染物是作为评价水体卫生状况指标的"粪大肠菌群"，总磷也连续 5 年有超标现象出现，石油类指标有 4 年有超标现象出现，但超标率都不高，因此，次要污染物应是"石油类"和作为评价水体富营养状态指标的"总磷"。化学需氧量、溶解氧和氨氮这 3 项指标只在个别年份有超标现象出现，超标率亦很低。2001—2005 年"三江"重庆段水质总体良好，满足水域功能要求，水质类别以Ⅱ～Ⅲ类为主，且满足Ⅱ类的断面比例有逐年上升的趋势，由 2001 年的 45.45%上升至 2005 年的 81.48%（见表 2-16）。总体上，2001—2005 年乌江水质好于嘉陵江和长江；长江出入市境断面水质良好，水质类别均满足Ⅱ类。长江、嘉陵江枯水期水质好于平水期，平水期水质好于丰水期；乌江枯水期水质好于丰水期，丰水期水质好于平水期。

表 2-16　2001—2005 年长江、嘉陵江和乌江水质评价类别评价结果统计

水质类别	2001 年	2002 年	2003 年	2004 年	2005 年	2001—2005 年
Ⅰ类/%			11.11	14.81	7.41	3.70
Ⅱ类/%	45.45	65.38	62.96	55.56	74.07	66.67
Ⅲ类/%	45.45	30.77	25.93	29.63	18.52	29.63
Ⅳ类/%	9.09	3.85				

2006 年以来"三江"水质状况。2006 年，"三江" 只有粪大肠菌群出现超标。水质属于Ⅰ类、Ⅱ类和Ⅲ类的断面比例分别为 18.2%、72.7%和 9.1%。长江 14 个断面水质属于Ⅰ类、Ⅱ类和Ⅲ类的断面分别占 7.1%、78.6%和 14.3%，入境断面朱沱和出境断面培石水质均为Ⅱ类；

嘉陵江 3 个断面水质均为Ⅱ类；乌江 5 个断面中水质均为Ⅰ～Ⅱ类。

2007 年，“三江” 只有粪大肠菌群出现超标。水质属于Ⅰ类、Ⅱ类和Ⅲ类的断面分别有 3 个、15 个和 3 个，分别占 14.3%、71.4%和 14.3%。长江 14 个断面中，水质属于Ⅰ类、Ⅱ类、Ⅲ类的分别有 3 个、9 个和 2 个，分别占 21.4%、64.3%和 14.3%，入境断面朱沱水质为Ⅱ类，出境断面培石水质为Ⅰ类；嘉陵江大溪沟断面水质为Ⅲ类，其余 2 个断面水质为Ⅱ类；乌江 4 个断面水质均为Ⅱ类。

2008 年，“三江” 出现超标的项目有粪大肠菌群和总磷，均值超标的项目只有粪大肠菌群。水质属于Ⅰ类、Ⅱ类和Ⅲ类的断面分别有 1 个、18 个和 2 个，分别占 4.8%、85.7%和 9.5%；长江 14 个断面中，水质属于Ⅰ类、Ⅱ类、Ⅲ类的分别有 1 个、11 个和 2 个，分别占 7.1%、78.6%和 14.3%，入境断面朱沱水质为Ⅲ类，出境断面培石水质为Ⅱ类；嘉陵江 3 个断面和乌江 4 个断面水质均为Ⅱ类。

2. 次级河流水质

① 次级河流水质监测断面、频次及监测项目。1997—2008 年，重庆次级河流监测断面为 120～178 个，历年监测河流断面设置情况见表 2-17。按枯（2 月）、平（5 月）、丰（8 月）三个水期开展监测，全年共 6 次，每次在中泓（50 米宽以下断面）或左、右（50～100 米宽断面）水面下 0.5 米处采样。

1997—2000 年，监测项目有水温、pH、悬浮物、总硬度、溶解氧、化学需氧量、生化需氧量、高锰酸盐指数、非离子氨、挥发酚、亚硝酸盐氮、总汞、六价铬、铅、镉、石油类、大肠菌群、总磷、总氮等 19 项。2001—2005 年，重庆市次级河流水质每年均监测的项目有 pH、水温、溶解氧、化学需氧量、高锰酸盐指数、生化需氧量、氨氮、挥发酚、汞、铅、石油类、大肠菌群、总磷、总氮，在此基础上，2001—2002 年还包括悬浮物、总硬度、非离子氨、亚硝氮、六价铬、镉，2003 年还包括氰化物、砷化物、六价铬、铜、锌、镉、硒、氟化物、硫化物、阴离子表面活性剂；2004—2005 年还有电导率。此外，根据地表水环境质量标准和有关规定，各区县对选测项目进行了监测，选测项目有浑浊度、凯氏氮、流量、硫酸盐、氯化物、锰、镍、全盐量、色度、水深、铁、透明度、细菌总数、硝酸盐、叶绿素 a。2006—2008 年，《重庆市“十一五”环境质量监测工作方案》规定的监测项目有流量、水温、pH、溶解氧、高锰酸盐指数、化学需氧量、生化需氧量、挥发酚、氨氮、汞、石油类、总磷、总氮、电导率、粪大肠菌群、铅 16 项，有的河流断面增测了六价铬、铜、锌、镉、硒、硫化物、阴离子表面活性剂、氟化物、氰化物、砷化物、锰等。

表 2-17　1997—2008 年次级河流水质监测断面设置

年份	1997	1998	1999	2000	2001	2002	2003	2004	2005	2006	2007	2008
监测河流/条	57	56	64	68	68	68	71	70	68	58	58	58
监测断面/个	130	142	153	160	170	169	178	172	166	122	120	122

② 次级河流水质监测超标项目统计。1997—2008 年次级河流水质年均值超标项目统计见表 2-18。

表 2-18　1997—2008 年次级河流水质年均值超标项目统计

超标项目	1997	1998	1999	2000	2001	2002	2003	2004	2005	2006	2007	2008
高锰酸盐指数	√	√	√	√	√	√	√	√	√	√	√	√
化学需氧量	√	√	√	√	√	√	√	√	√	√	√	√
石油类	√	√	√	√	√	√	√	√	√	√	√	√
粪大肠菌群*	√	√	√	√	√	√	√	√	√	√	√	√
生化需氧量	√	√	√	√	√	√	√	√	√	√	√	√

超标项目	1997	1998	1999	2000	2001	2002	2003	2004	2005	2006	2007	2008
挥发酚	√	√	√	√	√	√	√	√	√	√	√	√
溶解氧		√	√	√	√	√	√	√	√	√	√	√
总磷			√	√	√	√	√	√	√	√	√	√
氨氮					√	√	√	√	√	√	√	√
汞	√		√	√		√	√	√		√		
非离子氨	√	√	√	√	√							
亚硝酸盐氮	√	√	√	√	√							
氰化物	√	√	√	√	√	√	√					
六价铬	√	√	√	√	√	√	√	√		√		
铅	√			√		√						
镉				√	√							
氟化物							√		√			
pH		√			√							
锰									√	√		
镍										√		
硝酸盐						√						
砷					√							
阴离子表面活性剂					√		√	√				
硫酸盐					√	√						
硫化物							√					
锌							√					
超标项目数/个	12	12	13	15	18	15	16	12	11	13	9	9

注：*：1997—1999 年为大肠菌群。

③ 次级河流水质状况。各年度《重庆市环境质量报告书》中，关于重庆次级河流水质评价状况如下：

“九五”期间次级河流水质状况。《1996—2000 年重庆市环境质量报告书》对“九五”期间重庆市主要次级河流水质状况作了评价。“九五”时期，次级河流年均浓度出现的超标项目有 12～15 项，历年出现的超标项目基本相同，大多属有机污染物。由此说明次级河流的污染带有普遍性；其主要超标项目是化学需氧量、高锰酸盐指数、石油类、大肠菌群、非离子氨、挥发酚、生化需氧量。与“八五”期间比较，“九五”时期次级河流超标项目数与“八五”期间基本相同（“八五”期间超标 14 项），主要超标项目也大体相同，表明次级河流的污染具有时间的连续性。“九五”时期有 62.5%～93.8%的次级河流受到多项有机物不同程度的污染，截至 2000 年有 72.1%（49 条）的河流水质年均值 15 项目超标，多半仍为有机污染物。它们是化学需氧量、高锰酸盐指数、生化需氧量、非离子氨、大肠菌群，这几项指标年均浓度值在较多河流断面中，呈逐年上升趋势，说明次级河流有机污染在逐渐加重。水质评价结果与次级河流的水域功能类别相比较表明，“九五”时期，在监测的次级河流中，水质不满足水域功能的断面比例由 1996 年的 39.3%上升到 2000 年的 63.1%。5 年间几乎有一半的河流断面不能满足水域功能要求，说明次级河流水质污染面广，污染有逐渐扩大和加重的趋势。

“十五”期间次级河流水质状况。《2001—2005 年重庆市环境质量报告书》对“十五”期间重庆次级河流水质状况作了评价。2001—2005 年，全市 71 条次级河流 184 个断面次级河流水质超标较普遍的指标为粪大肠菌群、化学需氧量、石油类、五日生化需氧量、氨氮、高锰酸盐指数、总磷、溶解氧、挥发酚、阴离子表面活性剂等，超标断面比例分别为 73.0%、62.2%、53.3%、53%、51.7%、48.6%、47%、42.2%、34.7%、26.2%。2001—2005 年，监测项目中有标准的项目测值出现超标的项目数比例 2001 年为 67.9%，2002 年略有上升为 70.0%，从 2003 年起逐年下降到 2005 年的 41.9%；断面均值超标的项目数比例从 2001 年的 57.1%逐年下降到 2005 年的 35.5%，表明重庆市次级河流超标项目逐年减少。

2001—2005 年，全市 71 条次级河流 184 个断面水质评价结果表明：

水质属Ⅰ类、Ⅱ类、Ⅲ类、Ⅳ类、Ⅴ类和劣Ⅴ类的断面分别有 19 个、29 个、53 个、38 个、13 个和 32 个，分别占监测断面的 10.3%、15.8%、28.8%、20.6%、7.1%和 17.4%；其中，满足Ⅲ类水质的断面占监测断面总数的 54.9%，满足水域功能要求的断面占 56.0%。次级河流水质主要污染物为氨氮、五日生化需氧量、石油类；影响次级河流为Ⅴ类和劣Ⅴ类的项目是氨氮、五日生化需氧量、高锰酸盐指数、溶解氧和挥发酚，特别是氨氮污染较重。断面水质为Ⅴ类和劣Ⅴ类的断面中，污染最重指标是氨氮的断面占 64.4%；其次是五日生化需氧量，占 26.7%。2001—2005 年次级河流水质满足Ⅲ类水质的断面比例逐年上升，从 2001 年的 54.7%上升到 2005 年的 63.7%。满足Ⅲ类水质的断面比例 2001 年和 2005 年均为平水期最高，枯水期次之，丰水期最低；2004 年则是丰水期最高，平水期次之，枯水期最低，2002 年和 2003 年为丰水期最高，枯水期次之，平水期最低。

2006 年以来次级河流水质状况。2006 年，58 条次级河流出现水质超标的项目有 15 项；年均值出现超标的项目有 13 项，其中超标断面数较多的项目有粪大肠菌群、化学需氧量、高锰酸盐指数、五日生化需氧量、总磷、氨氮、石油类，断面超标率分别为 37.8%、23.1%、14.9%、19.8%、19.3%、20.0%、22.3%。水质为Ⅰ类、Ⅱ类、Ⅲ类、Ⅳ类、Ⅴ类和劣Ⅴ类水质的断面分别有 22 个、21 个、44 个、10 个、10 个和 15 个，分别占监测断面的比例为 18.0%、17.2%、36.1%、8.2%、8.2%和 12.3%；其中，满足水域功能的断面占 72.1%，不满足水域功能的占 27.9%。

2007 年，58 条次级河流 120 个断面有 12 项指标出现超标，年均值出现超标的项目有 9 项，其中粪大肠菌群、化学需氧量、氨氮、总磷、五日生化需氧量、石油类和高锰酸盐指数年均值超标的断面比例分别为 38.8%、27.7%、21.0%、16.8%、16.5%、16.4%和 14.3%。水质为Ⅰ类、Ⅱ类、Ⅲ类、Ⅳ类、Ⅴ类和劣Ⅴ类水质的断面比例分别为

10.8%、20.9%、37.5%、17.5%、2.5%和 10.8%。水质较差的河流有清水溪、大溪河（九龙坡）、一品河、花溪河、磨滩河、高滩河、卧龙河等。

2008 年监测的 58 条次级河流的 122 个断面中，出现水质超标的项目有 10 项，均值出现超标的项目有 9 项，其中粪大肠菌群、化学需氧量、氨氮、五日生化需氧量、总磷和石油类年均值超标的断面比例分别为 35.8%、23.0%、19.7%、19.5%、18.9%和 18.6%。水质为Ⅰ类、Ⅱ类、Ⅲ类、Ⅳ类、Ⅴ类和劣Ⅴ类的断面比例分别为 12.3%、24.6%、36.9%、14.7%、2.5%和 9.0%；其中，满足水域功能要求的断面比例为 78.7%，不满足水域功能的占 21.3%。水质较差的河流有清水溪、大溪河（九龙坡）、一品河、花溪河、磨滩河、高滩河、卧龙河等。

《2008 年重庆市环境质量报告书》还对 2003—2008 年重庆市次级河流水质年际变化趋势作了评述，各年度选用了相同评价项目进行评价结果。2003—2006 年次级河流水质满足Ⅲ类和满足水域功能的断面比例均呈逐年上升趋势，满足Ⅲ类的断面比例从 2003 年的 55.6%上升到 2006 年的 71.3%，满足水域功能的断面比例从 2003 年的 57.9%上升到 2006 年的 72.1%；2007 年均略有下降，2008 年又均有所上升。2008 年次级河流水质满足Ⅲ类和满足水域功能的断面比例均最高。

3. 库区一级支流水质

① 库区一级支流水质监测断面及监测项目。为及时、准确掌握三峡库区支流回水区水质变化情况，按照原国家环保总局和市环保局要求，2004 年起，重庆市库区有关区县环境监测站对辖区内的一级支流进行了水质预警和应急监测。预警监测为在每条河流回水区的上游设 1 个断面，中段设 1～2 个断面，每年 3—10 月的 10 日前采样监测 1 次，监测项目为 14～21 项，并且每月须对回水区至少开展 3 次不定期巡查；应急监测为“水华”出现就必须立即开展应急监测工作，直至“水华”

结束，监测项目为 8～11 项。2004—2008 年库区一级支流监测河流断面和项目数情况见表 2-19。水质营养状况评价采用总氮、总磷、透明度、高锰酸盐指数和叶绿素 a 五项指标进行。

表 2-19　2004—2008 年库区一级支流水质监测情况

年度	2004	2005	2006	2007	2008
监测河流/条	13	13	23	33	32
监测断面/个	26	26	46	68	65
监测项目/个	14	14	14	14～19	21

② 库区一级支流水质状况。2004—2008 年库区一级支流水质和营养状况统计见表 2-20。各年度《重庆市环境质量报告书》中，关于库区一级支流水质评价状况如下：

表 2-20　2004—2008 年库区一级支流水质和营养状况统计　　单位：%

水质和营养状况级别		2004年	2005年	2006年		2007年		2008年	
				上游	中段	上游	中段	上游	中段
水质	Ⅰ—Ⅱ类	61.5	92.3	68.2	62.5	60.7	60.0	74.1	71.0
	Ⅲ类	30.8	/	18.2	16.7	17.9	15.0	14.8	18.4
	Ⅳ类	/	/	9.1	8.3	17.9	20.0	7.4	5.3
	Ⅴ类	7.7	3.8	/	4.2	/	5.0	/	/
	劣Ⅴ类		3.8	4.5	8.3	3.6	/	3.7	5.3
营养状况级别	贫营养	3.8	19.2	4.5	4.2	/	/	/	/
	中营养	50.0	65.4	81.8	41.7	85.7	75.0	88.9	65.8
	轻度富营养	38.5	7.7	9.1	37.5	7.1	17.5	7.4	26.3
	中度富营养	7.7	3.8	4.5	12.5	71	7.5	3.7	2.6
	重度富营养	/	3.8	/	4.2	/	/	/	5.3

2004 年，库区 13 条一级支流 26 个断面出现超标的项目有粪大肠菌群、化学需氧量、石油类、氨氮、总磷、高锰酸盐指数和溶解氧 7 项，

其中出现超标断面数较多的项目为粪大肠菌群和化学需氧量。水质为Ⅰ—Ⅱ类、Ⅲ类和劣Ⅴ类的断面分别有16个、8个和2个，分别占61.5%、30.8%和7.7%。水质呈中度富营养、轻度富营养、中营养和贫营养的断面分别有2个、10个、13个和1个，分别占7.7%、38.5%、50.0%和3.8%。巫山县神女溪、抱龙河和大宁河部分河段在3—9月曾出现过"水华"现象。

2005年，库区13条一级支流26个断面出现超标的项目有粪大肠菌群、生化需氧量、化学需氧量、总磷、高锰酸盐指数、氨氮、石油类、溶解氧和pH等9项。除万州区苎溪河回水区最差，其南门口和关塘口断面水质分别为劣Ⅴ类和Ⅴ类外，其余河流断面水质均为Ⅰ—Ⅱ类。水体呈重度富营养、中度富营养、轻度富营养、中营养和贫营养的断面分别有1个、1个、2个、17个和5个，分别占3.8%、3.9%、7.7%、65.4%和19.2%。2005年3—5月，巫山县的神女溪、大溪河、抱龙河、大宁河；云阳县的磨刀溪、汤溪河、长滩河；万州区的瀼渡河；奉节县的梅溪河、草堂河、朱衣河11条河流发生"水华"现象。

2006年，库区23条一级支流46个断面出现超标的项目有粪大肠菌群、生化需氧量、化学需氧量、总磷、高锰酸盐指数、氨氮、石油类、溶解氧和pH等9项。22个回水区上游断面水质为Ⅰ类、Ⅱ类、Ⅲ类、Ⅳ类和劣Ⅴ类的断面比例分别为36.4%、31.8%、18.2%、9.1%和4.5%，24个回水区中段断面水质为Ⅰ类、Ⅱ类、Ⅲ类、Ⅳ类、Ⅴ类和劣Ⅴ类的断面比例分别为12.5%、50.0%、16.7%、8.3%、4.2%和8.3%。回水区上游水体中为贫营养、中营养、轻度富营养和中度富营养的断面比例分别为4.5%、81.8%、9.1%和4.5%，回水区中段水体为贫营养、中营养、轻度富营养、中度富营养和重度富营养的断面比例分别为4.2%、41.7%、37.5%、12.5%和4.2%。2006年2—11月，巫山县的神女溪、大溪河、抱龙河、大宁河、三溪河；云阳县的磨刀溪、汤溪河、澎溪河、长滩河；奉节县的梅溪河、草堂河、朱衣河、墨溪河13条河流发生"水华"

现象。

2007年，库区33条一级支流68个断面出现超标的项目有粪大肠菌群、总磷、石油类、高锰酸盐指数、化学需氧量、五日生化需氧量、氨氮、溶解氧和pH值9项。回水区上游28个断面水质为Ⅰ类、Ⅱ类、Ⅲ类、Ⅳ类和劣Ⅴ类的断面比例分别为25.0%、35.7%、17.9%、17.8%和3.6%，回水区中段40个断面水质为Ⅰ类、Ⅱ类、Ⅲ类、Ⅳ类和Ⅴ类的断面比例分别为15.0%、45.0%、15.0%、20.0%和5.0%。回水区上游水体为中营养、轻度富营养和中度富营养的断面比例分别为85.7%、7.1%和7.1%，回水区中段水体为中营养、轻度富营养和中度富营养的断面比例分别为75.0%、17.5%和7.5%。2007年3—12月，巫山县的大溪河、抱龙河、大宁河；丰都县的朗溪河；奉节县的梅溪河、草堂河、朱衣河；云阳县的澎溪河8条河流出现了“水华”现象。

2008年，库区32条一级支流65个断面出现超标的项目有粪大肠菌群、总磷、石油类、高锰酸盐指数、化学需氧量、五日生化需氧量、氨氮、溶解氧和pH 9项。回水区上游27个断面水质为Ⅰ类、Ⅱ类、Ⅲ类、Ⅳ类和劣Ⅴ类的断面比例分别为22.2%、51.9%、14.8%、7.4%和3.7%，回水区中段38个断面水质为Ⅰ类、Ⅱ类、Ⅲ类、Ⅳ类和劣Ⅴ类的断面比例分别为10.5%、60.5%、18.4%、5.3%和5.3%。回水区上游水体为中营养、轻度富营养和中度富营养的断面比例分别为88.9%、7.4%和3.7%，回水区中段水体为中营养、轻度富营养、中度富营养和重度富营养的断面比例分别为65.8%、26.3%、2.6%和5.3%。2008年1—11月，巫山县的大宁河和丰都县的龙河2条河流出现了“水华”现象。

二、饮用水源地水环境质量

1．饮用水源地水质监测情况

1997—2000年，重庆市自来水公司对城区所属的水厂水源点取水口开展监测，分别监测 12～13 个水源点取水口。2001 年起重庆市逐步开展饮用水源地水质监测工作，重庆市环境监测中心和北碚区环境监测站对主城区范围内 12 个水源地水质进行了监测。2002 年，重庆市环境监测中心和 10 个区县环境监测站在全市设置饮用水源地水质监测断面 13 个，其中大溪沟、梁沱和和尚山断面为国控断面，其余断面均为市控断面。2003 年起全市 39 个区县开始逐月监测饮用水源地水质，设置监测断面（点位）60 个，2004 年监测断面为 67 个。2005 年设置监测断面 61 个，国控断面调整为长江丰收坝、和尚山、江津大桥、黄桷渡、嘉陵江梁沱、北温泉、东渡口及龙溪河烟坡共 8 个饮用水源地水质断面。2006 年设置监测断面 54 个，2007 年和 2008 年监测断面均为 55 个，见表 2-21。

表 2-21 2001—2008 年饮用水源地水质监测情况

监测区域	测点个数/个							
	2001 年	2002 年	2003 年	2004 年	2005 年	2006 年	2007 年	2008 年
主城区	12	13	9	19	19	10	10	10
郊区县	0	8	51	48	42	44	45	45
全市	12	21	60	67	61	54	55	55
国控点	3	3	3	3	8	8	8	8

从 2001 年起饮用水源地水质监测频率为每月上旬监测一次，监测项目为 31 项，2003 年起减少了非离子氨、亚硝酸盐氮、凯氏氮 3 项，监测项目及频率见表 2-22。从 2008 年起，国控点 8 个饮用水源地每年开展一次饮用水源地全分析，项目包括《地表水环境质量标准》（GB 3838—2002）中的基本项目 29 项及特定项目 80 项共 109 项。2008 年 8 月起国控断面每月监测《地表水环境质量标准》（GB 3838—2002）中表 1、表 2 的全部项目（29 项）及表 3 中前 35 项，共 64 项。

1997—2000 年用生活饮用水卫生标准 GB 5749—85 进行超标统计，

2001 年用 GHZB 1—1999III类水标准进行超标统计。从 2002 年起用地表水环境质量标准 GB 3838—2002 进行超标统计，水质类别评价因子选择标准中规定的 25 项：pH、溶解氧、高锰酸盐指数、生化需氧量、氨氮、总磷、铜、锌、氟化物、砷、汞、铬（六价）、铅、镉、硒、铁、锰、氰化物、挥发酚、石油类、阴离子表面活性剂、硫化物、硫酸盐、氯化物、硝酸盐。评价方法为：断面水质类别是根据评价时段内该段面水质评价项目及选择参评的项目中类别最高的一项来确定，即污染最重的项目所达到的水质类别即为该断面的水质类别。水质类别结果可判定饮用水源保护区水质是否满足水域功能要求。

表 2-22　饮用水源地水质监测项目及频率

监测项目		监测频次	备注
必测项目（10 项）	水温、pH、总磷、高锰酸盐指数、溶解氧、氟化物、挥发酚、石油类、粪大肠菌群、氨氮	每月监测一次	
选测项目（18 项）	硫酸盐、总氮、BOD_5、氯化物、铁、锰、硝酸盐氮、铜、锌、硒、砷、镉、六价铬、铅、汞、阴离子表面活性剂、氰化物和硫化物	每年 1 月、7 月各监测一次	凡超过地表水 II 类标准的项目，每月监测并报告

2．饮用水源地水质监测结果

①“九五”期间饮用水源地水质监测结果。1997 年 13 个水源点源水出现超标的项目有 6 项，超标较为严重的项目有总大肠菌群和非离子氨，源水超标率分别为 87.2%和 82.0%，两个项目在 13 个水源点均出现不同程度的超标，超标率范围分别为 50%～100%和 60%～100%。其次是锰、化学需氧量、生化需氧量和挥发酚，超标率分别为 25%、25%、6%和 4%。净水水质中出现超标的项目有总铁和硒，超标率分别为 3.8%和 2.5%。

1998 年 13 个水源点源水出现超标的项目有 11 项，超标最为严重的项目仍然是总大肠菌群，超标率为 92.3%。13 个水源点中有 8 个点超标率为 100%，4 个点为 83%，1 个点为 67%。其次分别是凯氏氮、非离子氨、总磷、高锰酸盐指数和化学需氧量，超标率在 23.0%～65.4%，超标率在 10%以下的项目有五项，分别是亚硝酸盐氮、溶解性铁、铅、锰和挥发酚。净水水质出现超标的项目只有渝路水厂和江北水厂的汞，超标率均为 8.3%，最大值分别超标 20.3 倍和 8.7 倍。

1999 年 12 个饮用水源水质达标率为 87.5%，各水厂达标率范围为 83.3%～92.9%。源水出现超标的项目有 4 项，超标最为严重的项目仍然是总大肠菌群，超标率为 91.6%，有 8 个水源地源水的超标率为 100%；非离子氨超标率为 16.7%～66.7%，最大值为 0.16 毫克/升。高锰酸盐指数仅在高家花园、北碚文星湾和团山堡 3 个水源地未出现超标，其余水源地源水超标率范围为 16.7%～50%。挥发酚在 9 个水源地源水中出现超标，超标率为 16.7%～33.3%。

② “十五”期间饮用水源地水质监测结果。“十五”期间，全市饮用水源地水质出现超标的项目有 11 项（见表 2-23），分别是溶解氧、高锰酸盐指数、阴离子表面活性剂、溶解性铁、氨氮、挥发酚、五日生化需氧量、石油类、总磷、粪大肠菌群和锰。其中出现超标的断面（点位）数比例大于 10%的项目有粪大肠菌群、总磷、石油类、溶解氧和高锰酸盐指数，分别占监测断面（点位）总数的 69.7%、27.6%、21.5%、10.3%和 10.3%，其余项目断面超标率范围为 1.9%～8.3%。年均值出现超标的项目有五日生化需氧量、石油类、总磷、粪大肠菌群和锰等 5 项，其中粪大肠菌群超标最为普遍。78 个饮用水源地断面（点位）水质属于Ⅱ类、Ⅲ类、Ⅳ类和Ⅴ类的比例分别为 41.0%、50.0%、7.7%和 1.3%，满足饮用水源地水域功能要求的断面比例为 91.0%。

表 2-23　2001—2008 年全市饮用水源地水质污染物超标情况

项目 年份	溶解氧	高锰酸盐指数	阴离子表面活性剂	溶解性铁	氨氮	挥发酚	生化需氧量	石油类	总磷	粪大肠菌群	锰	pH	氯化物
2001								●		●			
2002				○				●	○	●	○		
2003	○	○	○		○	●	●	●	●	●	●		
2004	○	●	●		○		●	●	●	●	○		
2005		○					○		●	●	●		
2006	○	○							○	●	○	○	
2007	○	○					●			●		○	○
2008	○						○			●		○	

注：○ 测值出现超标；● 年均值出现超标。

“十五”期间，主城区饮用水源地水质出现超标的项目有粪大肠菌群、石油类、总磷、高锰酸盐指数、氨氮、挥发酚和锰 7 项，其中出现超标的断面（点位）数比例大于 10%的项目有粪大肠菌群、石油类和总磷，分别占监测断面（点位）总数的 100.0%、31.8%和 18.2%，其余项目断面超标率范围为 4.5%～9.1%。年均值出现超标的项目有粪大肠菌群和石油类 2 项，石油类只有嘉陵江大兴村断面出现超标，粪大肠菌群的超标率为 95.4%。22 个饮用水源地断面（点位）水质属于Ⅱ类、Ⅲ类和Ⅳ类的比例分别为 36.4%、59.1%和 4.5%。除江北区大兴村断面外，其余 21 个断面均满足饮用水源地水域功能要求。

③ 2006 年以来饮用水源地水质监测结果。

国控饮用水源地水质监测结果。2006 年国控点 8 个饮用水源地出现超标的项目只有粪大肠菌群，断面超标率为 37.5%，均值超标最大的断面是龙溪河烟坡断面，超标 0.67 倍。8 个水质断面均满足饮用水源地水域功能要求，除嘉陵江北温泉、梁沱和东渡口断面为Ⅱ类外，其余断面均为Ⅲ类水质，占 62.5%。

2007 年国控点 8 个饮用水源地出现超标的项目只有粪大肠菌群，断面超标率为 50%，均值超标最大的断面是龙溪河烟坡断面，超标 0.04 倍。2007 年国控点 8 个断面均满足饮用水源地水域功能要求，水质为Ⅱ类和Ⅲ类的断面比例分别为 87.5%和 12.5%。

2008 年国控点 8 个饮用水源地水质总体较好，包括粪大肠菌群在内的所有项目均达标。8 个饮用水源地水质总体较好，饮用水源地水质满足水域功能的比例为 100.0%，水质为Ⅱ类的断面比例为 37.5%。

集中式饮水源地水质监测结果。2006 年全市 54 个集中式饮用水源地水质有 6 个项目监测值出现不同程度的超标，出现超标的断面（点位）数比例大于 10%的项目只有粪大肠菌群一项，为 46.9%，其余项目断面超标比例范围为 2.1%～9.4%。54 个饮用水源地中，监测值从未出现超标的断面（点位）数为 27 个，占 50.0%。年均值超标项目只有粪大肠菌群 1 项，其均值断面超标率为 26.0%。水质总体较好，满足饮用水源地水域功能要求的断面达 100.0%，其中 35.2%的断面水质为Ⅰ—Ⅱ类，64.8%的断面水质为Ⅲ类。

2007 年全市 55 个集中式饮用水源地水质出现超标的项目有粪大肠菌群、高锰酸盐指数、溶解氧、pH、氯化物和生化需氧量 6 项，其断面超标率分别为 34.0%、5.5%、5.5%、5.5%、3.7%和 1.9%。年均值出现超标的项目只有粪大肠菌群和生化需氧量 2 项。55 个饮用水源地中，监测值未出现超标的断面（点位）数为 36 个，占 65.4%。水质总体较好，满足饮用水源地水域功能要求的断面比例为 98.2%，其中 69.1%的断面水质为Ⅰ—Ⅱ类，29.1%的断面水质为Ⅲ类。

2008 年全市 55 个集中式饮用水源地出现超标的项目有粪大肠菌群、溶解氧、五日生化需氧量和 pH 4 项，除粪大肠菌群断面超标率为 15.7%外，其余 3 项超标率均为 1.8%，其中均值出现超标的项目只有粪大肠菌群。55 个饮用水源地中，未出现超标的断面（点位）数为 47 个，占 85.4%，出现超标项目最多的断面是万州区甘宁水库高洞断面，有 4

项超标。水质总体较好，满足水域功能要求的比例为 100.0%，其中 60.0% 的断面水质为 Ⅰ—Ⅱ类，40.0%的断面水质为Ⅲ类。

④ 2001—2008 年饮用水源地水质状况。2001—2008 年，有 13 个项目监测值出现超标，超标情况见表 2-23，可见 2003 年和 2004 年超标情况最为严重，分别超标 11 项和 10 项；2006 年和 2007 年超标 6 项；2002 年与 2005 年超标 5 项；2008 年超标 4 项；2001 年超标 2 项。其中超标最严重的项目为粪大肠菌群，8 年均有断面出现超标；其次为溶解氧、高锰酸盐指数、生化需氧量、总磷和锰，有 5 年测值出现超标；石油类 4 年测值出现超标；其余项目只有 1～3 年测值出现超标。

表 2-24　2001—2008 年全市饮用水源地水质类别评价表

级别 年份	监测断面数/个	Ⅰ类		Ⅱ类		Ⅲ类		Ⅳ类		Ⅴ类	
		个	比例/%	个	比例/%	个	比例/%	个	比例/%	个	比例/%
2001	12			7	58.3	2	16.7	3	25.0		
2002	13			5	38.5	7	53.8	1	7.7		
2003	60			18	30.0	30	50.0	9	13.3	4	6.7
2004	67	1	1.5	25	37.3	34	50.7	7	10.5		
2005	61	3	4.9	20	32.8	36	59.0	2	3.3		
2006	54	1	1.9	18	33.3	35	64.8				
2007	55		7.3		61.8		29.1		1.8		
2008	55		3.6		56.4		40.0				

2001—2008 年，评价级别见表 2-24。全市满足饮用水源地水域功能要求的断面比例 2001 年和 2003 年相对较差，满足水域功能要求的断面比例分别为 75.0%和 80.0%。从 2003 年起呈逐年上升的趋势，2006 年和 2008 年满足水域功能要求的断面比例均为 100%。

三、长江、嘉陵江底泥质量

1. 长江、嘉陵江底泥监测情况

1997—2005 年，对重庆主城区长江望龙门、寸滩及嘉陵江磁器口、大溪沟四个断面的底泥进行了监测，2006 年起长江新增加了丰收坝和黄桷渡 2 个断面，嘉陵江增加了北温泉 1 个断面。1997—2000 年，主要监测项目有 pH、铜、锌、铅、镉、汞、砷、氟、水分等 9 个项目；2001 年起监测项目增加了镍 1 项，减少了水分 1 项。2004 年起增加了水分、总氮、总磷、六六六、滴滴涕等指标。设左、右 2 个采样点，每年枯水期监测一次。

采用 GB 15618—1995 土壤环境质量Ⅱ级为评价标准，选取铜、锌、铅、镉、汞和砷 6 项指标为评价参数（镍因为监测年份少未纳入）。评价方法用单项污染指数和均值综合污染指数法进行评价。

2. 长江、嘉陵江底泥监测结果

① “九五”期间长江、嘉陵江底泥监测结果。“九五”期间监测结果表明，“两江”底泥 pH 均呈碱性、范围为 7.45～9.33，砷含量范围为 4.94～14.7 毫克/千克，汞含量范围为 0.023～0.535 毫克/千克，铜含量范围为 15.68～78.3 毫克/千克，铅含量范围为 8.01～68.3 毫克/千克，锌含量范围为 72.75～283.0 毫克/千克，镉含量范围为 0.123～1.14 毫克/千克，氟含量范围为 20.7～344.8 毫克/千克。重金属用 GB 15618—1995 土壤环境质量Ⅱ级为评价标准，均为未污染和轻污染。砷、汞、铅三项指标为未污染；铜和锌在长江的望龙门左岸监测点为轻污染，污染指数均为 0.6，其余各监测点为未污染；镉在嘉陵江大溪沟左岸为未污染，其余各监测点为轻污染，污染指数为 0.6～1.0。

“九五”期间长江和嘉陵江底质均值各项指标均能达到 GB 15618—

1995 土壤环境质量Ⅱ级标准范围，重金属含量属正常值范围。从底质酸度条件上看，由于长江、嘉陵江底质 pH 均呈碱性，同一监测点的地表水也为碱性，因此，在水体环境和底质均为碱性的条件下，底质中重金属暂时不具备大量溶出污染水体的内部和外部条件。但从 1996—2000 年底质的监测结果中发现，Cd 是影响长江、嘉陵江底质环境质量的主要因子，除嘉陵江的大溪沟两岸未出现超过 GB 15618—1995 土壤环境质量Ⅱ级标准外，其余在嘉陵江的磁器口、长江的两个监测点的两岸均出现不同程度的超标。

② “十五”期间长江、嘉陵江底泥监测结果。“十五”期间（2001—2005 年），长江、嘉陵江底泥监测各项目的 5 年均值均低于 GB 15618—1995 土壤环境质量Ⅱ级标准。各年中，也只有镉和铜在个别年份、部分断面中出现超标（镉在 2002 年的长江望龙门断面左、右测点，寸滩断面左、右测点，2004 年寸滩断面左、右测点，嘉陵江大溪沟右测点，2005 年望龙门断面左、右测点出现超标。铜在 2002 年望龙门断面右测点，寸滩断面左、右测点出现超标）。结果统计表明：长江、嘉陵江底泥中 pH 范围为 7.13～9.06（呈偏碱性）、铅含量范围为 7.9～125.0 毫克/千克、铜含量范围为 16.6～115.0 毫克/千克、锌含量范围为 29.7～216.0 毫克/千克、镉含量范围为 0.031～1.06 毫克/千克、砷含量范围为 4.13～12.6 毫克/千克、汞含量范围为 0.040～0.846 毫克/千克、总镍含量范围为 16.6～66.9 毫克/千克，见表 2-25。

“十五”期间评价结果表明：长江望龙门和寸滩、嘉陵江磁器口和大溪沟断面底泥均为未污染，综合污染指数为 0.26～0.47。与“九五”期间相比较，2001—2005 年长江、嘉陵江底泥综合污染指数（P）基本持平，长江、嘉陵江各断面测点底泥的综合污染指数也变化不大。各单项污染指数（P_i）仅汞有所上升，见表 2-26。

表 2-25 2001—2005 年长江、嘉陵江底泥监测结果统计 单位：mg/kg

长江												
项目	望龙门（左）						望龙门（右）					
	2001	2002	2003	2004	2005	平均	2001	2002	2003	2004	2005	平均
铅	77.5	13.9	64.2	41.7	39.9	47.4	62.6	27.0	125.0	61.3	32.2	61.6
铜	50.5	67.1	74.7	45.7	64.0	60.4	26.6	106.0	56.3	53.9	52.1	59.0
锌	126.0	81.7	200.0	96.2	88.4	118.5	68.8	128.0	178.0	91.0	84.8	110.1
镉	0.168	0.62	0.472	0.563	0.772	0.519	0.031	0.93	0.32	0.479	0.705	0.493
砷	6.84	4.94	7.62	6.04	9.41	6.97	12.1	9.06	11.00	4.56	7.03	8.75
总汞	0.126	0.06	0.238	0.321	0.552	0.259	0.139	0.06	0.239	0.154	0.846	0.288
项目	寸滩（左）						寸滩（右）					
	2001	2002	2003	2004	2005	平均	2001	2002	2003	2004	2005	平均
铅	61.9	40.4	28.1	83.0	37.7	50.2	64.0	28.2	29.9	56.0	34.4	42.5
铜	49.1	115.0	43.2	61.5	53.0	64.4	48.9	115.0	43.0	41.0	75.5	64.7
锌	115.0	124.0	114.0	134.0	86.8	114.8	94.8	144.0	121.0	111.0	86.0	111.4
镉	0.143	0.86	0.222	0.916	0.526	0.533	0.12	1.06	0.162	0.66	0.487	0.498
砷	10.10	9.13	9.24	8.06	6.65	8.64	12.60	7.66	10.10	6.08	8.02	8.89
总汞	0.122	0.06	0.111	0.273	0.836	0.280	0.112	0.05	0.114	0.104	0.842	0.244
嘉陵江												
项目	磁器口（左）						磁器口（右）					
	2001	2002	2003	2004	2005	平均	2001	2002	2003	2004	2005	平均
铅	55.3	10.0	24.0	23.4	8.6	24.3	58.0	7.9	22.7	21.4	10.7	24.1
铜	28.0	21.4	31.4	19.7	47.1	29.5	44.8	25.8	27.8	16.6	52.1	33.4
锌	86.7	50.5	216.0	54.9	53.8	92.4	82.2	29.7	143.0	52.8	47.2	71.0
镉	0.134	0.200	0.228	0.207	0.135	0.181	0.140	0.210	0.104	0.195	0.188	0.167
砷	12.2	5.41	6.67	6.11	4.48	6.97	8.45	4.13	12.2	4.75	5.19	6.94
总汞	0.103	0.05	0.403	0.197	0.093	0.169	0.108	0.040	0.406	0.072	0.388	0.203
项目	大溪沟（左）						大溪沟（右）					
	2001	2002	2003	2004	2005	平均	2001	2002	2003	2004	2005	平均
铅	70.3	17.1	20.5	24.3	17.3	29.9	52.7	16.9	21.5	84.2	16.2	38.3
铜	19.5	70.6	21.7	27.1	40.6	35.9	25.2	40.8	22.0	36.8	23.6	29.7
锌	160.0	97.7	138.0	73.4	68.8	107.6	83.1	88.2	187.0	109.0	66.8	106.8
镉	0.157	0.520	0.152	0.316	0.450	0.319	0.117	0.480	0.140	0.712	0.187	0.327
砷	8.80	8.06	5.96	5.37	5.02	6.64	10.60	5.96	7.47	6.79	7.31	7.63
总汞	0.110	0.050	0.561	0.331	0.771	0.365	0.066	0.060	0.591	0.439	0.432	0.318

表 2-26　2001—2005 年长江和嘉陵江底泥监测结果评价（P）

河流	断面		污染分指数（P_i）						P
			铅	铜	锌	镉	砷	总汞	
长江	望龙门	左	0.14	0.60	0.40	0.87	0.35	0.26	0.43
		右	0.18	0.59	0.37	0.82	0.44	0.29	0.45
		平均	0.16	0.60	0.38	0.84	0.39	0.27	0.44
	寸滩	左	0.14	0.64	0.38	0.89	0.43	0.28	0.46
		右	0.12	0.65	0.37	0.83	0.44	0.24	0.44
		平均	0.13	0.65	0.38	0.86	0.44	0.26	0.45
	平均		0.14	0.62	0.38	0.85	0.42	0.27	0.45
嘉陵江	磁器口	左	0.07	0.30	0.31	0.30	0.35	0.17	0.25
		右	0.07	0.33	0.24	0.28	0.35	0.20	0.24
		平均	0.07	0.31	0.27	0.29	0.35	0.19	0.25
	大溪沟	左	0.09	0.36	0.36	0.53	0.33	0.37	0.34
		右	0.11	0.30	0.36	0.55	0.38	0.32	0.33
		平均	0.10	0.33	0.36	0.54	0.36	0.34	0.34
	平均		0.08	0.32	0.31	0.41	0.35	0.26	0.29
平均			0.11	0.47	0.35	0.63	0.38	0.27	0.37

③ 2006 年以来长江、嘉陵江底泥监测结果。2006—2008 年监测结果表明：长江、嘉陵江底泥质地均呈偏碱性，其中长江底泥 pH 在 8.16～8.88 范围之间，嘉陵江底泥 pH 在 7.92～8.42 范围之间，均为正常值范围。在监测的铅、锌、镉、汞、铜、砷、六六六、滴滴涕等 8 个指标中，“两江”底泥中的含量值均低于 GB 15618—1995 土壤环境质量Ⅱ级标准，其各项指标测值也均无超标情况，见表 2-27。

表 2-27　2006—2008 年长江、嘉陵江底泥监测结果统计　　　单位：mg/kg

项目	长江											
	丰收坝			黄桷渡			望龙门			寸滩		
	2006	2007	2008	2006	2007	2008	2006	2007	2008	2006	2007	2008
铅	39.4	112.5	38.6	43.8	58.8	49.4	42.7	52.2	47.1	28.2	48.4	40
锌	107	225	138.5	105.5	143	150.5	125	129.5	167	70.2	107.4	155
镉	0.065	0.118	0.153	0.051	0.051	0.173	0.051	0.077	0.186	0.053	0.098	0.159
总汞	0.261	0.214	0.015	0.104	0.05	0.023	0.072	0.027	0.032	0.106	0.08	0.024
铜	36.45	111.2	56.2	37.25	44.4	65	45.8	15.48	68.1	27.3	7.58	39.4
砷	5.39	18.4	5.42	7.04	8.38	5.44	6.28	9.16	6.06	5.54	7.83	4.58

项目	嘉陵江								
	磁器口			北温泉			大溪沟		
	2006	2007	2008	2006	2007	2008	2006	2007	2008
铅	19.2	42.3	13.3	10.89	44.4	10.2	31.6	52.2	13.1
锌	57.3	36.7	33.4	24.2	22.2	34.5	83.2	52.2	34
镉	0.053	0.09	0.033	0.052	0.084	0.041	0.053	0.09	0.037
总汞	0.178	0.028	0.014	0.057	0.036	0.013	0.12	0.046	0.012
铜	12.9	16.8	7.79	4.24	15.9	8.28	18.05	13.4	11.86
砷	5.74	6.3	3.34	3.18	6.42	3.67	7.83	5.52	3.31

2006—2008 年评价结果表明：长江、嘉陵江 7 个断面左岸和右岸底泥的单项污染指数和均值综合污染指数都很小，长江底泥的综合污染指数在 0.15～0.61 之间，嘉陵江底泥的综合污染指数在 0.06～0.19 之间，按土壤综合污染指数分级，除 2007 年长江丰收坝左岸底泥为轻污染外，其余“两江”各断面底泥的 P 均小于 0.5，都属于未受到污染。由此，说明长江、嘉陵江底泥中重金属含量对水体基本上无污染贡献，见表 2-28。

表 2-28　2006—2007 年长江和嘉陵江底泥监测结果评价（*P*）

			项目	铅	锌	镉	总汞	铜	砷	综合 *P*	评价
长江	丰收坝	2006	左	0.11	0.34	0.09	0.26	0.36	0.21	0.23	未污染
			右	0.12	0.38	0.13	0.27	0.37	0.22	0.25	未污染
		2007	左	0.35	0.83	0.2	0.23	1.37	0.67	0.61	轻污染
			右	0.29	0.67	0.19	0.2	0.85	0.8	0.5	未污染
		2008	左	0.07	0.3	0.13	0.009	0.4	0.15	0.18	未污染
			右	0.15	0.06	0.38	0.021	0.72	0.28	0.27	未污染
	黄桷渡	2006	左	0.13	0.36	0.08	0.16	0.37	0.27	0.23	未污染
			右	0.12	0.35	0.09	0.05	0.37	0.29	0.21	未污染
		2007	左	0.17	0.44	0.02	0.04	0.5	0.37	0.26	未污染
			右	0.17	0.51	0.16	0.06	0.39	0.3	0.27	未污染
		2008	左	0.09	0.35	0.15	0.008	0.49	0.16	0.21	未污染
			右	0.19	0.66	0.43	0.038	0.81	0.27	0.4	未污染
	望龙门	2006	左	0.12	0.42	0.09	0.04	0.45	0.26	0.23	未污染
			右	0.13	0.42	0.08	0.1	0.47	0.24	0.24	未污染
		2007	左	0.01	0.38	0.15	0.02	0.26	0.38	0.2	未污染
			右	0.17	0.48	0.11	0.03	0.05	0.35	0.2	未污染
		2008	左	0.13	0.47	0.23	0.021	0.53	0.18	0.26	未污染
			右	0.14	0.64	0.39	0.044	0.83	0.31	0.39	未污染
	寸滩	2006	左	0.08	0.21	0.09	0.06	0.27	0.2	0.15	未污染
			右	0.08	0.25	0.09	0.15	0.27	0.24	0.18	未污染
		2007	左	0.11	0.33	0.15	0.11	0.08	0.32	0.18	未污染
			右	0.16	0.39	0.18	0.05	0.07	0.3	0.36	未污染
		2008	左	0.09	0.36	0.17	0.009	0.44	0.15	0.2	未污染
			右	0.13	0.67	0.36	0.039	0.74	0.21	0.36	未污染
嘉陵江	磁器口	2006	左	0.05	0.2	0.09	0.11	0.12	0.23	0.13	未污染
			右	0.06	0.18	0.09	0.25	0.14	0.23	0.16	未污染
		2007	左	0.12	0.13	0.13	0.03	0.19	0.25	0.14	未污染
			右	0.12	0.12	0.17	0.03	0.15	0.25	0.14	未污染
		2008	左	0.04	0.13	0.05	0.01	0.08	0.14	0.08	未污染
			右	0.03	0.1	0.06	0.018	0.07	0.13	0.07	未污染

			项目	铅	锌	镉	总汞	铜	砷	综合 P	评价
嘉陵江	北温泉	2006	左	0.03	0.09	0.09	0.1	0.05	0.13	0.08	未污染
			右	0.03	0.07	0.09	0.01	0.04	0.12	0.06	未污染
		2007	左	0.12	0.07	0.13	0.04	0.14	0.24	0.12	未污染
			右	0.13	0.08	0.15	0.03	0.17	0.27	0.14	未污染
		2008	左	0.03	0.11	0.06	0.015	0.08	0.16	0.08	未污染
			右	0.02	0.12	0.08	0.011	0.09	0.134	0.08	未污染
	大溪沟	2006	左	0.1	0.28	0.09	0.16	0.18	0.31	0.19	未污染
			右	0.08	0.27	0.09	0.09	0.18	0.32	0.17	未污染
		2007	左	0.15	0.18	0.17	0.04	0.11	0.22	0.15	未污染
			右	0.15	0.17	0.13	0.05	0.16	0.22	0.15	未污染
		2008	左	0.04	0.12	0.07	0.011	0.16	0.126	0.09	未污染
			右	0.04	0.1	0.05	0.012	0.07	0.138	0.07	未污染

第三节　声环境

一、区域环境噪声

直辖以来，分别对主城、近郊、远郊各区开展了区域环境噪声监测，监测结果见表 2-29。

1.“九五”期间区域环境噪声质量

①“九五”期间区域环境噪声监测点位设置。1997—2000 年，区域环境噪声监测在主城区均设 512 网格，网格尺寸为 500 米×500 米，覆盖面积 128 平方千米。

在郊区县的设置情况每年不同。1997 年，近郊区县城镇共设网格 620 个，覆盖人口 89.28 万人；远郊区县城镇共设网格 387 个，覆盖人口 9.1 万人；1998 年近郊区县城镇共设网格 624 个，覆盖人口 92.44 万人；1999 年近郊区县城镇共设网格 1 370 个，覆盖人口 111.47 万人；远郊区县城镇共设网格 1 126 个，覆盖人口 84.72 万人；2000 年近郊区县城镇共设网格 1 497 个，覆盖人口 119.52 万人；远郊区县城镇共设网格 1 422 个，覆盖人口 87.75 万人。

表 2-29　1997—2008 年全市区域环境噪声监测结果　　单位：dB

<table>
<tr><th>监测结果
年份</th><th>主城平均</th><th>近郊区县平均</th><th>远郊区县平均</th><th>全市城镇</th></tr>
<tr><td>1997</td><td>55.7</td><td>61.6</td><td>59.5</td><td>—</td></tr>
<tr><td>1998</td><td>56.1</td><td>60.8</td><td>—</td><td>—</td></tr>
<tr><td>1999</td><td>56.8</td><td>59.9</td><td>61.1</td><td>—</td></tr>
<tr><td>2000</td><td>56.9</td><td>57.7</td><td>61.4</td><td>—</td></tr>
<tr><td>2001</td><td>55.9</td><td>57.9</td><td>60.1</td><td>—</td></tr>
<tr><td>2002</td><td>55.9</td><td>56.4</td><td>60.6</td><td>57.6</td></tr>
<tr><td>2003</td><td>54.9</td><td colspan="2">58.0</td><td>57.6</td></tr>
<tr><td>2004</td><td>55.1</td><td colspan="2">57.3</td><td>56.9</td></tr>
<tr><td>2005</td><td>54.7</td><td colspan="2">56.7</td><td>55.5</td></tr>
<tr><td>2006</td><td>54.4</td><td colspan="2">55.1</td><td>54.6</td></tr>
<tr><td>2007</td><td>54.5</td><td colspan="2">54.2</td><td>54.4</td></tr>
<tr><td>2008</td><td>54.5</td><td colspan="2">53.7</td><td>54.1</td></tr>
</table>

② “九五”期间区域环境噪声质量。“九五”期间，重庆市主城区区域环境噪声平均值为 56.2 分贝，噪声值较高的 3 个区分别是经济开发区（62.9 分贝）、高新区（62.8 分贝）和渝中区（59.2 分贝）；噪声值较低的是巴南李家沱（54.3 分贝）、渝北龙溪镇人和（54.1 分贝）。从噪声值年际变化看，“九五”期间，主城区区域环境噪声呈逐年上升趋势，从 1996 年的 55.3 分贝上升到 2000 年的 56.9 分贝；重庆市近郊区区域环境噪声平均值为 60.2 分贝，年均值范围为 57.7～61.6 分贝。1996 年、1997 年和 1998 年璧山县的噪声值最高，分别是 70.1 分贝、76.1 分贝和 68.8 分贝；江津市在 1999 年和 2000 年噪声值最高，分别是 67.7 分贝和 67.9 分贝。渝北区 1997 年、1998 年和 2000 年的噪声值分别是 52.9 分贝、

53.4 分贝和 53.7 分贝，为各区县（市）中最低；“九五”期间，重庆市远郊区区域环境噪声平均值为 61.4 分贝。噪声值较高的区县分别是巫山县、石柱县、开县，噪声值大于 68 分贝，噪声值较低的区县是垫江县和黔江区，噪声值低于 56 分贝。

2．“十五”期间区域环境噪声质量

①“十五”期间区域环境噪声监测点位设置。2001 年，部分区县对区域环境噪声网格重新进行了划分。主城区区域环境噪声网格按 500 米×500 米重新划分后确定了监测网格 661 个（比 2000 年增加了 149 个），覆盖建成区面积 165.25 平方千米。在郊区县（自治县、市）城镇共设 3 106 个网格，覆盖城镇建成区面积 179.94 平方千米。2002 年至 2003 年，区域环境噪声在主城区、郊区县的网格设置沿用 2001 年的网格。

2004 年至 2005 年，区域环境噪声监测在主城区的网格设置仍然沿用 2001 年的网格。但在郊区县的设置有不同变化，2004 年，郊区县城镇设网格 3 169 个网格，覆盖城镇建成区面积 193.79 平方千米；2005 年，郊区县城镇区域环境噪声共设置监测网格 2 986 个，覆盖人口 248.63 万人。

②“十五”期间区域环境噪声质量。“十五”期间，主城区域环境噪声等效声级范围为 51.7～57.2 分贝，平均等效声级为 55.3 分贝，等效声级以渝中区、江北区、九龙坡区、经开区和高新区较高（在 55.8～72.2 分贝之间），其余较低；各区县城镇区域环境噪声等效声级范围为 52.5～66.4 分贝，平均等效声级为 57.8 分贝，其中以开县、巫山县为高，其声级均超过 65 分贝；璧山县、城口县、永川县、万盛区和黔江区次之，其声级在 52.5～54.9 分贝之间。“十五”期间全市区域环境噪声等效声级分布在 51.7～66.4 分贝之间，平均等效声级为 56.3 分贝，其中以开县、巫山县较高，其声级均超过 65 分贝；北碚区、璧山县、南岸区、城口县、永川县、万盛区、巴南李家沱、巴南区、渝北区、大渡口区、黔江区、渝北人和片属和沙坪坝区较低，其声级在 51.7～55.0 分贝之间。用

秩相关系数法分析表明：2001—2005 年，全市区域环境噪声等效声级除南岸区和北碚区呈显著上升趋势，长寿区、巫山县、黔江区、酉阳县、合川市和南川市呈显著下降趋势外，其余区县无显著变化。总体而言，全市城镇区域环境噪声平均等效声级较“九五”末呈明显改善趋势。

3. 2006 年以来区域环境噪声质量

① 2006 年以来区域环境噪声监测点位设置。2006—2008 年，在主城区均设置区域环境噪声网格 420 个，覆盖建成区面积 420.0 平方千米。2006 年是在 5 月、7 月和 10 月上旬各监测一次，2007 年和 2008 年，每季度第一个月上旬监测一次。在郊区县的设置情况均不同，2006 年，郊区县城镇共设 3 154 个网格，覆盖城镇建成区面积 203.4 平方千米；2007 年，郊区县城镇共设 3 185 个网格，覆盖城镇建成区面积 235.6 平方千米；2008 年，郊区县城镇共设 3 160 个网格，覆盖城镇建成区面积 239.44 平方千米。

② 2006 年以来区域环境噪声质量。2006 年，主城区区域环境噪声等效声级范围为 52.3～56.7 分贝，平均为 54.4 分贝，比 2005 年下降 0.3 分贝；郊区县城镇区域环境噪声等效声级为 55.1 分贝，比 2005 年下降 0.9 分贝；秀山县城镇区域环境噪声等效声级最高，为 60.9 分贝；长寿区最低，为 51.2 分贝；全市城镇区域环境噪声等效声级为 54.6 分贝，比 2005 年下降 0.9 分贝。

2007 年，主城区区域环境噪声等效声级范围为 52.2～58.0 分贝，平均值为 54.5 分贝，比 2006 年微升 0.1 分贝；郊区县城镇区域环境噪声等效声级为 54.2 分贝，比 2006 年下降 0.9 分贝，奉节县城镇区域环境噪声等效声级最高，为 58.4 分贝；秀山县最低，为 48.6 分贝；全市城镇区域环境噪声等效声级为 54.4 分贝，比 2006 年下降 0.2 分贝。

2008 年，主城区区域环境噪声等效声级平均为 54.5 分贝。各区区域环境噪声等效声级范围为 52.7～56.7 分贝；郊区县城镇区域环境噪声等效声级平均为 53.7 分贝，比 2007 年下降 0.7 分贝；奉节县城镇区域环境噪声等效声级最高（为 57.6 分贝），长寿区最低（为 49.5 分贝）。

二、道路交通环境噪声

1.“九五”期间道路交通噪声质量

①“九五”期间道路交通噪声监测点位设置。1997 年至 2000 年，主城区交通道路噪声监测路段和监测总长度相同，分别为 148 个路段和 262.8 千米。1997 年，除了开展表 2-30 所列的内容外，还对万县、涪陵和黔江城区道路交通噪声进行了监测，共监测 25 个路段。1997 年至 2000 年期间，郊区县交通道路噪声监测设置路段和总长度逐年增加（见表 2-30）。

表 2-30　1997—2000 年全市道路交通噪声监测情况

监测情况 / 年份	主城		近郊区县		远郊区县	
	路段/个	总长/km	路段/个	总长/km	路段/个	总长/km
1997	148	262.8	108	89.94	25	38.68
1998	148	262.8	113	94.6	115	81.56
1999	148	262.8	123	119.5	128	101.4
2000	148	262.8	137	137.3	137	137.3

②“九五”期间道路交通噪声监测结果。“九五”期间，重庆市主城区中渝中区和沙坪坝区交通噪声水平较高，每年均高于 70 分贝，九龙坡区在 1999 年、江北区在 1996 年交通噪声高于 70 分贝。从年际变化看，仅有渝北区逐年有所下降；北碚区在 1996 年至 1999 年间逐年下降，但 2000 年又有所上升；其他区趋势不明显。重庆市近郊区中，潼南县的交通噪声平均值最高，在 1996 年、1997 年和 2000 年连续 3 年位于各区县（市）之最；1998 年和 1999 年的噪声平均值以江津市最高；

巴南区交通噪声平均值在1996年、1997年和2000年3年中最低；1998年和1999年噪声平均值最低的分别是万盛区和双桥区。大足县、万盛区、双桥区和渝北区4个区县的噪声平均值连续5年保持在70分贝以下。重庆市远郊区中道路交通噪声平均值较高的地区分别是巫溪县、巫山县、开县和忠县。

2.“十五”期间道路交通噪声质量

①“十五”期间道路交通噪声监测点位设置。2001年至2005年，在主城区设置交通道路噪声监测点为212个路段，监测路段总长度每年略有不同。郊区县（自治县、市）城镇共设交通干线噪声监测测点和长度逐年增加，2001年至2003年为278个，监测路段长度为273.0千米；2004年，郊区县城镇共设测点366个，监测路段长度为466.20千米；2005年，郊区县监测道路总长度为283.7千米（见表2-31）。

表2-31　2001—2005年全市道路交通噪声监测情况

监测情况 年份	主城		郊区县	
	路段/个	总长/km	路段/个	总长/km
2001	212	331.3	278	273
2002	212	330.8	278	273
2003	212	330.8	278	273
2004	212	336.8	366	466.2
2005	212	340.3	232	283.7

②“十五”期间道路交通噪声监测结果。“十五”期间，重庆市主城各区道路交通噪声平均等效声级范围为62.8～69.7分贝，平均为67.7分贝。用秩相关系数法评价表明：“十五”期间主城各区中仅大渡口区和北碚区道路交通噪声呈上升趋势有显著性，其余各区无明显变化。总体而言，“十五”期间主城区城市道路交通噪声平均等效声级较“九五”

呈明显改善趋势；郊区县城镇道路交通噪声平均等效声级范围为 65.0～81.9 分贝，平均为 70.8 分贝。用秩相关系数法评价表明："十五"期间 31 个区县的县城镇道路交通噪声除涪陵区、万盛区、双桥区、荣昌县、城口县、黔江区、江津市、合川市和南川市等 9 个区县的道路交通噪声下降趋势显著外，其余 22 个区县无明显变化。"十五"期间，重庆市全市各区县城镇道路交通噪声平均等效声级范围为 62.5～83.6 分贝，平均为 69.1 分贝。总体而言，除 2001 年外，道路交通噪声等效声级较"九五"呈明显改善趋势。

3．2006 年以来道路交通噪声质量

2006年，主城区道路交通噪声设测点276个，监测路段总长为418.98千米；郊区县城镇共设测点 367 个，监测路段长度为 472.0 千米。

2007年，主城区道路交通噪声设测点276个，监测路段总长为456.16千米；郊区县城镇共设测点 371 个，监测路段长度为 478.3 千米。

2008年，主城区道路交通噪声设测点269个，监测路段总长为450.53千米；郊区县城镇共设测点 378 个，监测路段长度为 504.27 千米。

2006 年至 2008 年，全市各城镇道路声环境质量总体较好。

直辖以来，主城区、郊区县道路交通噪声监测结果见表 2-32。

表 2-32　1997—2008 年全市道路交通噪声监测结果　　单位：dB

年份＼监测结果	主城平均	近郊区县平均	远郊区县平均	全市城镇
1997	69.0	72.5	—	—
1998	68.6	74.4	74.7	—
1999	69.1	72.5	74.1	—
2000	69.9	70.2	74.2	—
2001	67.4	69.0	75.5	—
2002	67.6	67.5	73.1	—

年份 \ 监测结果	主城平均	近郊区县平均	远郊区县平均	全市城镇
2003	67.5	69.0		68.2
2004	68.1	68.0		68.3
2005	67.9	69.2		68.4
2006	67.7	67.8		67.8
2007	68.0	66.8		67.4
2008	67.7	65.9		—

三、功能区环境噪声

1.“九五”期间功能区噪声质量

“九五”期间，每年在主城区设 7 个监测点，代表 4 个类别的功能区。同时，在不同区县也设置监测点，1997 年，万县、涪陵在各自城区进行了功能区噪声监测；1998 年，远郊 11 个区县（自治县、市）城镇进行了功能区噪声监测；1999 年，近郊区 13 个区县（自治县、市）城镇设功能区噪声监测点 26 个，远郊 15 个区县（自治县、市）城镇设功能区噪声监测点 40 个；2000 年，近郊和远郊一般每个区县在 2 类区和 4 类区设置监测点一个。

“九五”期间，重庆市主城区功能区噪声昼间平均值为 52.1 分贝，夜间平均值为 44.6 分贝，昼夜平均为 53.2 分贝。主城区功能区环境噪声昼间、夜间和昼夜平均噪声呈逐年上升趋势；近郊区县在 1999 年和 2000 年进行了功能区环境噪声监测。1999 年近郊区功能区环境噪声昼间平均值为 63.4 分贝，夜间平均值为 55.6 分贝，昼夜平均值为 64.9 分贝。从区县看：荣昌县、铜梁县和潼南县功能区环境噪声值较高，万盛区、渝北区和合川市功能区环境噪声较低；远郊区功能区环境噪声昼间平均值为 65.4 分贝，夜间平均值为 58.2 分贝，昼夜平均值为 65.6 分贝。远郊区功能区环境噪声较高的区县有垫江县、酉阳县、石柱县、巫溪县、巫山县、忠县和奉节县，而万州区和涪陵区功能区环境噪声较低。

2. “十五”期间功能区噪声质量

“十五”期间，每年在主城区设 7 个国控监测点，代表建成区 4 个类别的功能区。同时在郊区县设置监测点，2001 年，28 个郊区县（自治县、市）城镇设功能区噪声监测点 66 个；2002 年至 2004 年，29 个郊区县（自治县、市）城镇设功能区噪声监测点 77 个；2005 年，郊区县（自治县、市）城镇设功能区噪声监测点 77 个。

“十五”期间，主城区功能区环境噪声昼夜平均值为 55.1 分贝，昼间为 54.3 分贝，夜间为 46.4 分贝；1996—2005 年，主城区功能区环境噪声整体呈逐年上升的趋势，其中 2000 年达到一个峰值之后略有所下降，但 2002—2004 年仍呈逐年缓慢上升的态势，2005 年达到最大。昼夜等效声级变化范围从 1996 年的 51.3 分贝到 2005 年的 57.6 分贝，昼间、夜间等效声级也有明显的上升趋势。“十五”期间郊区县功能区环境噪声昼夜平均值为 58.5 分贝，昼间为 58.3 分贝，夜间为 48.9 分贝；“十五”期间郊区县功能区环境噪声呈逐年下降的趋势，昼夜等效声级从 2001 年的 61.2 分贝下降到 2005 年的 57.5 分贝；昼间、夜间等效声级也有明显的下降趋势，分别是从 61.4 分贝下降 57.2 分贝和从 50.8 分贝下降 48.0 分贝。

“十五”期间，全市城镇功能区环境噪声昼间等效声级为 57.2 分贝，昼夜等效声级为 56.6 分贝，夜间等效声级为 48.1 分贝。“十五”期间，全市功能区环境噪声无明显变化，昼夜等效声级在 57.2～57.8 分贝之间波动；昼间、夜间等效声级分别在 56.7～57.4 分贝和 48.0～48.5 分贝之间波动。

3. 2006 年以来功能区噪声质量

2006 年至 2007 年，每年在主城区设 7 个国控监测点，代表建成区

4 个类别的功能区。同时在郊区县设置监测点，2006 年，郊区县设监测点 68 个；2007 年，郊区县设监测点 69 个。2008 年，主城区功能区环境噪声监测按 2007 年调整点位开展监测，设置监测点 21 个，代表建成区 4 个类别的功能区，郊区县设监测点 69 个。

2006 年主城区功能区噪声等效声级昼间平均值为 55.8 分贝，夜间为 49.6 分贝，昼夜为 57.2 分贝；郊区县城镇功能区环境噪声昼间等效声级为 56.7 分贝，夜间等效声级为 47.3 分贝，昼夜等效声级为 56.9 分贝；全市城镇功能区环境噪声昼间等效声级为 56.8 分贝，夜间等效声级为 48.2 分贝，昼夜等效声级为 57.3 分贝。

2007 年，主城区功能区噪声等效声级昼间平均值为 55.9 分贝，夜间为 47.6 分贝，昼夜为 56.5 分贝；郊区县城镇功能区环境噪声昼间等效声级为 54.6 分贝，夜间等效声级为 45.7 分贝，昼夜等效声级为 55.0 分贝；全市城镇功能区环境噪声昼间等效声级为 56.1 分贝，夜间等效声级为 47.3 分贝，昼夜等效声级为 56.5 分贝。

2008 年，主城区功能区噪声等效声级昼间平均值为 54.6 分贝，夜间为 46.9 分贝，昼夜为 55.5 分贝；郊区县城镇功能区环境噪声昼间等效声级为 53.9 分贝，夜间等效声级为 45.3 分贝，昼夜等效声级为 54.4 分贝。

直辖以来，全市功能区环境噪声监测结果见表 2-33。

表 2-33　1997—2008 年全市功能区环境噪声监测结果　　单位：dB

年份＼监测结果	主城昼夜平均	近郊区县昼夜平均	远郊区县昼夜平均	全市城镇昼夜平均
1997	51.4	—	65.5	—
1998	53.3	—	61.9	—
1999	53.8	64.9	69.7	—
2000	55.9	60.3	65.5	—
2001	54.3	60.4	65.5	—
2002	54.3	58.1	63.7	—

年份＼监测结果	主城昼夜平均	近郊区县昼夜平均	远郊区县昼夜平均	全市城镇昼夜平均
2003	55.4	58.6		58.0
2004	55.3	58.5		57.8
2005	57.6	57.5		57.7
2006	57.2	56.9		57.3
2007	56.5	55.0		56.5
2008	55.5	54.4		—

第四节　固体废物

一、历年固体废物环境状况

1.“九五”期间固体废物环境状况

1997 年直辖当年，全市工业固体废物产生量为 1 149.14 万吨，综合利用量为 623.05 万吨，处置总量为 120.99 万吨，排放量为 73.58 万吨，贮存量 331.52 万吨，全市工业固体废物综合利用率为 54.27%。产生量较大的固体废物依次为煤矸石 347.48 万吨（占总量的 30.26%）、炉渣 166.7 万吨（占总量 14.52%）、粉煤灰 161.11 万吨（占总量 14.03%）、冶炼废渣 141.42 万吨（占总量 12.32%）。

1998 年全市环境统计企业工业固体废物产生量为 1 367.7 万吨，综合利用量为 597 万吨，处置总量为 79.4 万吨，排放量为 40.9 万吨，贮存量 275.2 万吨，全市工业固体废物综合利用率为 43.65%。产生量较大的固体废物有：煤矸石 579.2 万吨、炉渣 257.2 万吨、粉煤灰 153.4 万吨，其产生量分别占总量的 42.4%、18.8%、11.2%。全市环境统计工业企业固体废物较 1997 年减少了 52.91%。

1999 年全市固体废物产生量为 1 302 万吨，其中一般工业固体废物

973 万吨，占总产生量的 74.7%；危险废物（重点是铬渣、磷肥渣、废酸或固态酸等）为 75.5 万吨，占总产生量的 5.8%；城市生活垃圾为 253 万吨（其中三峡库区垃圾产生量 186.2 万吨，主城九区垃圾产量为 120.45 万吨），占总产生量的 19.5%。固体废物产生量排列顺序为：一般工业固体废物产生量＞城市生活垃圾产生量＞危险废物产生量。全年固体废物综合利用量为 655 万吨，处置量为 91 万吨，排放量为 94.19 万吨，贮存量为 464.19 万吨，综合利用率为 50%。

2000 年全市环境统计企业工业固体废物产生量为 1 305.28 万吨，较 1999 年减少 13.69%；综合利用量 828.01 万吨，综合利用率 49.18%；处置量 183.7 万吨，处置率为 14.39%；排放量 238.42 万吨；贮存量 225.39 万吨。其中，危险废物产生量为 31.85 万吨，排放量为 0.19 万吨。

2．“十五”期间固体废物环境状况

2001 年，全市工业固体废物产生量为 1 300.41 万吨，较 2000 年略有减少；排放量为 168.23 万吨。危险废物产生量为 44.84 万吨，综合利用量为 25.11 万吨。城市生活垃圾年产生量为 275 万吨，其中，主城区垃圾产生量为 115 万吨，三峡库区 135 米水位下沿江堆存生活垃圾 166 万吨。全市工业固体废物和危险废物综合利用率分别为 74.1% 和 56.0%。

2002 年全市环境统计企业工业固体废物产生量为 1 348.01 万吨，较上年增长 3.7%；综合利用量为 960.95 万吨，比 2001 年增加了 9.0%，利用率为 68.18%；处置量 68.78 万吨，占产生量的 5.1%；排放量为 160.94 万吨，占产生量的 11.9%；贮存量 22 123 万吨，占产生量的 16.4%。全市环境统计工业企业固体废物中的危险废物排放量为 41 吨，比 2001 年减少了 4.7%；城市生活垃圾年产生量 290 万吨，较上年增长 5.45%。

2003 年，全市工业固体废物产生量 1 335.58 万吨，较上年减少 0.92%；综合利用量 967.98 万吨，综合利用率为 68.43%；处置量 73.54

万吨，排放量 141.69 万吨，贮存量 232.40 万吨。其中，危险废物产生量 45.69 万吨，综合利用量 28.57 万吨；城市生活垃圾年产生量 317 万吨，较上年增长 9.31%，生活垃圾二次污染较为突出。

2004 年，全市工业固体废物产生量增长较快，综合利用水平有所提高。城市生活垃圾产生量略有增长，主城区和库区生活垃圾无害化处理率有较大提高。工业固体废物产生量 1 489.42 万吨，较上年增加 11.52%；综合利用量 1 093.35 万吨，综合利用率 70.93%；处置量 62.09 万吨；排放量 117.97 万吨，贮存量 269.40 万吨。其中，危险废物产生量 42.69 万吨；城市生活垃圾产生量 264.27 万吨，较上年增长 4.1%。

2005 年，工业固体废物产生量增长较快，城市生活垃圾产生量略有增长。全市工业固体废物产生量 1 776.78 万吨，较上年增加 19.3%；综合利用水平有所提高，综合利用量 1 329.39 万吨，综合利用率 72.1%；处置量 122.41 万吨，排放量 184.50 万吨；贮存量 208.69 万吨。危险废物产生量 13.08 万吨，综合利用量 10.24 万吨，排放量 0.49 万吨，处置量 2.31 万吨，贮存量 0.06 万吨；全市城市生活垃圾产生量 321.20 万吨，较上年增长 3.5%。城市生活垃圾无害化处理率达 59.0%，主城区生活垃圾无害化处理率 91.2%，三峡库区 13 座垃圾处理场服务区范围内生活垃圾无害化处理率 90%。

3. 2006 年以来固体废物环境状况

2006 年，全市工业固体废物产生量 1 814.97 万吨，综合利用量 1 367.71 万吨，综合利用率 73.7%；处置量 123.99 万吨，排放量 133.32 万吨，贮存量 238.58 万吨。其中，危险废物产生量 16.21 万吨，排放量 0.38 万吨。全市城市生活垃圾产生量 291.60 万吨，无害化处理率达 70%。

2007 年，全市工业固体废物产生量为 2 086.84 万吨，与 2006 年同比，产生量增加 271.87 万吨，增加 14.98%；综合利用量 1 623.36 万吨（其中，利用往年量 29.27 万吨），增加 255.65 万吨，同比增加 18.69%。

其中，工业危险废物产生量 85 005.49 吨，处置量 38 101.85 吨，综合利用量 38 101.85 吨，贮存量 4 791.44 吨，达到工业危险废物的零排放；医疗废物产生量 8 138.25 吨，处置率 100%；全市城市生活垃圾产生量为 285 万吨。

2008 年，全市工业固体废物产生量 2 310.69 万吨，与 2007 年同比，产生量增加 223.85 万吨，增加 10.73%；综合利用量 1 850.57 万吨（其中，利用往年量 29.77 万吨），增加 227.21 万吨，同比增加 14.00%。工业危险废物产生量为 80 785.61 吨，综合利用 67 673.34 吨，处置量 20 845.66 吨，贮存量 1 156.72 吨，达到工业危险废物零排放。全年共产生医疗废物 9 013 吨，其中集中处置 4 845 吨，简易处置 4 168 吨，处置率达到 100%。全市城市生活垃圾产生量为 338 万吨。全市畜禽养殖产生固体废物 8 568.48 万吨，农用薄膜使用 3.09 万吨。

二、固体废物现状

1. 一般工业固体废物现状

① 一般工业固体废物基本情况。根据 2007 年全国第一次污染源普查结果，重庆市一般工业固体废物产生于辖区内的 40 个区县涉及 38 个行业的 25 315 家企业，产生量 4 259.32 万吨，利用量 3 147.05 万吨，处置量 557.83 万吨，贮存量 260.19 万吨，倾倒丢弃量 294.24 万吨。

废物综合利用方式有 8 种，以建筑材料、再循环再利用的方式为主；处置方式有 7 种，以围隔堆存、永久性贮存、填埋、置放于地下或地上等方式为主；贮存方式有 4 种，以灰场堆放和其他贮存（不包括永久性贮存）方式为主。

② 一般工业固体废物种类。重点固体废物种类有：碎石砂砾、粉煤灰、煤矸石、尾矿、冶炼废渣、炉渣、磷石膏、脱硫石膏等。其中，粉煤灰、煤矸石、炉渣、冶炼废渣、脱硫石膏利用率在 80%以上。

③ 一般工业固体废物重点源。全市一般工业固体废物产生量前 5 位的企业，其产生固体废物总量达 626.41 万吨，占全市当年总产生量的 27.20%。企业名单及其产废状况见表 2-34。

重点行业为非金属矿采选业、电力与热力生产和供应业、煤炭开采和洗选业、化学原料及化学制品制造业、黑色金属冶炼及压延加工业、非金属矿物制品业、有色金属矿采选业、农副食品加工业等 7 个行业，产生、用量、处置、贮存和倾倒丢弃均占全市行业量的 85%以上，是一般工业固体废物重点行业。

表 2-34 主要一般工业固体废物产生企业（前 5 位）

企业名称	工业固体废物主要种类	工业固体废物产生量/t
华能重庆珞璜发电有限责任公司	粉煤灰、脱硫石膏	2 831 888
重庆白鹤电力有限责任公司	粉煤灰	1 149 506
中化重庆涪陵化工有限公司	磷石膏	973 647
国电重庆恒泰发电有限公司	粉煤灰	663 562
重庆合川发电有限责任公司	粉煤灰	645 520
合计		6 264 123

④ 一般工业固体废物地域分布。渝西经济走廊的一般工业固体废物产生量、利用量、倾倒丢弃量大于都市发达经济圈和三峡库区生态经济区；三峡库区生态经济区的贮存量大于渝西经济走廊；固体废物产生、利用的区县主要为南岸、江津、大渡口、永川、合川、南川、渝北、綦江、万盛、涪陵、九龙坡、荣昌等 12 个区县；涪陵、秀山、南川处置量占全市处置量的 74.1%，是处置量较多的区县；开县、万盛、江津、武隆、秀山、綦江等 6 个区县贮存量占全市贮存量的 75.4%，是贮存量较多的区县；合川、永川、荣昌、渝北、长寿、城口、奉节等 6 个区县倾倒丢弃量，占全市倾倒丢弃量的 64.4%，是倾倒丢弃量较大的区县。

2．工业危险废物现状

① 工业危险废物基本情况。根据2007年全国第一次污染源普查的统计结果，重庆市工业危险废物涉及36个行业的8 071家企业，涵盖《国家危险废物名录》中的37类危险废物，产生量325 943.12吨，利用量230 349.95吨，处置量76 165.13吨，贮存量12 610.57吨，倾倒丢弃量6 817.46吨。

工业危险废物以铺路、制建筑材料、回收其他有效成分、再生酸或碱等方式利用，其利用量占总利用量的90.4%，处置方式以焚化处理法、其他处理、陆上焚化、置放于地下或地上、物理化学处理等5种处置方式为主，占全市处置量的95.5%。贮存方式有渣场堆放、尾矿库堆放、其他贮存（不包括永久性贮存）3类。倾倒丢弃的方式有7种方式，以向水体排放废油类、废酸碱及其他高浓度液态废物倾倒、混入生活垃圾进行堆置的废物倾倒为主。

② 工业危险废物种类。全市产生工业危险废物37类，含铬废物、废碱、废酸、废有机溶剂、精（蒸）馏残渣、染料、涂料废物、废矿物油、表面处理废物等8类废物产生、利用都分别占全市的85.9%以上，是重点工业危险废物；废碱、精（蒸）馏残渣、染料与涂料废物、表面处理废物、废乳化液、废矿物油、农药废物等6类废物处置量占全市处置总量的95.4%。含锌废物、含钡废物、含铬废物占全市贮存总量的85%。废碱、染料与涂料废物、石棉废物、表面处理废物、废矿物油、废乳化液倾倒丢弃量占了全市倾倒丢弃总量的98.1%。

③ 工业危险废物重点源。重庆民丰化工有限责任公司、中国石化集团四川维尼纶厂等50家企业产生量占全市工业危险废物总量的91%左右，是工业危险废物产生主要企业。排前五位的重庆民丰化工有限责任公司等5家企业共产生危险废物65 044吨，占全市总产生量的20%。企业名单及其产生危险废物状况见表2-35。

表 2-35　主要危险废物产生企业（前 5 位）

企业名称	危险废物主要种类	危险废物产生量/t
重庆民丰化工有限责任公司	含铬废物	29 137
中国石化集团四川维尼纶厂	废酸、废有机溶剂、精（蒸）馏残渣	10 683
重庆同兴垃圾处理有限公司	生活垃圾焚烧飞灰	17 520
重庆长寿化工有限责任公司	精（蒸）馏残渣、废矿物油、含有机卤化物废物	3 898
重庆东华特殊钢有限责任公司	精（蒸）馏残渣、废矿物油	3 806
合计		65 044

重点产废行业有化学原料及化学制品制造业、造纸及纸制品业、黑色金属冶炼及压延加工业、交通运输设备制造业、有色金属冶炼及压延加工业等 5 个行业，其产生、利用量都为全市产生、利用总量的 92.0%左右。造纸及纸制品业、交通运输设备制造业、化学原料及化学制品制造业、纺织业、金属制品业等处置量占全市处置量的 87.4%。有色金属冶炼及压延加工业、化学原料及化学制品制造业贮存量占全市贮存量的 95.9%。造纸及纸制品业、交通运输设备制造业占全市倾倒丢弃量的 89.7%。

④ 工业危险废物地域分布。都市发达经济圈的工业危险废物产生量与利用量大于其他两经济区；渝西经济走廊的工业危险废物处置量大于其他两经济区；三峡库区生态经济区的贮存量、倾倒丢弃量大于其他两经济区。沙坪坝区、长寿、铜梁、梁平、巴南等 5 个区县是主要工业危险废物产生、利用区县。铜梁、渝北、丰都、巴南、永川等 5 区处置量占全市处置量的 82.6%，是处置较大的区县。武隆、城口两县贮存量占全市贮存量的 84.6%。梁平、渝北、巴南、九龙坡、涪陵等区县倾倒丢弃量占全市倾倒丢弃量的 96.5%（注：都市发达经济圈，是以主城区特大城市为中心，以 1 小时通勤距离为半径，涵盖涪陵、长寿以西的 23 个区县。“其他两经济区”指以万州为中心的渝东北 11 区县和以黔江为

中心的渝东南 6 区县）。

3. 医疗废物产生现状

根据 2007 年重庆市医疗废物申报登记调查情况，2007 年纳入试点登记的有 3 644 家医疗机构，其医疗废物产生量为 6 247.06 吨。居前五位的分别是：医院 4 211.85 吨、卫生院 1 141.92 吨、门诊部 464.80 吨、妇幼保健院（所、站）142.17 吨、社区卫生服务中心（站）100.97 吨；占总产生量的 67.42%、18.28%、7.44%、2.27%、1.62%。370 家医院占申报数的 10.15%，使用病床数为 28 123 床，据此测算重庆市医院医疗废物产污系数为 0.40 千克/（床·日）。纳入试点的 30%小型医疗废物产生单位（门诊部）共 1 897 家，占申报数的 52.06%；2007 年，医疗废物产生 20 千克/（家·月）。据申报的医疗机构及医疗废物的产生量推算，2007 年度重庆市医疗废物产生总量约为 9 547 吨左右。

医疗废物产生量位于前 3 位的区县是渝中区 1 128.44 吨、沙坪坝区 1 047.58 吨、涪陵区 349.02 吨，分别占总产生量的 18.06%、16.77%、5.59%。市、区医院集中的渝中区、沙坪坝区医疗废物产生总量，明显高于其他区县。

4. 电子电器废物现状

重庆市的电子废弃物主要由居民家庭、行政事业单位、非电子产品生产企业及电子产品生产企业等 4 个来源构成。根据调查，2008 年市场回收量约为 48 000 吨，其中居民家庭 41 400 吨，行政事业单位 2 000 吨，非电子产品生产企业 600 吨，电子产品生产企业 4 000 吨。目前，重庆市电子废弃物处理的渠道主要有四个方向：一是少量不能再利用的电子废弃物混入生活垃圾中进行填埋或焚烧处理；二是可以再利用的电子废弃物由废品商收购，进行翻新后流入农村或城市低收入家庭再次使用；三是一些作坊式拆解厂将电子废弃物手工拆解后，将大量的有害、无价废物未做处理直接堆放或遗弃；四是由电子废弃物回收商回收后运往外市处理。

目前，重庆市按照《电子废物污染环境防治管理办法》要求，对电子废物拆解利用处置单位实行名录管理制度，由此规范电子废物的拆解利用和处置单位的经营活动，在实现资源回收利用的同时减少对环境的污染。截至 2010 年 3 月，重庆市已经有一家企业——中天电子废弃物处理有限公司列入电子废物拆解利用处置单位临时名录，该公司主要在“一小时经济圈”范围内的区县进行经营，年处理电子废物 10 000 吨。

5. 生活垃圾现状

2007 年，全市城市生活垃圾产生量为 353 万吨。截至 2008 年 12 月，全市共建成生活垃圾无害化处理场（厂）48 座。其中，主城区 2 座卫生填埋场，1 座焚烧发电处置场；三峡库区 13 座卫生填埋场，影响区 14 座卫生填埋场，库区小城镇 16 座卫生填埋场，库区上游区 2 座卫生填埋场。日处置总规模达 10 380 吨。2008 年焚烧生活垃圾 57.59 万吨，发电 12 190 万千瓦 • 时、上网 9 595 万千瓦 • 时。

根据重庆市市政管理委员会的统计，重庆市生活垃圾无害化处理达到 315 万吨，无害化处理达到 89%，其中三峡重庆库区无害化处理率达 94%，影响区无害化处理率达 72%。

三、固体废物管理工作开展情况

1. 直辖至“十五”期间固体废物管理工作开展情况

1998 年，开展了全市固体废弃物的调查工作，配合国家有关部门开展了长江沿线城市生活垃圾、船舶垃圾执法检查，清理了库区沿岸的垃圾堆，新建一批垃圾处理设施，减轻了垃圾对长江水体的污染；开展了进口固体废物的风险评价。

2000 年，整治长江、嘉陵江为主的沿江垃圾 351 处，82.5 万吨；接收船舶垃圾 3 560 艘（次），50.6 吨；新建垃圾作业通道（5 条）7 千米；垃圾转运站（收集）容器 339 座（个）；新增垃圾车 8 台、船舶垃圾接收船 3 艘。实施危险废物转移联单制度，严把进口废物审查关，组建废弃塑料回收网络，严格控制“白色污染”，禁白工作初见成效。生活垃圾袋装化在主城区及涪陵、江津、合川、永川等区县市继续推广。

2001 年，积极开展清库准备工作，组织开展了 135 米和 175 米水位线下危险废物、一般工业固体废物的调查。严把进口废物审批关，开展废弃塑料和废旧电池回收。加强对沿江垃圾、水上“白色污染”的整治和船舶垃圾的监督管理。积极推进长生桥生活垃圾卫生填埋场建设，积极筹建主城区同兴和黑石子垃圾处理厂，新改建垃圾站 39 座，城市生活垃圾处理率 82.91%，其中无害化处理率为 10.6%。积极推行生活垃圾袋装化管理，主城区袋装化率达到 55%。

2002 年，开工建设库区首批 13 个垃圾处理场，主城区长生桥垃圾处理场建设加快，积极推进同兴和黑石子垃圾处理场的建设，龙头寺、仁家湾、必隆、祺龙村垃圾处理场封场。城市生活垃圾处理率为 84.14%，其中无害化处理率为 7.68%。积极推行生活垃圾袋装化管理，主城区袋装化率达到 68%。开工建设主城区医疗废物处置场。

2003 年，库区 13 座垃圾处理场（处理规模 2 998 吨/日）完成试运行验收并投入运行，日处理 1 500 吨的主城区长生桥垃圾处理场建成投用，同兴、黑石子垃圾处理场开工建设，12 个沿江重点小城镇垃圾处理项目陆续开工。全市城市生活垃圾处理率 98.85%，无害化处理率为 17.23%，主城区生活垃圾无害化处理率为 14.80%，袋装化率达到 68%。主城区危险废物中转场建成。启动了废电池回收、处置工作，回收储存、处置废电池约 5 000 千克。开展剧毒急性鼠药专项整治，集中无害化销毁 3.8 吨“毒鼠强”等剧毒鼠药。

2004 年，同兴垃圾处理场和黑石子垃圾处理场基本建成；主城区生活垃圾无害化处理率 71.3%。三峡库区有 13 座垃圾处理场，设计总库容 2 561.9 万立方米；三峡库区垃圾处理场服务区范围内生活垃圾无害化处理率 91%。编制完成《重庆市危险废物和医疗废物处置设施建设规划实施方案》，推动危险废物处置设施建设，同兴医疗废物处理中心已投入试运行，万州医疗废物处置场基本建成，涪陵、黔江、永川 3 个医疗废物处置场处于开工准备阶段。规范危险废物监督管理，实施危险废物经营许可证制度和危险废物转移联单制度。开展危险废物污染专项整治工作，收贮医疗机构、影楼及照相馆、印刷厂等行业废弃感光材料约 30 吨，完成了对废弃铅酸蓄电池加工利用企业的调查摸底，回收废电池 8 吨，组织安全销毁毒鼠强 2 851 千克。

2005 年，加强垃圾处理场的运行管理，防止二次污染。明确了垃圾处理行政管理职能，基本建立了垃圾处理运行管理体系和相应的管理制度，规范垃圾处理场填埋作业，提高了运行质量。建立垃圾处理监督考核机制，严格按照《生活垃圾填埋场无害化评价标准》（CJJ/T 107—2005）进行无害化处理。主城区长生桥、黑石子垃圾处理场运行稳定，同兴垃圾焚烧发电厂建成并投入试运行，库区 13 座垃圾处理场基本建立了环境污染、安全事故等应急预案制度。推进危险废物处置设施建设和医疗废物的集中处置。启动主城区、长寿危险废物处置场的建设；建成同兴、万州医疗废物集中处置场并投入运行，分别处置医疗废物 3 468 吨、122.70 吨；主城区危险废物中转站收储危险废物 4 113 吨。强化危险废物管理，积极推动危险废物经营许可证、转移审批和转移联单制度，开展了感光材料废物处置的试点工作和废铅酸蓄电池利用企业的污染整治工作。

2.“十一五”固体废物管理工作开展情况

① 固体废物管理体制得到了进一步加强。“十一五”加大了执行固体废物环境保护法律、法规的力度。重庆市各级政府认真贯彻执行《中华人民共和国固体废物污染环境防治法》、《医疗废物管理条例》、《危

险化学品安全管理条例》、《新化学物质环境管理办法》等国家和地方一系列法律、法规和条例，督促有关部门加大执法力度，确保有关法律、法规和各项规章制度落实。积极推行危险废物申报登记制度、危险废物经营许可证和危险废物转移审批及转移联单制度。电子废物环境管理逐渐起步，大力开展废电池污染防治，积极推进污泥等大宗固体废物无害化处置。开展了危险废物产生与处置单位和进口废物环境风险评价工作。医疗卫生部门认真贯彻执行《医疗废物管理条例》、《医疗卫生机构医疗废物管理办法》等有关规定，建立了有关规章制度，制订了应急方案，组建了管理机构，落实了责任人。各级环保部门加大了对危险废物产生单位监督、检查力度，查处了一批非法排污企业，切实做到有法必依、执法必严、违法必究。

② 固体废物污染防治体系的建设取得积极进展。“十一五”期间，随着经济发展和城市建设以及实施老工业基地振兴战略，重庆市的城市发展及工业布局发生了很大变化，进行了大规模的调整和优化，加大了全市固体废物的管理力度，完善了固体废物管理体系，重点实施了城市生活垃圾处理场、危险废物处理场、医疗废物处理场等硬件设施的建设，解决了主城区（主城九区）生活垃圾、医疗废物的无害化处理；重点建设了危险废物处理场；规范了危险废物利用处置的经营活动，提高了危险废物利用处置率。

至 2009 年，重庆市主城区、三峡库区及影响区已经建成 48 座生活垃圾处理场，城镇生活垃圾处理率达到 89%。主城区（处理能力 3.06 万吨/年）和长寿场（处理能力 2.1 万吨/年）危险废物集中处置场完成建设；重点危险废物产生企业的处置和综合利用设施陆续建成投入使用。建成同兴医疗废物处置场（处置能力 20 吨/天）。

③ 化学品环境污染形成常态化监管。“十一五”期间，重庆市化学品环境管理以危险化学品环境安全为重点，新化学物质和有毒化学品并举，建立了危化品环境监管工作报告制度，形成了市、区（县）两级化

学品环境管理常态化。开展了重点行业企业环境风险及化学品调查，危化品企业（48 家）突发环境事件应急预案备案工作，促进环境风险防范措施的落实。

第五节　土壤环境

“九五”以来，重庆市对三峡库区蓄位淹没区土壤、部分区（县）的农用土壤进行了监测；2006 年 8 月至 2009 年 10 月期间，开展了重庆市土壤污染状况专项调查工作。

一、“九五”期间的土壤环境监测及质量

“九五”期间，重庆市对大足县、永川市、忠县、武隆县等农用土壤进行了监测，监测项目有铜、锌、镉、铅、汞、砷、氟、pH 和吸着水等；对库区 135 米水位淹没区的巫山县、奉节县等区县的土壤进行监测，监测项目有 pH、氟、总氮、磷、钾、有机质、铜、铅、锌、镉、汞、砷等；对三峡库区 145 米水位淹没区的云阳、万州、忠县、开县和丰都等区县的土壤进行监测，监测项目有 pH、铜、铅、钎、镉、汞、砷、氟、氮、磷、钾、有机质等。

整个“九五”期间监测的 12 个区县农用土壤中的 pH 平均值范围为 7.09～8.09，平均值为 7.69，属弱酸性的土壤测点占全部测点的 14.7%，偏碱性土壤测点占全部测点的 85.3%。其中万盛、綦江、大足、永川、武隆、忠县及奉节等区县土壤 pH 在 6.5 以下。三峡库区巫山、云阳、万州、忠县、开县、丰都六区县土壤 pH 平均值范围为 7.69～8.09，各区县总平均值在 7.5 以上，土壤总体偏碱性。

土壤中铜、铅、锌、铬、汞、砷、氟元素的含量，用《土壤环境质量标准》（GB 15618—1995）中的二级标准进行统计，綦江、大足两县土壤，各测定的元素均未超标；万盛区土壤的镉和汞（超标率分别为 6.4%

和 3.2%），永川市土壤中镉（超标率为 6.4%），忠县土壤中镉和汞（超标率分别为 16.1%和 3.2%），武隆县土壤中镉（超标率为 419%）含量超标较为普遍。

三峡库区的巫山、奉节、云阳、万州、忠县、开县及丰都等区县 145 米水位淹没区土壤中测定的元素铜、铅、锌、镉、镍、铬、汞、砷含量，除丰都县有一个测点汞超标外，其他均符合 GB 15618—1995 土壤环境质量Ⅱ级标准，无超标现象。土壤中有机质、氟、氯、磷、钾虽无土壤质量标准比较，但查阅了重庆市土壤普查有关资料，含量属正常范围。

用综合污染指数法对万盛、綦江、大足、永川、忠县、武隆等区县土壤和三峡库区 145 米水位淹没区的巫山、奉节、云阳、万州、忠县、开县及丰都等 13 个区县土壤进行评价，以 GB 15618—1995 土壤环境质量标准Ⅱ级标准值为评价标准，选定铜、铅、锌、镉、镍、铬、汞、砷等八项参数，评价结果表明：监测的区县土壤综合污染指数（P）都很小（$P<0.5$），土壤均为未受污染。

二、“十五”期间的土壤环境监测及质量

整个“十五”期间（2001—2005 年），重庆市农业环境保护监测站根据重庆市基本农田保护区土壤环境质量监测规划，对沙坪坝区、江北区、南岸区、九龙坡区、万州区、涪陵区、江津市、合川市、长寿区、万盛区、铜梁县、梁平县、垫江县、南川市、忠县、云阳县、永川市、大足县等 18 个区县（自治县、市）的基本农田土壤进行了定点监测，监测项目为 pH、铜、锌、铅、镉、汞、砷、铬。评价结果表明，全市基本农田土壤综合评价为清洁，综合污染指数排序为：沙坪坝区＞涪陵区＞万盛区＞南岸区＞大足县＞忠县＞永川市＞云阳县＞九龙坡区=合川市＞梁平县=南川市＞垫江县＞铜梁县＞江津市＞万州区＞长寿区＞江北区，主要污染因子是镉。

2001—2005 年，重庆市农业环境保护监测站对全市 29 个区县的 119

个蔬菜基地土壤环境进行了监测，监测项目为pH值、铅、镉、汞、砷、铬。监测结果评价执行《土壤环境质量标准》（GB 15618—1995）二级标准。评价结果表明：全市菜地土壤综合评价为清洁，其中，沙坪坝区和南岸区菜地为轻污染；武隆县、大渡口区、双桥区、巫山县、酉阳县、璧山县、石柱县、开县、铜梁县、南川市菜地为警戒级；梁平县、江津市、垫江县、九龙坡区、江北区、涪陵区、綦江县、潼南县、合川市、渝北区、巴南区、永川市、北碚区、长寿区、万盛区、奉节县、万州区、大足县菜地土壤清洁。

2001—2005年，重庆市对三峡库区重庆段135～175米水位间的库区消落带土壤中的pH、氟、水分、有机质、阳离子交换量、总氮、汞、砷、总磷、总钾、锌、铅、铬、镍、铜、镉、六六六和滴滴涕等18个项目进行了监测。选取汞、砷、锌、铅、镍、铬、铜、镉等8项指标为评价参数，采用GB 15618—1995土壤环境质量二级标准统计，评价方法用单项污染指数和均值综合污染指数法。消落带土壤监测表明：所监测的17个区县的土壤质地呈中性—微碱性反应；除巴南区、江北区和江津市土壤中镉超标外，其他区县其他重金属含量都符合GB 15618—1995土壤环境质量二级标准，无超标情况。消落带土壤评价表明：所监测的175米水位以下消落带的17个区县的土壤中，9个区县（石柱县、涪陵区、长寿区、渝北区、奉节县、巫溪县、巫山县、万州和开县）的土壤中各重金属指标均达标，土壤综合污染指数P都小于0.5，土壤未受到污染。8个区县（巴南区、江北区、南岸区、九龙坡区、江津市、忠县、丰都和云阳）土壤综合污染指数P都大于0.5小于1.8，土壤受到轻微污染，以上8个区县的污染主要是由镉的含量较高引起。

三、土壤普查及环境质量

2006年8月至2009年10月期间，重庆市按照原国家环保总局《关于开展全国土壤污染状况调查的通知》（环发［2006］116号）要求，开展了重庆市土壤污染状况专项调查工作。

1．土壤普查监测布点及项目

在重庆市 8.24 万平方千米范围内，质量调查按网格法共布设点位 766 个，采集样品 1 600 个，测试重金属、农药残留、有机污染物及其浸出态、理化指标等共 72 项指标；其中，在“七・五”土壤环境背景值调查的 21 个点位同点采集剖面样品 55 个，测试指标 126 项；在重污染企业周边、工业遗留或遗弃场地、固体废物集中处理处置场地、主要蔬菜基地、污灌区、大型交通干线两侧以及社会关注的环境热点区域等 11 类重点区域共布设点位 680 个，采集表层土壤样品 680 个，测试 70 项指标；以及土壤放射性调查点位采集 99 个样品，测试放射性指标 7 项。共获得监测数据 101 723 个。

2．土壤普查监测结果基本情况

① 理化指标。重庆市土壤多呈中偏酸性，钾含量相对较高，有机质、氮含量相对较低，磷含量低。土壤多为中壤土和轻黏土。

② 无机指标。与“七・五”调查数据相比，砷、硒含量低于全国均值，铜含量与全国均值基本相当，铅、钒含量略高于全国均值，镉、汞、锰、镍、锌、钴、铬、氟含量高于全国均值。铜、砷、硒含量低于四川均值，铅、钒、钴含量略低于四川均值，铬、锰、锌、镍含量与四川均值基本相当，镉、氟、汞含量均高于四川均值。

各指标分布特征为氟、铬、钒、铅、锌、镍、钴、铜等 8 种元素分布较均匀；锰、砷、硒分布不均；汞和镉分布极不均。pH＜5 的酸性土壤中，汞、硒含量较高；pH7～8 的中偏碱性土壤中，钒、氟、镉、锰、砷、铜、锌较高；pH＞8 的碱性土壤中，铬、钴、镍较高。

③ 有机指标。除多氯联苯外，其他各项指标均有检出，六六六检出率为 97.8%，滴滴涕检出率为 90.1%，多环芳烃检出率为 98.7%，酞

酸酯检出率为 77.6%。各指标浓度变化范围较大。各类有机物分布不均，不均程度表现为：滴滴涕＞六六六＞多环芳烃＞酞酸酯。

3. 土壤环境质量状况

依据《全国土壤污染状况评价技术规定》（环发[2008]39 号），在本次土壤调查点位布设精度下，结果表明重庆市土壤环境质量状况总体尚好，但局部区域少数金属指标含量异常或超标，个别点位有机指标出现超标；林、草地相对耕地质量较好；黄壤、水稻土相对紫色土质量较好。与“七・五”调查结果相比，部分点位土壤背景值有所增加。工业企业遗留场地、交通干线周边土壤等 11 类重点调查区域中，9 类区域土壤出现不同程度重金属污染；重庆市土壤（岩石）整体放射性水平调查结果正常。

重庆市土壤污染的主要特征为：一是以重金属污染为主，主要污染物是镉、钒、镍、锌和铅等重金属，仅局部个别点位出现多环芳烃等有机污染。二是以单项污染物污染为主，超标点位主要为单因子污染，渝东北和渝东南局部金属元素地质丰度异常区和受特征工业污染的重点区域表现为复合污染。三是以轻微污染为主，大部分超标点位表现为轻微污染，仅局部个别点位受中度和重度污染。

① 土壤环境质量总体状况。重庆市 78%以上的土壤普查点位无指标超标，超标点位以单因子超标为主，主要超标指标为镉、钒、镍；超标点位中 83%的点位超标倍数小于 1，异常或超标区域主要分布在城口县、石柱自治县、合川区和永川区。

② 不同地理单元土壤环境质量状况。

三峡库区共 213 个点位，其中碱性土壤点位占 50.7%，氮、磷、镉、硒、铜、汞、镍、铅、锌、酞酸酯含量低于全市均值，钾、六六六、多环芳烃含量高于全市均值，其余指标含量与全市均值相当。超标指标 10 项，高于标准值的点位占本单元点位数的 14.1%，主要超标污染物为镉、钒。

渝东南共140个点位，其中酸性土壤点位占73.6%，磷、钾、镉、铜含量低于全市均值，有机质、氮、砷、硒、汞、铅、钒、酞酸酯、六六六含量高于全市均值，其余指标含量与全市均值相当。超标指标9项，高于标准值的点位占本单元点位数的29.3%，主要超标污染物为镉、镍。

都市经济圈共55个点位，其中酸性土壤点位占56.4%，钾、有机质、砷、镉、铜、铬、镍、锌及各有机物含量低于全市均值，氮、氟、汞、硒含量高于全市均值，其余指标含量与全市均值相当。超标指标2项，高于标准值的点位占本单元点位数的9.1%，主要超标污染物为镍、钒。

渝西走廊共358个点位，其中碱性土壤点位占60.6%，氮、有机质、砷、汞、六六六、酞酸酯、多环芳烃含量低于全市均值，磷、铜、镍、锌、镉、滴滴涕含量高于全市均值，其余指标含量与全市均值相当。超标指标12项，高于标准值的点位占本单元点位数的23.7%，主要超标污染物为镉、镍。

③ 不同土地利用类型土壤环境质量状况。

耕地共597个点位，其中酸性土壤点位占52.4%，磷、砷、六六六含量低于全市均值，有机质、汞、硒、多环芳烃、酞酸酯含量高于全市均值，其余指标含量与全市均值相当。点位超标率26.1%，出现超标的指标有13项，主要超标污染物为镉、镍。

林地共108个点位，其中碱性土壤点位占54.6%，氮、磷、硒、多环芳烃、酞酸酯含量低于全市均值，镉、锰、钒、砷、六六六、滴滴涕含量高于全市均值，其余指标含量与全市均值相当。点位超标率9.3%，出现超标的指标有8项，主要超标污染物为镉、钒。

草地共55个点位，其中碱性土壤点位占74.6%，有机质、氮、汞、硒、多环芳烃、酞酸酯含量低于全市均值，磷、钾、砷、氟、镍、钒、铜、锰、六六六、滴滴涕含量高于全市均值，其余指标含量与全市均值相当。出现超标的指标有 6 项，点位超标率 10.9%，主要超标污染物为镉、钒。

④ 不同土壤类型土壤环境质量状况。

紫色土共 634 个点位，酸性土壤与碱性土壤点位数相当，砷含量低于全市均值，滴滴涕含量高于全市均值，其余指标含量与全市均值相当。点位超标率 22.4%，超标的指标有 13 项，主要超标污染物为镉、镍。

黄壤共 68 个点位，其中酸性土壤点位占 60.3%，磷、钾、镉、多环芳烃、酞酸酯、滴滴涕含量低于全市均值，有机质、氮、钴、镍、铅、硒、砷、铜、汞、锰、钒、六六六含量高于全市均值，其余指标含量与全市均值相当。点位超标率 25.0%，出现超标的指标有 6 项，主要超标污染物为镍、钒。

水稻土共 31 个点位，其中碱性土壤占 83.9%，有机质、氮、氟、硒、汞、多环芳烃含量低于全市均值，钾、钴、铬、镍、钒、砷、镉、铜、六六六、滴滴涕、酞酸酯含量高于全市均值，其余指标与全市均值相当。点位超标率 6.4%，出现超标的指标有 2 项，主要超标污染物为镉、多环芳烃。

第六节　辐射、放射环境

一、“九五”期间辐射、放射环境

1999 年至 2000 年，对全市辐射和放射环境状况分别进行了调查。

1999 年，根据对重庆移动通信公司和中国联通公司重庆分公司共计 840 个具有 6 种地形和人文环境特征的手机 900 兆赫兹 GSM 网基站的回顾性环境影响评价，得出如下主要结论：发射功率为 42 毫瓦分贝，增益为 9 和 12 的两种天线造成的环境电磁波近场最大距离约为 2.5 米。远场天线主瓣轴线方向最大功率密度出现在当天线增益为 12，天线高度为 10 米时，其数值为 9.5 微瓦/厘米 ^{2}。在距基站 20 米外，任何一环境位置的电磁波功率密度都能满足 8 微瓦/厘米 ^{2} 的评价标准要求。900 兆赫兹 GSM 网基站投入运行后，对重庆环境的电磁辐射影响是可以接受的，不会对周围公众的健康造成危害。

至 2000 年底，完成的城区高压送、变电系统室内 110 千伏变电站环评，得出电场强度和磁场强度以及电磁波功率密度均不会对环境造成污染的结论。开展了室外 110 千伏以上送、变电系统环评。启动了广播发射台、雷达、电视发射台、特种无线电台等强电磁波发射系统和轻轨、干线电气化铁道等工频强辐射系统的环评工作，工业、科学、医疗设备的电磁能应用等辐射情况调查也开展起来。

二、“十五”期间辐射、放射环境

重庆市从 2002 年起对主城区的环境地表γ辐射剂量率和电场强度进行监测。首先在 2002 年布点 598 个对主城区的环境地表γ辐射剂量率和电场强度进行普查；2003 年优化布点，把点位确定为 105 个；2005 年再次优化布点，把点位确定为 24 个，并在当年增加了一个γ辐射吸收剂量率连续监测和γ辐射累积剂量监测点、24 个空气中氡浓度监测点、7 个地表水和 1 个饮用水中放射性监测点、9 个土壤中放射性的监测点。

1. 辐射环境监测点位布设

① 环境地表γ辐射剂量率。2002 年，重庆市环境监测中心开始进行辐射环境质量监测，在主城 12 区设监测点 598 个，监测项目是环境地表γ辐射剂量率。

2003 年，在主城 9 区设监测点 105 个，监测项目是环境地表γ辐射剂量率。

2004 年 6 月 30 日，重庆市辐射环境监督管理站（以下简称市辐射站）成立，辐射环境质量监测由重庆市辐射环境监督管理站承担，在主城 9 区设监测点 105 个，监测点位与 2003 年一致，监测项目是环境地表γ辐射剂量率。

2005 年，市辐射站在 2004 年主城 9 区 105 个监测点位基础上重新优化为主城 9 区和重庆经济技术开发区、重庆高新技术开发区及北部新区共 24 个监测点位。开展了环境地表γ辐射剂量率监测。

2002—2005 年监测布点情况见表 2-36。

表 2-36 2002—2005 年重庆市环境地表γ辐射剂量率监测点位表

年份	地区	设点数/个	点位名称
2002	重庆市主城区	598	—
2003—2004	渝中区	12	红岩革命纪念馆、五一技校、重庆电视台、下徐家坡、鹅岭公园、水果批发市场、急救中心、会仙楼地王广场、长运九码头、渝中区区委、市三院、渝州汽车总厂
	沙坪坝区	22	第二棉纺厂、土湾车站、地质仪器厂、沙坪坝、市七中、农药厂、嘉陵集团、磁器口、沙坪公园、西南医院、井口镇、双碑、重特钢、童家桥、精神病医院、上桥、玉清寺、石堰村、渣滓洞、田坝、中梁山、三道拐
	高新区	7	石桥铺转盘、重庆饮料厂、建筑机械厂、西南服装厂、重庆啤酒厂、汽车研究所、科园四路路口
	大渡区	18	长征机械厂、伏牛溪车站、银都大厦、西南建材市场、打锣田、大渡口区区政府、四号电站、茄子溪、重钢六厂、重钢集团、重钢大门、石棉厂、有机化工厂、调运处、敬老院、唐家湾、何家湾、玻纤厂
	江北区	18	肥皂厂、江北农场、墨水厂、石马河、通用集团、南桥寺、石子山、长安一厂、天原化工厂、渝州大学、渝通宾馆、江北一院、观音桥农贸市场、松龙驾校、鲤鱼池停车场、五里店转盘、交通机械配件厂、航道船舶修理所
	经开区	2	电子 24 所、四公里立交

年份	地区	设点数/个	点位名称
2003—2004	南岸区	11	长江电工厂、后堡 47 栋、扬子江假日饭店、六公里、泉水山庄、重庆卷烟厂、制药七厂、省二监狱、重庆邮电学院、南山公园、区政府
	巴南区	11	大江工业集团、市养鸡场、渔洞镇、渝钛白、红光加油站、农科所、马王坪正街、蓄电池厂、无线电四厂、南温泉广场、学堂嘴
	九龙坡区	4	厨房设备厂、毛线沟、重庆发电厂、杨家坪
2005	渝中区	2	渝中区区委、鹅岭公园
	沙坪坝区	2	磁器口、西南医院
	高新区	2	重庆饮料厂、科园四路路口
	大渡口区	2	大渡口区政府、重钢集团
	江北区	2	渝通宾馆、江北一院
	经开区	2	电子 24 所、四公里立交
	南岸区	2	扬子江假日饭店、泉水山庄
	巴南区	2	渔洞镇、南温泉广场
	九龙坡区	2	杨家坪、重庆发电厂
	北部新区	2	维格公司、海王星大厦
	北碚区	2	西南大学、北温泉
	渝北区	2	冉家坝环保局办公楼前、空港工业园区

② γ辐射吸收剂量率连续监测和γ辐射累积剂量监测情况。2005年，布设γ辐射吸收剂量率连续监测和γ辐射累积剂量监测点 1 个，地点在重庆市渝中区重庆市辐射环境监督管理站楼顶。

③ 空气中氡浓度监测情况。2005 年，空气中氡浓度监测点为主城 9 区和重庆经济技术开发区、重庆高新技术开发区及北部新区共 24 个监测点位，见表 2-37。

表 2-37　重庆市 2005 年空气中氡监测点位表

年份	地区	设点数/个	点位名称
2005	渝中区	2	渝中区区委、鹅岭公园
	沙坪坝区	2	磁器口、西南医院
	高新区	2	重庆饮料厂、科园四路路口
	大渡口区	2	大渡口区政府、重钢集团
	江北区	2	渝通宾馆、江北一院
	经开区	2	电子 24 所、四公里立交
	南岸区	2	扬子江假日饭店、泉水山庄
	巴南区	2	渔洞镇、南温泉广场
	九龙坡区	2	杨家坪、重庆发电厂
	北部新区	2	维格公司、海王星大厦
	北碚区	2	西南大学、北温泉
	渝北区	2	冉家坝市环保局办公大楼、空港工业园区

④ 地表水放射性监测。2005 年重庆市开始对长江、嘉陵江、乌江重庆断面进行水放射性监测，布设主要江河水系监测断面 7 个，其中长江入境处、重庆市主城区上游、下游各 1 个断面，嘉陵江入境处 1 个断面，主城区 2 个断面，乌江设了 1 个断面，监测断面情况见表 2-38。

表 2-38　重庆市 2005 年主要江河水系监测断面分布表

年份	水系	所在地区（城市）	河流	点位数	断面名称
2005	长江	大渡口区	长江	1	丰收坝水厂
	长江	江北区	长江	1	寸滩水文站
	长江	永川市	长江	1	朱沱水文站
	嘉陵江	合川市	嘉陵江	1	利泽水文站
	嘉陵江	沙坪坝区	嘉陵江	1	磁器口
	嘉陵江	渝中区	嘉陵江	1	大溪沟
	乌江	武隆县	乌江	1	白马镇

⑤ 饮用水放射性监测。2005 年，在重庆市辐射环境监督管理站实验室布设饮用水放射性指标监测采样点 1 个。

⑥ 土壤放射性监测。从 2005 年开始进行土壤放射性监测，设监测

点11个，原则上在主城区每个区设1个监测点，具体布点情况见表2-39。

表2-39　重庆市2005年土壤监测点位表

年份	地区	设点数/个	点位名称	年份	地区	设点数/个	点位名称
2005	渝中区	1	鹅岭公园	2005	九龙坡区	1	重庆发电厂
	沙坪坝区	1	西南医院		北部新区	1	维格公司
	高新区	1	科园四路路口		北部新区	1	海王星大厦
	大渡口区	1	大渡口区政府		北碚区	1	西南大学
	经开区	1	电子24所		渝北区	1	冉家坝市环保局办公大楼
	巴南区	1	南温泉广场		—	—	—

⑦ 电磁辐射监测。2005年，优化布点方案后，主城区电磁环境质量监测共布设监测点24个，具体布点情况与环境地表γ辐射吸收剂量率相同，见表2-36。

2．辐射环境质量监测项目及频率

辐射环境质量监测项目及频率见表2-40。

表2-40　重庆市辐射环境质量监测项目及频率

环境要素	监测对象	监测类型或分析核素	点位数					采样频度
			2001年	2002年	2003年	2004年	2005年	
环境γ辐射水平	γ辐射剂量率	连续监测					1	1次/5min
	γ辐射剂量率	瞬时测量			105	105	24	1次/0.5a
	γ累积剂量	累积测量					1	1次/季
空气	空气	氡浓度					24	1次/a
水	地表水	总α、总β					7	1次/0.5a
	饮用水						1	1次/0.5a
土壤	土　壤	总α、总β、^{232}Th、^{226}Ra、^{40}K、^{137}Cs					9	1次/a
电磁辐射水平	综合电场强度（0.1～3 000MHz）	综合电场强度			105	105	24	1次/a

3．“十五”期间辐射环境质量状况

由于重庆市辐射环境监测工作开展较晚，监测布点在不断优化，监测项目也不断增多，给2001—2004年监测数据的比较造成了很大困难，因此《重庆市辐射环境质量报告书（2001—2005年）》主要对环境地表γ辐射剂量率和电场强度这两项指标进行了比较，其余监测项目由于只有2005年数据，无法进行比较。

① 2005年重庆市主城区环境地表γ辐射剂量率的测定范围为51.5～105.9纳戈/时，全市的平均值为78.8纳戈/时，与2004年主城区环境γ辐射空气吸收剂量率比较，无显著性差异。重庆市主城区的电离辐射环境质量状况良好。

② 2005年重庆市环境综合电场强度的测定范围为0.16～1.70伏/米，平均值为0.35伏/米，与2004年比较，无显著性差异。主城区环境中电场强度水平远低于《电磁辐射防护规定》（GB 8702—88）中公众照射的电场强度导出限值12伏/米。因此，重庆市主城区的电磁辐射环境质量状况良好。

③ 所有被监测的辐射源周围辐射水平均符合国家有关标准要求。

④ 重庆市环境空气中氡浓度平均值10.7贝可/米^3。

⑤ 重庆市长江、嘉陵江、乌江水中平均总α、总β放射性比活度分别为0.13和0.48贝可/升。

⑥ 重庆市土壤中^{232}Th、^{226}Ra、^{40}K、^{137}Cs、总α、总β含量分别为48.64贝可/千克、33.58贝可/千克、607.63贝可/千克、0.84贝可/千克、760贝可/千克、1 210贝可/千克。

三、2006年以来辐射环境监测及环境质量状况

1．2006年辐射环境监测情况

① 2006年辐射环境监测布点情况。为保持监测点位的连续性和数

据的可比性，2006 年重庆市环境地表γ辐射剂量率、空气氡浓度、环境电磁辐射监测点位仍采用 2005 年相同点位。对γ辐射剂量率连续监测的点位布设为 1 个，设在重庆市辐射站办公大楼楼顶。在长江、嘉陵江、乌江设 7 个地表水辐射环境性环境监测断面，其中长江在重庆入境处、主城区上游、主城区下游设置了 3 个监测断面，分别位于永川区朱沱水文站、大渡口区丰收坝水厂、江北区寸滩水文站；嘉陵江在重庆入境处、主城区设置了 3 个监测断面，分别位于合川区利泽水文站、沙坪坝区磁器口、渝中区大溪沟；乌江在武隆县白马镇设置了 1 个断面。饮用水放射性指标监测布设采样点 1 个，点位在重庆市辐射站实验室。土壤放射性监测点 14 个。

② 2006 年重庆市辐射环境质量监测项目及频率见表 2-41。

表 2-41　2006 年重庆市辐射环境质量监测项目及频率

<table>
<tr><th>环境要素</th><th>监测对象</th><th>监测类型或分析核素</th><th>采样频度</th></tr>
<tr><td rowspan="2">环境辐射水平</td><td>γ 剂量率</td><td>连续监测</td><td>1 次/5min</td></tr>
<tr><td>γ 剂量率</td><td>瞬时测量</td><td>1 次/0.5a</td></tr>
<tr><td>空气</td><td>氡浓度</td><td>氡浓度</td><td>2 次/a</td></tr>
<tr><td rowspan="2">水</td><td>地表水</td><td rowspan="2">总α、总β、^{226}Ra、^{232}Th、^{40}K</td><td>1 次/0.5a</td></tr>
<tr><td>饮用水</td><td>1 次/0.5a</td></tr>
<tr><td>土壤</td><td>表层土壤</td><td>总α、总β、^{238}U、^{232}Th、^{226}Ra、^{40}K、^{137}Cs</td><td>2 次/a</td></tr>
<tr><td>环境电磁辐射</td><td>电磁辐射（0.1～3 000 MHz）</td><td>电场强度
功率密度</td><td>2 次/a</td></tr>
</table>

③ 2006 年辐射环境质量。《重庆市辐射环境质量报告书（2006 年）》对 2006 年度重庆市辐射环境质量的结论如下：

γ辐射剂量率。从监测结果分析，全年月平均测量值范围在 0.120～

0.125 微戈/时，年平均为 0.123 微戈/时，主城区全年γ辐射变化趋势平稳；特别是 2006 年 10 月朝鲜核试验期间，所监测的数据月平均值为 0.125 微戈/时，为全年平均值的 1.02 倍，结果无异常变化，说明该事件对重庆市没有造成影响。

所监测各区域原野环境地表γ辐射剂量率存在一定的差异，范围值在 59～92 纳戈/时，这是由于不同天然本底水平和人类活动影响所致，全市年平均值为 76 纳戈/时，与 2005 年平均值（78 纳戈/时）相比在正常的波动范围内。

空气氡浓度。2006 年各点位监测所得的氡浓度存在一定差异，测量范围为 4.48～20.75 贝可/米^3，全市年平均为 9.51 贝可/米^3，与 2005 年平均值（10.70 贝可/米^3）比较无明显变化。

环境电磁辐射。环境电磁辐射具有较强的区域性，一般人口密集区大于稀疏区、工业发达区大于落后区，尤其重点辐射源对区域影响更大，通过 2006 年监测数据得出：

渝中区和九龙坡区电磁辐射水平具有显著性，渝中区电场强度为全市平均的 2.1 倍，功率密度为 3.3 倍；九龙坡区电场强度为全市平均的 2.0 倍，功率密度为 2.7 倍，经过调查分析认为主要由于所监测点位鹅岭公园附近存在广播电视发射塔，杨家坪步行街密集安装各大通信公司基站所致，但所有的监测结果都未超过公众照射导出限值（电场强度：12 伏/米；功率密度：0.4 瓦/米^2）。

2006 年电磁辐射水平与 2005 年相比，变化趋势平稳。

土壤放射性。由于土壤是放射性核素承载和转移的主要介质，对土壤的放射性监测是辐射环境质量监测的重点，从各区土壤监测的数据分析得出：

^{238}U 的测量值范围为 15.84～49.20 贝可/千克，全市平均值为 32.40 贝可/千克。

^{226}Ra 的测量值范围为 27.58～50.79 贝可/千克，全市平均值为 35.94

贝可/千克。

^{232}Th 的测量值范围为 42.72～54.84 贝可/千克，全市平均值为 47.31 贝可/千克。

^{40}K 的测量值范围为 384.46～642.74 贝可/千克，全市平均值为 522.75 贝可/千克。

重庆市土壤中的 ^{137}Cs 主要来自 20 世纪地表核试验和核电事故泄漏，但经过长期衰变、雨水的冲刷和土壤的翻覆，表层土壤的 ^{137}Cs 比活度已大大降低，对公众的健康基本不构成危害。

所监测土壤中总α、总β未见异常，并和对应点位天然放射性核素比活度测量结果相吻合。

2006 年土壤放射性总体处于较低水平，与国家环境天然放射性水平调查（原国家环境保护局，1995）重庆区域测量值相比在同一水平，与 2005 年数据相比无显著变化。

④ 地表水和饮用水。重庆处于长江中上游地区，在库区蓄水后，水质环境对中下游居民健康有重要影响，2006 年通过对长江及支流和取自长江流域的自来水的放射性水平监测，得出如下结论：

长江主干流重庆段水体总α平均值为 0.06 贝可/升、总β为 0.19 贝可/升；长江支流嘉陵江重庆段水体总α平均值为 0.05 贝可/升、总β为 0.16 贝可/升；长江支流乌江重庆段总α为 0.09 贝可/升、总β为 0.11 贝可/升；各河流水体中 ^{226}Ra、^{232}Th、^{40}K 放射性处于正常水平，库区蓄水对长江水体的放射性没有产生明显的影响。

所监测的饮用水源放射性水平符合国家标准（总α小于 0.1 贝可/升、总β小于 1.0 贝可/升）。

2. 2007 年辐射环境监测情况

① 2007 年辐射环境监测布点情况。重庆市环境地表γ辐射剂量率、空气中氡浓度、环境电磁辐射监测，2007 年增加了万州晒网坝（国控点）

点位，除此之外，为保持监测的连续性和数据的可比性，2007 年采用 2006 年、2005 年相同点位。

对 11 个点位的环境地表累积γ辐射剂量率进行了累积监测，分别是渝中区鹅岭公园、沙坪坝区西南医院、高新区重庆饮料厂、大渡口区重钢集团、江北区江北一院、南岸区泉水山庄、巴南区渔洞镇、北碚区西南大学、九龙坡区杨家坪、渝北区维格公司、万州区晒网坝。

对重庆市γ辐射剂量率连续监测、空气中氚、气溶胶、沉降物放射性监测的点位布设为 1 个，设在重庆市辐射站办公大楼楼顶。

2007 年重庆市辐射站对长江、嘉陵江、乌江重庆断面进行放射性监测，布设监测断面 10 个，长江新增涪陵区江北街道、万州区晒网坝、巫山县碚石镇等 3 个断面，其他点位与 2006 年相同。饮用水辐射环境质量监测点位也与 2006 年保持一致。

2007 年的土壤辐射环境监测在 2006 年基础上，增设江北区江北第一人民医院、万州区晒网坝两个点位，土壤辐射监测增加到 16 个。

② 2007 年辐射环境监测项目及频率。2007 年辐射环境质量监测项目及频率见表 2-42。与 2006 年比较，2007 年监测γ剂量率累积剂量，空气中氚比活度，气溶胶和沉降物中的总α和总β，地表水和饮用水中 ^{238}U、^{226}Ra、^{137}Cs、^{90}Sr 等项目。

③ 2007 年辐射环境质量。《重庆市辐射环境质量报告书(2007 年)》根据 2007 年的辐射环境质量监测数据和资料，通过横向和纵向比较分析，按不同的监测种类，得出如下结论：

γ辐射剂量率。从监测结果分析，重庆市主城区全年γ辐射剂量率月平均测量值范围在 0.084～0.137 微戈/时之间，年平均为 0.111 微戈/时，所监测的全年γ辐射水平变化呈现上半年略高于下半年，分析原因为监测仪器性能变化所致，经重新对仪器进行校准和数据修正，可得全年变化基本保持稳定，与 2006 年相比处于同一水平。

表 2-42 重庆市辐射环境质量监测项目及频率

环境要素	监测对象	监测类型或分析核素	采样频度
环境辐射水平	γ剂量率	连续监测	1 次/5min
	γ剂量率	瞬时测量	1 次/0.5a
	γ剂量率	累积剂量	2 次/a
空气	氡浓度	氡浓度	2 次/a
	空气中氚	空气中氚比活度	1 次/0.5a
	气溶胶	总α、总β	1 次/0.5a
	沉降物	总α、总β	1 次/0.5a
水	地表水	总α、总β、^{238}U、^{232}Th、^{226}Ra、^{40}K、^{137}Cs、^{90}Sr	1 次/0.5a
	饮用水		1 次/0.5a
土壤	表层土壤	^{238}U、^{232}Th、^{226}Ra、^{40}K、^{137}Cs、^{90}Sr	1 次/a
环境电磁辐射	电磁辐射（0.1～3 000 MHz）	综合电场强度 功率密度	2 次/a

所监测各区域原野环境地表γ辐射剂量率存在一定的差异，范围值在 49～80 纳戈/时，这是由于不同天然本底水平和人类活动影响所致，全市年平均值为 63 纳戈/时，与 2006 年平均值（76 纳戈/时）相比在正常的波动范围内。

从监测结果分析，各个监测点位监测的累积剂量所换算的γ剂量率在上、下半年基本保持稳定，同时与现场监测的瞬时γ剂量率基本吻合。

空气放射性。

空气氡浓度：2007 年各点位所监测的氡浓度不存在显著的异常值，测量范围为 6.31～18.68 贝可/米^3，全市主城区年平均为 12.06 贝可/米^3，与 2006 年平均值（9.51 贝可/米^3）比较无明显变化。

空气中氚（HTO）：根据监测结果分析，重庆市主城区区域内空气中氚放射性比活度低于 22.6 毫贝可/米^3，与全国测量范围（<7.3～30.3 毫贝可/米^3）相比，处于正常水平。

气溶胶：从监测结果分析，2007 年重庆主城区的气溶胶总α平均值为 0.72 毫贝可/米^3，处于全国测量范围（0.04～4.34 毫贝可/米^3）内；总β平均值为 1.92 毫贝可/米^3，处于全国测量范围（0.40～25.7 毫贝可/米^3）内；总体处于正常水平。

沉降物：沉降物放射性监测项目包括总α、总β。从监测结果分析，2007 年重庆主城区的沉降物在单位时间和单位面积内对地面基本无影响。

环境电磁辐射。环境电磁辐射具有较强的区域性，一般人口密集区大于稀疏区、工业发达区大于落后区，尤其重点辐射源对区域影响更大，通过 2007 年监测数据得出：

主城大部分区域的电磁辐射处于较低水平，其中综合电场强度监测范围值为 0.22～0.85 伏/米，平均值为 0.36 伏/米，功率密度监测范围值为 0.000 1～0.002 5 瓦/米^2，平均值为 0.000 5 瓦/米^2，渝中区和九龙坡区监测值较其他区高，渝中区综合电场强度为全市平均的 1.7 倍，功率密度为 2.2 倍；九龙坡区电场强度为全市平均的 2.4 倍，功率密度为 5.0 倍，与 2006 年监测结果基本吻合。

所有点位的监测结果都未超过公众照射导出限值（综合电场强度：12 伏/米，功率密度：0.4 瓦/米^2）。

2007 年电磁辐射水平与 2006 年相比，变化趋势平稳。

土壤放射性。由于土壤是放射性核素承载和转移的主要介质，对土壤的放射性监测是辐射环境质量监测的重点，从各点位土壤监测的数据分析得出：

^{238}U 的测量值范围为 7.18～48.82 贝可/千克，全市平均值为 28.63 贝可/千克。

^{226}Ra 的测量值范围为 21.86～49.37 贝可/千克，全市平均值为 30.14 贝可/千克。

^{232}Th 的测量值范围为 31.64～62.19 贝可/千克，全市平均值为 50.18 贝可/千克。

^{40}K 的测量值范围为 269.35～922.53 贝可/千克，全市平均值为 614.31 贝可/千克。

^{90}Sr 的测量值范围为 0.11～4.10 贝可/千克，全市平均值为 0.89 贝可/千克。

^{137}Cs 的测量值范围为 0.03～2.04 贝可/千克，全市平均值为 0.32 贝可/千克。

2007 年土壤放射性总体处于较低水平，与国家环境天然放射性水平调查（原国家环境保护局，1995）重庆区域测量值相比在同一水平，与 2006 年数据相比无显著变化。

地表水和饮用水。重庆处于长江中上游地区，在库区蓄水后，水质环境对中下游居民健康有重要影响，2007 年通过对长江及支流和取自长江流域的自来水的放射性水平监测，得出如下结论：

长江水系重庆段水体总α平均值为 0.09 贝可/升、总β为 0.11 贝可/升；U、Th、^{226}Ra、^{40}K、^{90}Sr、^{137}Cs 放射性处于正常水平，与重庆境外长江各流域段没有明显的差异。

所监测的饮用水源放射性水平符合国家标准（总α小于 0.1 贝可/升、总β小于 1.0 贝可/升）。

3. 2008 年辐射环境监测情况

① 2008 年辐射环境监测布点、监测项目及频率。2008 年，重庆市在环境地表γ辐射剂量率、空气中氡浓度、环境电磁辐射、累积γ辐射剂量率、γ辐射剂量率连续监测、空气中氚、气溶胶、沉降物放射性监测、地表水和饮用水辐射环境监测、土壤辐射环境监测等监测点位和 2007 年保持一致；监测项目及频率也和 2007 年相同。

② 2008 年辐射环境质量。《重庆市辐射环境质量报告书（2008 年）》根据 2008 年的辐射环境质量监测数据和资料，通过横向和纵向比较分析，按不同的监测种类，得出如下结论：

γ辐射剂量率。γ辐射剂量率自动站连续测量月平均测量值范围在85.3～88.4 纳戈/时之间，年平均为 87.0 纳戈/时。2008 年全年的测量值保持基本稳定。

所监测各区域原野环境地表γ辐射剂量率瞬时测量值在 54～69 纳戈/时（扣除宇宙射线的响应值），全市年平均值为 62 纳戈/时，与 2007 年平均值（63 纳戈/时）相比在正常的波动范围内。

各个监测点位监测的累积剂量所换算的γ剂量率在上、下半年基本保持稳定，与现场监测的瞬时γ剂量率基本吻合。

空气放射性。

空气氡浓度：2008 年各点位所监测的氡浓度不存在显著的异常值，测量范围为 5.89～16.4 贝可/米^3，全市主城区年平均为 8.94 贝可/米^3，与 2007 年平均值（12.06 贝可/米^3）比较无明显变化。

空气中氚（HTO）：重庆市主城区区域内空气中氚放射性比活度低于 15.0 毫贝可/米^3，与 2007 年监测结果（＜9.5 毫贝可/米^3）相比，处于正常水平。

气溶胶：2008 年重庆主城区的气溶胶总α平均值为 0.26 毫贝可/米^3，总β平均值为 1.02 毫贝可/米^3，与 2007 年监测结果相比，无明显变化。

沉降物：根据对重庆主城区在单位时间和单位面积内的沉降物监测数据表明，总α、总β结果正常，未出现异常核素。

环境电磁辐射。主城大部分区域的电磁辐射处于较低水平，其中综合电场强度监测范围值为 0.21～0.68 伏/米，平均值为 0.34 伏/米；功率密度监测范围值为 0.000 1～0.001 3 瓦/米^2，平均值为 0.000 4 瓦/米^2。全市电磁辐射监测结果与 2007 年（综合电场强度：0.36 伏/米、功率密度：0.000 5 瓦/米^2）相比，变化趋势平稳。

所有点位的监测结果都低于公众照射导出限值（综合电场强度：12 伏/米，功率密度：0.4 瓦/米^2）。

土壤放射性。

^{238}U 的测量值范围为 9.55～45.18 贝可/千克，全市平均值为 33.06 贝可/千克。

^{232}Th 的测量值范围为 9.83～53.15 贝可/千克，全市平均值为 39.01 贝可/千克。

^{226}Ra 的测量值范围为 21.70～63.35 贝可/千克，全市平均值为 31.09 贝可/千克。

^{40}K 的测量值范围为 193.05～812.15 贝可/千克，全市平均值为 539.86 贝可/千克。

^{90}Sr 的测量值范围为 0.23～5.80 贝可/千克，全市平均值为 1.53 贝可/千克。

^{137}Cs 的测量值范围为 0.16～1.94 贝可/千克，全市平均值为 0.41 贝可/千克。

2008 年土壤放射性总体处于较低水平，与国家环境天然放射性水平调查（原国家环境保护局，1995）重庆区域测量值相比在同一水平，与 2007 年数据相比无显著变化。

地表水和饮用水。长江水系重庆段水体总α平均值为 0.04 贝可/升、总β为 0.09 贝可/升；U、Th、^{226}Ra、^{40}K、^{90}Sr、^{137}Cs 放射性处于正常水平，与 2007 年相比变化趋势平稳，与重庆境外长江各流域段相比也没有出现明显异常。

所监测的饮用水放射性水平符合国家标准（总α小于 0.5 贝可/升、总β小于 1.0 贝可/升）。

第七节　生态环境

重庆市地质地貌复杂，山地、丘陵、河流众多；亚热带季风气候，水热条件充沛，具有丰富的生态自然资源，是长江上游和三峡库区“绿色屏障”的重要组成部分和敏感区域。随着人口快速增长、对资源的过度开发、外来物种的引进、环境污染、气候变化等原因，造成水土流失和土地退化，野生动植物栖息地环境恶化，森林生态系统和水生生态系统受损，农村面源污染等一系列问题。

2006 年，原国家环境保护总局下发《生态环境质量评价方法》（试行），主要利用遥感影像解译土地利用类型，结合统计数据定量评价。根据定量评价结果，重庆市 2007 年生态环境指数（EI）值为 54.35，属于生态环境质量一般的类型，在全国 31 个省市中，位于第 25 位。相比 2006 年，生态质量略微变好，EI 值增加了 3.37，增幅居全国第三位。尽管此评价方法还不够成熟，但是也反映出随着重庆市对生态环境保护工作的逐步重视和一系列保护措施的实施，重庆市生态环境状况有了一定程度的改善。

一、园林绿化

自直辖以来，园林绿化工作获得了很大的成就。

直辖之初，截至 1998 年，重庆市建成区绿化总面积 4 979 公顷，建成区绿地覆盖率 19.9%，人均公共绿地 2.29 平方米，绿地率 17.9%。全市仅有 52 个建成公园，总面积 667 公顷，14 个在建公园和 8 个部分建成的公园。其中，主城区有 29 个公园，面积 486.2 公顷。总体来说，存在城市绿地面积少、水平低、分布不均、绿地系统不完善、绿地体系功能脆弱等一系列问题。

“九五”期间，通过开展园林绿化“三创”活动和小城镇绿化建设，新建园林式单位、园林式小区、园林市街，完成市街立体绿化示范工程和绿化整治工程，建成包括小游园，小旅店，小景点的“百花园”，加强公园景点改造、全民义务植树等，人均公共绿地、建成区绿地率、绿化率等指标都得到一定程度的提升，公共绿地达到 2.37 平方千米，建成区绿地率 18.16%，建成区绿化总面积 60.92 平方千米，建成区绿化覆盖率 20.13%。全市建成 50 个公园，总面积达到 829.72 平方米。

“十五”期间，全市围绕改善生态环境和创建“山水园林城市”的总体目标，贯彻落实全国城市绿化会议精神、大力创建国家园林城市，通过完善公园基础设施建设、加强公园景点改造、大力实施景观整治，增加城市绿地、推进公园规范化管理和创建达标工作，城市绿地总量增长幅度较大，城市中心区绿地有所增加，园林创建工作成效明显。截至2005年，城市园林绿地18 813.28公顷，公共绿地5 205.68公顷，城市公园133个，面积达到2 495.89公顷，城市建成区绿地率19.6%，比“九五”期间增加1.44个百分点；绿化覆盖率21.6%，比“九五”期间增加1.47个百分点。城镇人口人均公共绿地4.11平方米，非农业人口人均公共绿地6.37平方米。主城区园林绿地11 554.17公顷，公共绿地3 030.57公顷，公园61个，面积1 254.80公顷，城镇人口人均公共绿地5.45平方米，非农业人口人均公共绿地8.48平方米。

“十一五”期间，通过抓重点项目、样板工程、城市干道绿化和生态林建设，加强绿化建设、城市绿化管理、公园基础设施建设等手段，大力开展创建国家园林城市，推进城市森林工程建设，加大园林绿化建设力度，增加城市绿化总量，提升绿化档次和城市景观，基本达到国家园林城市要求。截至 2008 年，全市城市建成区园林绿地 28 859公顷，公园绿地10 504公顷，绿化覆盖面积31 820公顷，比1998年增加了5.39倍；城市建成区绿化率33.0%，比1998年增加了近一倍，比“十五”期间增加11.4个百分点；绿化覆盖率达到35.9%，人均公园绿地为9.63平方米，是1998年的4.2倍，比“十五”期间增加16.3个百分点；城市公园达到169个，面积3 954公顷，比1998年也得到了很大幅度的提高。

其中，主城建成区园林绿地达到15 624公顷，公园绿地5 875公顷，绿化覆盖面积17 119公顷，城市公园87个（面积2 351公顷），城市建成区绿地率 34.9%，绿化覆盖率 38.2%，人均公园绿地达到10.75平方米，和1998年相比呈现出显著的改善。同时，部分区县通过多年的建设成为国家级园林建设的先锋，如 2008 年渝北区、南岸区成为国家园林城区，大足县成为国家园林县城，九龙坡区西彭镇建成国家园林城镇。

二、森林与草地

重庆市森林资源主要为原始次生的亚热带常绿阔叶林、暖性针叶林等。天然林主要分布在东部、东南部和南部地区，其中，江津、万盛、南川、武隆、彭水、石柱、城口、巫山、万州、奉节、云阳、黔江、酉阳等区县市分布最多。天然林面积约占森林总面积的 73%。

草地可分为 4 大类型，9 个组，40 个草地型；草地分布比较集中，成片成型草地较多，草地优良牧草品种多，天然草地主要分布在海拔 800～2 300 米地区。

“九五”期间，重庆市大力实施天然林保护计划，对森林、灌木林和未成林造林地实行了全面管护，推进了退耕还林还草试点工作；实施了草种草籽基地、南方草山草坡开发和草叶技术服务体系等重点工程的建设，同时积极开展以县为单位，以小流域为基本单元，实行山、水、田、林、路统一规划，生物措施、工程措施和保土耕作措施有机结合的水土流失综合治理工作。通过努力，“九五”期间，截至 2000 年，全市完成营造林 25.7 万公顷，其中成片造林 14.93 万公顷，封山育林 10.73 万公顷，完成退耕还林还草任务 4.58 万公顷。有林地面积达到 177.92 万公顷，森林覆盖率达到 24.0%，与 1998 年相比，增加 3.02 个百分点。草地资源 215.8 万公顷，占幅员面积的 26.19%，全市累计改良草地 3 万公顷，建设草地 5.67 万公顷，牧场草地面积达到 23.86 万公顷，占幅员面积的 2.9%。面积较大的成片天然草地集中在巫溪红池坝、大官山、武隆仙女山、城口黄安坝、黔江区旗号岭、石柱县大麻坪、万州区七曜山等地，最大的草地巫溪红池坝和武隆仙女山草地面积均在 14 万亩以上。水土流失面积 4.35 万平方千米，累计初步治理水土流失面积 1.63

万平方千米，占幅员面积的52.8%，年均土壤侵蚀量1.98亿吨。呈现出森林资源较少，天然林资源保护得到加强，草地资源开发潜力较大，水土流失仍然十分严重状况的特点。

“十五”期间，重庆市继续以天然林保护工程和退耕还林工程为主要手段进一步保护和培育森林，草地资源开发潜力大；水土流失仍然比较严重。截至2005年，全市林业用地面积407.87万公顷（其中退耕还林42.07万公顷，其他林业用地365.80万公顷），森林面积247.33万公顷，森林覆盖率30%，比“九五”末期增加7.0个百分点，活立木总蓄积量超过1.20亿立方米，比“九五”末期新增近50%。全市草地资源215.80万公顷，占幅员面积的26.2%，可利用面积186万公顷。面积较大的成片天然草地主要集中在巫溪红池坝、大官山，武隆仙女山，城口黄安坝，巫山十里坪、朝阳，丰都三坝，彭水毛尖山，奉节茅草坪，开县兵营坝，酉阳菖蒲盖、鸡公岭，黔江旗号岭、麒麟盖，石柱大麻坪和万州、云阳等地的七曜山。草原虫、鼠害发生有所增加，鼠害发生面积达1.05万公顷，虫害发生面积达1.11万公顷。

全市水土流失面积35 641.87平方千米，占幅员面积的43.3%，其中轻度侵蚀11 423.42平方千米，占流失面积的32.1%，中度侵蚀12 078.90平方千米，占流失面积的33.97%，强度侵蚀10 267.51平方千米，占流失面积的28.8%，极强度侵蚀1 657.89平方千米，占流失面积的4.6%，剧烈侵蚀214.15平方千米，占流失面积的0.6%。平均土壤侵蚀模数3 754.60吨/（千米^2·年），土壤侵蚀总量1.34亿吨/年。

“十一五”期间，截至2008年，全市林业用地面积407.87万公顷，比1998年增加105.23万公顷，森林面积280.00万公顷，比1998年增加107.80万公顷，森林覆盖率为34.00%，比1998年增加13.02个百分点，活立木总蓄积量为1.20亿立方米，增加0.48亿立方米（见表2-43）。

表 2-43　直辖以来重庆市森林变化情况

年份	林用地/万 hm^2	森林/万 hm^2	森林覆盖率/%
1998	301.10	172.80	20.98
1999	387.00	172.80	23.10
2000	297.39	177.92	24.00
2001	297.40	190.30	25.00
2002	303.42	186.03	25.00
2003	319.00	223.70	27.15
2004	319.00	223.70	27.15
2005	407.87	247.33	30.00
2006	407.87	263.33	32.00
2007	407.87	271.72	33.00
2008	407.87	280.00	34.00

2008 年全市天然草地资源 215.80 万公顷，占幅员面积的 26.2%，可利用面积 186.70 万公顷，比 1998 年减少 4.9 万公顷。通过实施牧草种子工程、人工种草工程、飞播放草工程、小草原改良工程、草业技术服务体系建设、天然草原植被恢复与保护、地方优良牧草资源保护、草种繁育基地建设等一系列项目建设，2008 年末全市种草累计保留面积达 5.70 万公顷。全年治理草原鼠虫害 0.40 万公顷，草场禁牧 1.88 万公顷，草原围栏 0.84 万公顷。

同时重庆市继续积极开展水土流失综合治理，初步治理水土流失面积 2 538.70 平方千米。尽管如此，全市水土流失问题还是较为严重，2008 年，全市水土流失面积达到 4.00 万平方千米，比 1998 年减少 0.35 万平方千米，占幅员面积的 48.6%，平均土壤侵蚀模数 3 641.95 吨/（千米 ^{2} •年），土壤侵蚀总量 1.46 亿吨/年。比 1998 年减少 0.52 亿吨/年。

总而言之，直辖以来，市政府广泛动员和组织全市人民，加强对现有森林资源的保护管理，制止毁林开荒和乱占林地，大力采取植树造林和封山育林等措施，通过实施天然林保护工程、退耕还林工程、封山育林工程、生态林营造工程、商业林建设工程五大工程以及“天然林资源保护工程”、“退耕还林”和“森林工程”的实施，不断提高森林覆盖率，治理水土流失，取得了较好的效果。

三、耕地与农业生态

由于重庆市以山地地形为主，耕地类型以坡耕地为主。

1998 年，重庆市坡耕地约占耕地总面积的 95.3%，15 度以上的坡耕地占 48.2%，25 度以上坡耕地占 16.1%。在全市耕地总量中，有水源保证和灌溉设施的为 36%，比全国平均少 4 个百分点，中低产田土达 60%以上，利用率有限。

随着人口增长，工业发展带来的建设用地需求增长的加剧和生态退耕力度的加大，耕地占补难以平衡，1998 年每年平均净减少耕地已经达到 0.62 万公顷，尤其是城镇周围和交通沿线的良田沃土减少较快，成为危及农村生态环境的重要因素之一。同时，随着环境的污染和农用化肥，农药的大量使用以及农业环保工作的滞后，农业生态环境也面临着十分严峻的形势。

为了积极应对，缓解耕地和农业生态存在的问题，“九五”期间，调整基本农田、对耕地实行特殊保护，实行耕地占补平衡制度，积极推进土地整理与复垦，限制性的进行土地开发，努力增加耕地面积，保持耕地面积的基本稳定。大力调整农业产业结构，加强对中低产田土的改造，增加对农业水利、灌溉等基础设施的投入，改善耕地的灌溉条件，实施“沃土工程”，提高耕地质量。逐步加强农业生态环境保护工作，加强对农药、化肥、农膜的使用和控制，开展秸秆综合利用，推广使用生物农药和优质有机肥，开展了全市基本农田、蔬菜基地监测与评价 18 个区县市建立了农业环境保护站，调查处理了重大农业污染事故。但是随着建设用地的增加和退耕还林还草，耕地面积逐渐减小。截至 2000 年，全市耕地面积为 252.3 万公顷，人均耕地 0.082 公顷，低于全国平均水平，15 度以上坡耕地 122.2 万公顷，中低产耕地面积占 60%以上，全市有效灌溉面积占耕地面积的 39%，低于全国平均水平。

随着农药、化肥施用，畜禽养殖规模的扩大，面源污染加重，农业环境问题突出。农作物病虫害中等偏重，水稻、小麦、玉米、蔬菜、大豆、柑橘、土豆发生病虫害面积共计 415.28 万公顷，氮肥施用量为 138.7 千克/公顷，磷肥使用量为 79.3 千克/公顷，农药使用量为 4.5 千克/公顷，以有机磷、菊酯类农药为主。

“十五”期间，生态退耕力度加大，建设用地增长快，耕地占补难以平衡；农药、化肥、农膜等不合理使用造成的污染危害尚未得到有效控制，畜禽养殖污染问题渐趋突出。

截至 2005 年，全市辖区土地总面积 822.69 万公顷，其中农用地 694.50 万公顷，建设用地 56.91 万公顷，未利用地 71.28 万公顷，分别占土地总面积的 84.4%、6.9%和 8.7%。全市耕地总资源 206.76 万公顷，比“九五”期间减少 45.54 万公顷。

农业环境质量总体较好，基本农田土壤符合国家土壤环境质量标准。嘉陵江、乌江渔业水质综合污染指数有所下降，五步河、胃黑水河、渠江、笋溪河、平滩河渔业水质部分受到不同程度污染；长寿湖渔业水质综合污染指数属清洁。监测结果表明，32 个农产品基地（包括蔬菜、水果、畜牧）符合国家无公害农产品产地环境条件。三峡库区土壤质量良好，但农作物病虫重、损失大。农业面源污染突出且呈加重趋势，畜禽养殖和农药、化肥污染不容忽视。据调查，全市畜禽养殖（换算成生猪当量）3 570 万头，年产畜禽粪便总量近 7 500 万吨，畜禽粪尿产生的化学需氧量污染负荷为 22.44 万吨，氮肥、磷肥单位面积施用量分别为 220.80 千克/公顷和 84.72 千克/公顷，农膜使用量 2.75 万吨，农药单位面积施用量为 9.45 千克/公顷，以杀虫剂和杀菌剂为主。

“十一五”以来，通过划定基本农田保护区，对耕地实行特殊保护。按照“保持耕地总量动态平衡”的目标全市开发、复垦整理土地，增加耕地。大力调整农业结构和布局，对坡度较大的坡耕地种植多年生常绿经济作物，减少雨水冲刷，治理水土流失，改进了耕作制度，推广使用横坡耕作，平衡施肥，抓好中低产田土改造和坡改梯工程，在生态农业建设中，主要实施了稻田、旱地、林地、水面、庭院等五大生态工程，取得了较为明显的生态、经济、社会效益。

截至 2008 年，全市土地总面积 822.69 万公顷，其中农用地 692.04 万公顷，建设用地 59.32 万公顷，未利用地 71.33 万公顷，分别占 84.1%、7.2%和 8.7%。全市年末耕地总面积 223.59 万公顷，比 1998 年末减少 32.05 万公顷。尽管仍然处于下降状态，但下降的程度得到了一定的控制。

同时，为了减少对土壤和作物的影响，重庆市积极开展生态农业，促进农药、化肥的合理使用，推广无公害蔬菜试点和产品产地认证等工作，取得了较好的成果。截至 2008 年，全市氮肥、磷肥、钾肥单位面积施用量分别为 223.71 千克/公顷、77.46 千克/公顷、21.15 千克/公顷，农膜使用量 3.09 万吨，农药施用量 2.10 万吨，比 1998 年单位面积使用的化肥和农药都减少了一半左右。农业环境质量总体较好，对 12 个区县基本农田土壤定点监测表明，环境质量均属安全级，符合国家农业生产环境质量标准，抽样检测的 53 个无公害农产品基地和 22 个绿色食品基地全部符合国家相应产地环境技术条件，全年完成 245 个无公害产地，135 个无公害农产品，94 个绿色食品、65 个有机食品认定和换证工作。同时，建成重点生态农业城市 5 个，大足县还成为全国生态农业试点县，国家生态示范区。

在控制耕地面积减少和改善农业生产技术的同时，农业面源污染的形势也日趋严峻，主要来源仍是农药化肥的使用和畜禽粪便，尤其是规模化养殖场环境负荷较大。2008 年，全市生猪存栏 1 566.47 万头，出栏 1 898.67 万头，牛存栏 103.61 万头、出栏 41.02 万头，山羊存栏 129.53 万只、出栏 149.61 万只，家禽存栏 9 966.92 万羽、出栏 16 363.71 万羽，兔存栏 937.64 万只、出栏 2 170.28 万只。全市畜禽养殖排放污染物

8 568.48 万吨，畜禽粪便排入环境的化学需氧量污染负荷为 28.70 万吨。目前，重庆市主要通过发展农村沼气，实施“一池三改”示范建设、开展畜禽养殖场污染治理示范项目、测土配方施肥等方式推动对农村面源污染的控制，截至 2008 年，农村沼气使用量达到 94.75 万户，完成了 6 个畜禽养殖场污染治理示范项目，已在 32 个区县（自治县）推广测土配方施肥 2 070.82 万亩。这些措施的实施，为面源污染的控制有所裨益，但整体状况仍是十分严峻。

四、野生动植物与自然保护区

1．野生动物

重庆市有动物 16 纲、89 目、390 科、2 693 种，其中原生动物 3 纲、11 目、18 科、38 种，轮虫动物 1 纲、2 目、7 科、31 种，环节动物 2 纲、2 目、2 科、7 种，软体动物 2 纲、3 目、4 科、9 种，节肢动物 4 纲、31 目、242 科、1 815 种，脊椎动物 4 纲、40 目、117 科、789 种。脊椎动物中，哺乳动物 9 目、25 科、135 种，鸟类 19 目、50 科、344 种，爬行动物 3 目、12 科、57 种，两栖动物 2 目、8 科、50 种，鱼类 7 目、22 科、203 种。其中包含列入《中国濒危动物红皮书》和《国家重点保护野生动物名录》的保护动物 82 种，根据《国家重点保护野生动物名录》，重庆市有国家Ⅰ类保护动物 12 种（包括中华鲟、达氏鲟、白鲟、蟒蛇、黑鹳、金雕、绿尾虹雉、黑叶猴、金丝猴、云豹、金钱豹、梅花鹿等），国家Ⅱ类保护动物 57 种。此外，重庆市还有丰富的微生物资源，据初步调查统计，仅真菌类就有 3 纲、16 目、31 科、70 属、190 种。

2．野生植物

重庆市植被可划分为阔叶林、针叶林、灌草丛 3 个植被组型，常绿阔叶林、常绿落叶阔叶混交林、落叶阔叶林、竹林、暖性针叶林、常绿阔叶灌丛、灌草丛、常绿草叶灌丛等 8 个植被型。

重庆市植物资源丰富，孑遗和珍稀植物较多。重庆市有植物 343 科、1 770 属、6 950 种，其中被子植物 175 科、1 310 属、5 236 种，裸子植物 10 科、33 属、81 种，蕨类植物 41 科、115 属、712 种，苔藓植物 64 科、180 属、404 种，地衣植物 8 科、8 属、25 种，藻类植物 45 科、124 属、492 种。其中，列入《中国植物红皮书》和《国家重点保护野生植物名录》的国家保护植物共有 133 种，根据《国家重点保护野生植物名录》，重庆市有国家一级保护植物 16 种[包括贵州苏铁、苏铁、攀枝花苏铁、四川苏铁、华南苏铁、银杏、银杉、水杉、红豆杉、南方红豆杉、莼菜、钟萼木（伯乐树）、金花茶、珙桐、光叶珙桐和金佛山兰]，国家二级保护植物 45 种。

3. 自然保护区、森林公园和风景名胜区

自 1998 年以来，重庆市加快了自然保护区的建设步伐，自然保护区的数量和面积总体呈增长趋势。国家级保护区从无到有，市级自然保护区迅速增加，从不足 10 个增加到 30 个以上，自然保护区总量从 11 个增长到 52 个，面积增加了 4 倍以上，自然生态和生物多样性得到积极保护。

“九五”期间，重庆市大力加强各类自然保护区建设，推动实施《重庆市自然保护区发展规划》。建成城口大巴山、武隆白马山省级自然保护区以及奉节天坑地缝、沙坪现区龙头山、巴南区安澜、酉阳县大板营、綦江老瀛山、巫山梨子坪、渝北玉峰山、武隆天生桥等县级自然保护区 19 个。截至 2000 年，全市自然保护区达到 31 个，总面积为 6 070 平方千米，占幅员面积的 7.38%，比 1998 年增加 5 055 平方千米，提高 6.16 个百分点。其中，国家级自然保护区 1 个，即南川金佛山，省级自然保护区 4 个。风景名胜区 36 个，总面积 4 270 平方千米，比 1998

年增加 1 170.3 平方千米，占幅员面积的 5.1%。森林公园达到 49 个，总面积为 606 平方千米，占幅员面积的 0.74%，比 1998 年增加了 107.44 平方千米，提高了 0.08 个百分点。

“十五”期间，自然保护区建设稳步推进，生物多样性保护力度加大，一批珍稀濒危物种和典型生态系统得到有效保护。全市自然保护区总数达到 50 个，面积 8 915.07 平方千米，占全市幅员面积的 10.8%，与“九五”期间相比，面积增加 2 845.07 平方千米，面积比例增加 3.42 个百分点。其中，国家级自然保护区 3 个，市级自然保护区 20 个。全市风景名胜区总数 57 个，面积 5 271.70 平方千米，占全市幅员面积的 6.4%，与“九五”期间相比，面积增加 1 001.7 平方千米，面积比例增加 1.3 个百分点。其中，国家级风景名胜区 6 个；森林公园 61 个，其中国家级森林公园 22 个。新批准成立云阳龙岗国家地质公园，全市累计建成国家地质公园 4 个，总面积达 1.33 万平方千米。但与此同时，市内也出现了紫茎泽兰、空心莲子草、毒麦、凤眼莲、假高粱、非洲大蜗牛、福寿螺、牛蛙等 8 种危害严重的外来入侵生物。

“十一五”期间，自然保护区继续保持迅速发展。截至 2008 年，自然保护区总面积达到 9 131.37 平方千米，占全市幅员面积的 11.12%，比“十五”期间面积增加了 2.43%。其中，国家级自然保护区 4 个，面积为 218 641.2 公顷；市级自然保护区 21 个，面积 384 317.5 公顷；区县级 27 个，面积 313 831.2 公顷。具体见列表 2-44。国家级自然保护区中，缙云山国家级自然保护区、大巴山国家级自然保护区、金佛山国家级自然保护区属于森林资源型，主要保护对象分别为：常绿阔叶林、崖柏等常绿阔叶林、银杉、珙桐等常绿阔叶林等。而长江上游珍稀、特有鱼类国家级自然保护区主要以白鲟、达氏鲟、胭脂鱼等鱼类及其产卵场为主要保护对象。

同时，森林公园和风景名胜区的建设也发展迅速。截至 2008 年，森林公园总数达到 69 个，经营面积超过 16 万公顷，其中，国家级森林公园 23 个，市级森林公园 46 个；风景名胜区总数达到 35 个，面积

4 782.30 平方千米，占全市幅员面积的 2.3%。具体名录见表 2-45。

表 2-44　2008 年重庆市自然保护区列表

保护区类型	保护区名称
国家级自然保护区	缙云山国家级自然保护区、大巴山国家级自然保护区、长江上游珍稀、特有鱼类国家级自然保护区、金佛山国家级自然保护区
市级自然保护区	四面山自然保护区、白马山自然保护区、天坑地缝自然保护区、小南海自然保护区、大风堡自然保护区、阴条岭自然保护区、华蓥山自然保护区、雪宝山自然保护区、安澜自然保护区、武陵山自然保护区、五里坡自然保护区、王二包自然保护区、老瀛山自然保护区、大木山自然保护区、南天湖自然保护区、江南自然保护区、大板营自然保护区、七曜山自然保护区、太阳山自然保护区、乌江彭水长溪河保护区、彭溪河市级湿地自然保护区

表 2-45　2008 年重庆市森林公园、风景名胜区列表

国家级森林公园	双桂山森林公园、小三峡森林公园、仙女山森林公园、金佛山森林公园、黄水森林公园、茂云山森林公园、黔江森林公园、武陵山森林公园、青龙湖森林公园、东山森林公园、桥口坝森林公园、红池坝森林公园、铁峰山森林公园、雪宝山森林公园、歌乐山森林公园、玉龙山森林公园、黑山森林公园、茶山竹海森林公园、九重山国家森林公园、大圆洞国家森林公园、重庆南山国家森林公园、北碚区观音峡森林公园、东山森林公园
市级森林公园	玉峰山森林公园、华蓥山森林公园、凉风垭森林公园、南泉森林公园、东泉森林公园、滚子坪森林公园、云雾坪森林公园、临峰山森林公园、黄瓜山森林公园、白塔坪森林公园、西温泉森林公园、楠木院森林公园、长田森林公园、古剑山森林公园、岚峰森林公园、楠竹山森林公园、世坪森林公园、宝鼎森林公园、明月山森林公园、南天门森林公园、泉活森林公园、乌龙池森林公园、白果森林公园、云阳县四十八槽林场森林公园、南岭森林公园、南山森林公园、巴营森林、梨子坪森林公园、仰头山森林公园、马鞍山森林公园、太极森林公园、乌江森林公园、金银山森林公园、尖刀山森林公园、九峰山森林公园、铁山坪森林公园、七曜山森林公园、云阳磐石城城市森林公园、静观森林公园、大渡口森林公园、栖霞宫森林公园、峰顶寺森林公园、云龙山森林公园、代家店森林公园、桃花源森林公园、宝林寺森林公园

国家级风景名胜区	长江三峡国家级风景名胜区、芙蓉江国家重点风景名胜区、金佛山国家重点风景名胜区、天坑地缝国家重点风景名胜区、缙云山国家重点风景名胜区
市级风景名胜区	青龙瀑布风景区、龙泉风景名胜区、歇凤山风景区、潭獐峡风景区、小南海风景名胜区、小溪风景名胜区、歌乐山风景名胜区、缙云山—钓鱼城风景区、金刀峡—胜天湖风景区、黑山—石林风景名胜区、张关—北岩风景区、统景风景区、南泉风景区、东温泉风景区、长寿湖风景区、黑石山—滚子坪风景区、楠竹山风景区、定明山—运河风景区、巴岳山—西温泉风景区、龙水湖风景区、百里竹海风景名胜区、明月山风景区、天生三桥景区、后坪天坑风景区、甘井沟风景名胜区、龙缸国家地质公园、大足石刻文物保护区、红池坝风景区、乌江百里画廊风景区

从分布上分析，全市自然保护区、森林公园和风景名胜区分布在除渝中区等少数区县以外的所有区县，覆盖范围大，保护类型多种多样，主要以保护森林生态、湿地、野生动物等类型为主。

自然保护区、森林公园和风景名胜区的发展，对更大限度地保护特有物种和生境具有重大意义。

五、生态保护

1. 就地保护

重庆市的各级各类自然保护区、森林公园和风景名胜区在野生和半野生的维管束植物资源保护中发挥了重要作用。这些自然保护区、森林公园和风景名胜区基本涵盖了具有保护价值的野生和半野生的维管束植物资源分布地区。

加强农作物物种资源就地保护体系建设，对现有物种资源进行抢救，防止资源材料丢失；建立了有关物种原产地保护区。酉阳县 200 亩野生金荞麦等农作物原产地保护区已经建成，目前正在建设铜梁县野生大豆原生境保护区。此外，部分经济植物物种（特别是药用植物和观赏植物）由于地处自然保护区、森林公园和风景名胜区内而受到保护。

2. 异地保护

重庆市已建成的一些植物园、迁地保护繁育中心、品种基地等在植物资源的异地保护中发挥了积极的作用。目前，一些珍稀濒危物种、保护物种在缙云山重庆植物园、万州三峡库区珍稀植物园、巫山植物园、南山植物园内得到了较好的保护。

中国农业科学院柑橘研究所在重庆市建有国家种质资源重庆柑橘圃，保存了数量较多的柑橘品种资源；建立了农作物、药用植物等经济植物资源研究、繁育等小规模种植圃。物种资源的异地保护工作富有成效。2002 年以来，重庆市 21 个区县建成花卉苗木基地 24 万亩，其中绿化苗木 12.6 万亩，鲜切花 1.48 万亩，地方特色花卉 3.26 万亩，其他花卉 6.66 万亩，建成花木交易市场、花卉苗木中心等。

第三章　环境科学研究

重庆直辖以来，环境科学研究事业得到长足发展。环境科研管理逐步完善，形成了以重庆市环境科学研究院为主要科研力量的环境科研组织体系，搭建了环境科研交流平台——目前重庆市唯一的公开出版发行的环保科技期刊《三峡环境与生态》。环境科研领域涵盖了环境管理调查与研究、水环境保护研究、大气环境保护研究、生态环境研究、污染防治研究、环境与健康等方面；各部门开展的环境科研课题众多，并取得丰硕的成果，为重庆市环境管理和决策提供了科学依据。

第一节　环境科学研究体制机制

环境科研是环境管理的重要技术支撑。重庆市环境保护局科技标准处是重庆市的环境科研管理机构，主要的环境科研机构是重庆市环境科学研究院，市内各高等院校也是重要的环境科研力量。

一、环境科研管理机构

1975 年，重庆市环保局成立以来，在管理体制方面，重庆市环保局一直内设科技监测处，负责环境科研管理工作。2009 年，市政府批准重庆市环保局新的“三定方案”，明确了市环保局设立科技标准处，人员编制 5 名。科技标准处的主要职能是：贯彻实施国家和重庆市有关环境保护科技、标准和环保产业的法规、政策；拟（修）订并组织实施重庆市环境保护科技、环保产业、环境标准方面的管理规定；拟订并组织实施重庆市环境保护科技发展规划、计划；参与制订重庆市环保产业政策和发展规划；拟订并组织实施地方环保标准、技术规范和污染防治技术政策；督促实施环境保护科技攻关和新工艺、新技术示范工程项目，并组织验收；负责环保科技、环保产业、环境标准的调查统计工作和数据更新工作。

二、环境科研机构和交流平台

重庆市环境科学研究院隶属重庆市环境保护局，是直接为重庆市环境管理服务的环境科研机构；1979 年 3 月，经重庆市科学技术协会同意成立的重庆市环境科学学会，为广大环保科技工作者提供了开展学术交流与活动的组织和阵地；2008 年 3 月，经过新闻出版总署批准，在国内外公开发行的环保科技期刊《三峡环境与生态》成为广大环保科技工作者开展学术交流的平台。

1. 重庆市环境科学研究院基本情况

重庆市环保局成立后，即于次年（1975 年）着手进行监测机构的筹建工作，1976 年 4 月，四川省革命委员会批准建立重庆市环境保护监测站。1979 年，市环保局根据全国环保工作会议精神，为适应环保工作发展的需要，制订了重庆市环保科研机构建设规划，拟在重庆市环境保护监测站的基础上筹建重庆市环保科研所，规划编制 70 人，与监测站合署办公，一个机构、两块牌子。其任务主要为：组织和进行环境质量评价研究、污染物扩散和迁移转化规律研究、制订环境规划和环境标准、污染物排放标准研究、环境监测技术研究和环境科学基础理论研究等。

1990 年，市机构编制委员会批准更名为“重庆市环境监测中心站”和“重庆市环境科学研究所”，实行两块牌子、一套班子的管理体制。

1990年末，市环境监测中心站、市环境科学研究所有职工153人，从事科研的人数约20人。为了适应新的形势需要，1998年12月，经重庆市机构编制委员会批准（渝编[1998]109号文件），撤销重庆市环境监测中心站、重庆市环境科学研究所和重庆市污染源监测监督站，设立重庆市环境监测中心、重庆市环境科学研究院，实行两块牌子、一套班子的管理体制，为重庆市环保局直属处级事业单位。核定事业编制211名（全额拨款191名，差额拨款20名），其中处级领导职数4名。1999年1月29日，根据渝编[1998]109号文件，原重庆市环境监测站、重庆市环境科学研究所更名为重庆市环境监测中心、重庆市环境科学研究院[以下简称"中心（院）"]，并启用新印章、举行所升院的挂牌仪式。

2005年，位于渝北区冉家坝旗山路252号的环境监测科研基地建成，实验室经一年多的内部装修，于2007年装修完毕。2007年10月，市环境科学研究院由江北区嘉陵一村37号搬迁至渝北区冉家坝旗山路252号。至2008年，职工人数增至171人，从事科研的人员近50人。

重庆市环境科学研究院设有"四川省广岛县、重庆市、广岛市酸雨交流中心"，是"长江暨三峡生态环境监测网"组长单位，被原国家环保局授牌"国家环境保护局长江暨三峡生态环境监测网中心站"（现为"环境保护部长江暨三峡生态环境监测网中心站"），重庆市科委授牌"重庆市三峡生态环境研究中心"、"三峡库区生态环境质量与污染防止技术研究重点实验室"，重庆市科委、市环保局授牌"重庆市青少年环境教育基地"等。

2. 期刊《三峡环境与生态》简介

《三峡环境与生态》是经新闻出版总署批准的集学术性、科技性和应用性于一体的国内外公开发行的环保科技期刊。该刊由重庆市环境保护局主管、重庆市环境科学研究院主办。本刊为双月刊，国内统一刊号为CN 50-1194/X，国际标准刊号为ISSN 1674—2842。

《三峡环境与生态》坚持以科学发展观为指导，宣传党和国家环境保护和生态建设的方针政策，反映环境科学理论研究成果，推广环境工程、监测、治理、管理的先进经验和技术，介绍环境保护产业发展动态，搭建环境科研学术交流平台，为促进三峡库区乃至长江中上游环境保护和生态建设工程服务。

《三峡环境与生态》面向全国各级环境保护行政主管部门、环境监测站、环境科学研究院、大型企业、高等院校等部门。本刊从多角度向读者介绍国内外环境保护的新成果、新技术和新动态，为广大环保科技工作者搭建学术交流平台。

3. 重庆市环境科学学会简介

1979 年 3 月，经重庆市科学技术协会同意，成立了重庆市环境科学学会，挂靠重庆市环境保护局。重庆市环境科学学会是重庆市关于环境科学研究领域的学术团体，至 2008 年学会会员 500 余人、单位会员 30 余个。学会设置有编辑工作委员会、学术工作委员会、宣传教育工作委员会、环境管理专业委员会、环境工程专业委员会、环境监测与评价专业委员会、环境医学和卫生学专业委员会、环境生态学专业委员会、环境化学专业委员会。

4. 重庆本地部分高校环境科研机构简介

① 重庆大学资源及环境科学学院。2000 年重庆大学、重庆建筑大学、重庆建筑高等专科学校三校合并后，组建了资源及环境科学学院。该学院下设采矿工程、环境科学、工程力学、安全工程四个系；矿山工程物理、工程力学和资源及环境工程三个研究所。至 2008 年，重庆大学资源及环境科学学院拥有教职工 107 人，中国工程院院士 1 人，教授 27 人，博士生导师 26 人，硕士生导师 49 人，具备强劲的科研实力。

② 西南大学资源环境学院。其前身为西南农学院土壤农化系，建

立于1952年，1994年经农业部批准更名为资源环境学院，2005年成为西南大学资源环境学院。该学院拥有省部级重点学科4个，农业部研究基地1个，农业部研究室4个，省部级重点实验室2个；农业资源利用博士后流动站2个，农业资源利用一级学科博士学位授权点1个，博士学位授权点5个，农业资源利用、环境科学与工程、林学一级学科硕士学位授权点3个，硕士学位授权点9个。学院师资力量雄厚，至2008年有在职教职工109人（其中具有博士学位的有42人），其中博士生导师15人，硕士生导师51人，教授22人。

③ 三峡库区水环境安全与生态环境重庆市市级重点实验室。三峡库区水环境安全与生态环境重庆市市级重点实验室由重庆市科学委员会2004年批准建设。该实验室依托重庆大学而建。

在队伍建设方面，固定配备的实验室人员达到36人，其中高级职称30人，中级职称6人；具有博士学位的25人，年龄层次结构合理，中青年人员占85%。2008年度实验室进站博士后4人、招收博士研究生29人、硕士研究生192人；出站博士后3人、授予博士学位16人、硕士学位122人。

截至2008年年底，实验仪器累计达391套（台），价值达到1 554万元，其中单价10万元以上购置经费达到1 165万元。

实验室是相对独立的科研实体，借鉴已有实验室管理的成功经验，实行由主任负责的开放公用的管理体制，充分发挥实验室的科研平台作用，达到科研资源的最大化利用。2008年6月通过重庆市科委组织的专家验收。

三、环境科研管理规章制度

一直以来，重庆市环保局十分重视环境科技管理工作。

1999年，出台了《重庆市环境保护局科技发展计划项目管理办法》（渝环发[1999]546号文件），文件包含22个条款。该文件明确，重庆市环保局是重庆市环保科技发展计划项目的行政主管部门。文件规定：重庆市环保科研项目实行合同管理；市环保局按合同进度下拨经费，项目承担单位必须按合同规定的内容和进度完成研究任务；环保科研项目以鉴定、评审、验收、总结、终止等五种形式结题；科研成果归投资方与承担单位共同所有；不按合同约定共享成果、被责令解除合同的单位及项目负责人，两年不再安排项目；在项目研究中弄虚作假，骗取研究经费或各种名誉、奖励者，一经查实，如数追回项目经费，撤销各种名誉和奖励，直至追究有关人员的法律责任。

2004 年 12 月，为进一步加强重庆市环保科技项目管理，规范管理程序，提高环境科研水平，重庆市环境保护局出台了《重庆市环境保护局环保科技项目管理办法》(渝环[2004]101 号文件)。该办法规定，市环保局科技监测处负责环保科技项目的日常管理，计划财务处负责环保科技项目的经费管理；50 万元以上的项目原则上通过招标确定承担单位；环保科技项目以鉴定、验收两种形式结题。该办法在责任追究方面的规定较渝环发[1999]546 号文件要求更严，该办法规定：不按合同约定单方占有环保科技项目成果的，5 年内不得承担环保科技项目；在项目研究中弄虚作假，骗取研究经费或各种名誉、奖励者，一经查实，如数追回项目经费，撤销各种名誉和奖励，并赔偿项目经费的 20%，且在 5 年内不得承担环保科技项目。

第二节　环境科研领域和内容

重庆市环境科研领域涵盖了环境管理调查与研究、水环境保护研究、大气环境保护研究、生态环境研究、污染防治研究、环境与健康等领域，为环境管理和决策提供了有效的科技支撑。

一、环境管理调查与研究

环境管理是国家环境保护部门的基本职能。它运用行政、法律、经济、教育和科学技术手段，协调社会经济发展同环境保护之间的关系，处理国民经济各部门、各社会集团和个人有关环境问题的相互关系，使社会经济发展在满足人们物质和文化生活需要的同时，防治环境污染和维护生态平衡。目前我国环境问题严重，原因是多方面的，但长期以来片面追求经济增长的发展模式，对环境疏于管理或管理不善或管理不力是其主要原因。

重庆市环境保护局在环境管理中注重从法制、决策机制、管理体制、环境文化、行政官员政绩评价体系、公众参与度、环境政策措施等多方面着手，不断开展污染源排放、环境现状、基层环境管理需求等调研活动，并根据环境管理的发展趋势开展相应研究与试点，制定宏观的或微观的环境保护规划、行动方案和标准规范等，为响应国家大政方针、满足地方环境保护发展需求起到了重要的指导性的作用。

重庆直辖以来，环境管理调查与研究工作主要有以下几个方面：

1. 污染源及环境质量调查

目前国内环境保护还广泛存在“三个说不清”，即污染源排放情况说不清、环境质量及其变化趋势说不清、环境风险说不清。针对这些问题，重庆开展了大量的污染源及环境质量调研工作，涵盖了水、气、声、渣、生态、辐射放射等多个环境领域，开展环境质量及污染源调研和评估工作项目上百个，投入资金近千万元。

大气环境方面，重庆着重在二氧化硫及颗粒物两方面开展调研工作。作为国内重要的两控区以及煤烟型和酸雨污染较严重的几个城市之一，重庆多年来在煤炭开采使用、煤质、工业和民用二氧化硫排放、近地面二氧化硫污染分布和浓度水平、酸雨分布、酸雨程度和频率等领域开展调研工作并取得了一定成果，初步掌握了全市工业及民用燃煤和二氧化硫排放情况、掌握了主城区及各区县城区二氧化硫环境质量状况、掌握了酸雨污染程度及时空分布特征等情况，为城区二氧化硫污染控制提供了依据和指导。2000 年以来，在一系列控硫措施下，主城及各区县城区环境二氧化硫浓度大幅度下降，各地日首要污染物已由可吸入颗粒物（PM_{10}）替代，颗粒物污染逐渐突出，因此，对颗粒物污染的调研和研究工作逐渐展开，主要开展的工作如《重庆城区 PM_{10} 污染特征、来源和控制对策研究》、《重庆市主城区交通颗粒物污染特征研究》等。

水环境方面，重庆主要集中对三峡库区水环境质量、营养状况以及工业和生活污染源排放情况开展调查。如《长江三峡库区工业废水、城市污水负荷调查与监测及城市江段水质监测》、《重庆市西部水污染调查与对策研究》、《榨菜行业污染物排放标准前期调研》、《三峡水库水体中营养盐与浮游生物分布特征研究》、《三峡水库成库前后水体中 N、P 分布特征》、《三峡库区重庆段水体中藻毒素的时空分布及环境化学行为研究》、《乌江流域“黑潮”问题调查研究》等。另外，为保障城乡居民人畜饮水安全，重庆还在全市多次开展了大规模的饮用水环境及水质调查评价工作，如《重庆市饮用水水源地基础环境调查与评估》、《三峡库区小城镇饮用水源健康风险评价》等。除此之外，各区县监测站在完成日常例行监测工作同时，也注重对本辖区内水污染的调研及分析工作。如各区县开展的《渝中区集中式饮用水地表水水源地水质监测专题报告》、《渝中区医院污水治理设施竣工验收监测专题报告》、《重庆市沙坪坝区西部新城地表水水质污染现状调查与对策建议》、《梁滩河沙区段水质调查报告》、《梁滩河沙区段十年水质分析报告》、《清水溪六价铬污染调查报告》、《重庆市沙坪坝区畜禽养殖业调查报告》等。

交通噪声是城市噪声污染的主要来源之一，重庆对声环境方面的调查主要集中在交通噪声方面，如《重庆市交通噪声现状及控制对策研究》、《主城区道路交通噪声源解析及控制措施研究》等。

在固废、生态、辐射放射等领域开展的调研工作主要有《重庆市固体废弃物调查研究》、《重庆市生态环境问题调查及对策研究》、《三峡库区（淹没区）土壤重金属背景调查研究》、《重庆市典型环境污染搬迁企业原址土壤环境质量调查》、《重庆市放射性污染源调查研究》等。

其他方面的调研工作如2000年开展的《重庆市环境保护相关产业基本情况调查与发展对策建议》、2001年开展的《嘉陵江大桥实施不停车电子收费道路机动车排放污染监测专项调查》等。开展的各项调研工作为重庆开展各项环境管理工作、制定各项政策措施起到了较好的导向性作用。

2. 环境保护计划的研究与制订

环境保护计划概念较广，包括污染防治、污染控制计划，自然环境保护计划，以及环境科学技术发展计划、宣传教育计划等；还包括在调查、评价特定区域的环境状况的基础区域环境规划等。

重庆在环境保护计划科研工作上主要包括研究和编制污染防治规划、流域整治规划、城镇环境规划，制订环境、生态保护行动方案等方面。

① 环境保护规划。重庆直辖以来开展的宏观层次的环境保护规划包括《重庆市水域分区规划研究》、《重庆市环境保护发展战略研究框架》、《重庆市环境保护"十一五"科技发展规划》、《重庆市环境保护"十一五"规划》、《重庆市"十一五"环境保护规划前期研究课题》、《重庆市"十一五"水污染防治规划研究》、《重庆市"十一五"大气污染防治规划研究》、《重庆市"十一五"污染物排放总量控制规划研究》、《重庆市"十一五"环保规划实施保障体系研究》、《重庆市都市环境保护规划》、《重庆市饮用水水源地环境保护规划编制》等。这些规划大部分研究性质较浓，不仅通过各种技术手段分析和预测了新时期的环境发展趋势，而且创造性地提出了新时期的环境目标以及达标方案和措施，为"十一五"新阶段的环境保护工作奠定了实施基础。

微观的环境规划主要是指区域、流域或某领域的环境规划。如小城镇环境规划、流域污染综合防治规划等。

对环境规划研究和编制在《重庆市环境发展规划》分册中有详尽阐述，本分册对此从略。

② 环境保护行动计划方案。

“四大行动”实施方案研究。环境保护行动计划方案是规划的深入开展，是环境保护大政方针、宏观环境目标落实的基础性前期工作，在环境保护工作中有着不可替代的重要意义。

重庆市卓有成效的“蓝天、碧水、绿地、宁静”四大行动实施方案于2001年开始策划和研究，2006年全部完成，并于2005年开始先后实施。项目由重庆市环境保护局组织开展，重庆市环境科学研究院为主要承担单位，清华大学、南开大学等单位参与协作。

“蓝天行动”简介。《重庆市主城区大气污染控制行动计划研究——重庆市“蓝天行动”实施方案》项目于2001年开始筹备，2005年正式实施。其研究时段长、方案涉及工作部门和领域广泛。项目在建立污染源排放清单、计算大气环境容量以及颗粒物采样分析和来源解析等工作的基础之上，通过总结历年各项大气环境改善措施及其取得的效果，分析改善大气环境质量面临的问题和原因，制订了2005—2010年行动计划目标，要求2005年，主城空气质量满足Ⅱ级的天数比例达70%；2006年达72%；2007年达75%；2008年达77%；2009年达79%；2010年达80%，并提出了主城区污染物总量控制目标。在控制措施方面，提出了包括控制扬尘污染、控制燃煤及粉（烟）尘污染、控制机动车污染、保护和建设城市生态环境、完善环境监控手段加强环境科学研究、建立和完善保障机制等六大方面共计27项控制及保障措施。2005年3月，重庆市政府第50次常务会审议通过并开始实施《主城“蓝天行动”实施方案（2005—2010年）》。2006年，项目获得重庆市科技进步二等奖，同时获得国家环境保护科学技术三等奖荣誉。

“蓝天行动”实施后，市环境保护局每年对“蓝天行动”方案实施的效果开展绩效评估工作，并于2007年进行了修编，形成了《重庆市主城“蓝天行动”实施方案修编》。修编后的“蓝天行动”实施阶段延长到 2012 年，实施范围也有所增加（对 A 类重点控制区范围从原 80 个街道镇扩大到 93 个街道镇，增加了部分城市组团）。主城空气环境质量目标修订为：通过一系列工程和监管措施，使重庆市未来几年（2008—2012 年）主城空气质量满足优良（Ⅱ级）天数的比例在全国 47 个重点城市中排名位次稳定在 40～42 位左右。2008 年主城空气质量满足优良（Ⅱ级）的天数不低于 282 天（比例达 77.0%）；2009 年不低于 290 天（比例达 79.5%）；2010 年不低于 300 天（比例达 82.2%）；2011 年不低于 302 天（比例达 82.7%），2012 年不低于 305 天（比例达 83.3%）。在方案措施上，对行之有效的做法予以保留，对重点措施进行深化，对不适合的措施进行调整，最终形成了包括控制城市扬尘污染、控制燃煤及粉（烟）尘污染、控制机动车排气污染、建立和完善保障机制在内的四大方面共 27 条措施。《重庆市主城“蓝天行动”实施方案修编》于 2007 年经市政府第 112 次常务会议通过，并于 2008 年开始实施。

通过“蓝天行动”的实施，重庆市主城区污染源布局得以优化，污染物排放量得到良好控制，空气质量改善明显。空气质量达二级天数已由方案实施前 2004 年的 243 天增加到 2008 年的 297 天，增加了 22.2 个百分点；综合污染指数也由 2004 年的 4.18 降低到 2008 年的 2.65，降低了 36.6 个百分点。目前“蓝天行动”实施良好，在重庆已经有口皆碑，实现了良好的环境效益、经济效益和社会效益。

“碧水行动”简介。《三峡库区重庆段水环境保护行动计划研究——重庆市“碧水行动”实施方案》项目在开展重庆市干支流和城市岸边水质现状调查及预测、重庆市污染物排放现状调查及预测、重庆市城市岸边水环境容量核算、三峡库区水体富营养化趋势预测等研究的基础上，结合环境保护目标、管理措施和污染防治工程，制订了重庆市“十一五”期间水环境保护的工作纲领，即《重庆市“碧水行动”实施方案（2005—2010）》。

与“蓝天行动”类似，“碧水行动”实施方案分为实施范围、目标、时段划分、主要内容、年度工作任务和目标任务分解等五个部分。其中实施目标分类较细，主要分水质目标（包括三江干流水质目标、次级河流水质目标和饮用水源水质目标三方面）、污染物削减目标（包括化学需氧量、氨氮和总磷的年度削减目标）和相关控制指标（包括分区域城市生活污水集中处理率、城市生活垃圾无害化处理率、工业废水处理达标率和规模化养殖场污染处理率等目标）。“碧水行动”实施措施方案主要包括实施饮用水源保障、城镇生活污染整治、工业污染防治、农村面源污染防治、船舶污染防治、次级河流综合整治、环境监控与风险防范工程、环境管理与科技创新工程等 8 大工程及其保障措施。“方案”于 2005 年 10 月 8 日由重庆市人民政府印发实施。方案实施后，每年定期对方案实施绩效进行考核和评估。为满足水环境保护发展趋势，2007 年同样开展了方案的修编工作，修编后的实施年限时段延长到 2012 年，实施目标、措施等方案内容也有一定程度的调整和增加。《重庆市“碧水行动”实施方案（2008—2012 年）》于 2008 年 10 月 20 日经市人民政府第 20 次常务会议通过并开始实施，原“碧水行动”实施方案终止执行。

“碧水行动”实施以来，化学需氧量等主要污染物排放量得到有效控制，影响重庆水环境质量的主要污染物浓度下降趋势明显，饮用水源达标率、城市生活污水集中处理率、城市生活垃圾无害化处理率、工业废水处理达标率和规模化养殖场污染处理率等指标数据上升显著。项目获得了较好的环境效益和社会效益。

“绿地行动”简介。重庆市“绿地行动”实施方案研究自 2005 年 1 月开始至 2006 年 5 月完成。项目评价了 2000 年以来重庆市生态环境保护与建设措施，对重庆市生态环境保护中存在的问题及其原因进行了系统的调查与分析，结合环境保护目标、管理措施和生态保护工程，制订了重庆市“十一五”期间生态环境保护的工作纲领，即《重庆市“绿地行动”实施方案》。“方案”具体内容分为实施范围、目标、时段划分、主要内容、年度工作目标任务分解等五个部分。在森林覆盖率、城市绿化覆盖率、城市人均公共绿地面积、治理水土流失面积、生态示范景区、环境优美小城镇和矿产资源开发生态恢复率等七个方面提出了具体的创建目标。在行动内容上，主要包括三峡库区生态功能保护区建设、农村小康环保行动、生物多样性保护、生态示范创建、生态人居优化、生态监管能力建设、人居生态安全、资源开发和基础设施建设的生态维护，生态文明等九大工程。“方案”针对部门职能进行了目标、任务分解和分工，制定了组织、制度和资金保障措施，确保“方案”的落实和开展。“方案”经重庆市政府2006年第66次常务会议通过，于2006年3月31日由重庆市人民政府印发实施。

“宁静行动”简介。重庆市“宁静行动”方案于2006年1月开始研究，12月完成。研究项目评价了“十五”以来重庆市环境噪声污染防治措施，分析了重庆市改善声环境质量面临的主要问题及原因，并结合环境保护目标、管理措施和噪声防治工程，制订了“十一五”期间重庆市声环境保护的工作纲领，即《重庆市“宁静行动”实施方案》。“方案”明确了实施范围、目标，以及实施阶段。要求2010年区域环境噪声平均值达到国家要求：主城区和其他区县城区不大于56分贝。2010年交通干线噪声平均值达到国家要求：主城区和其他区县城区不大于68分贝。城市环境噪声功能区达标率逐年提高，2010年主城区按小时计算的城市环境噪声功能区达标率昼间不低于85%，夜间不低于50%；其他区县城区按小时计算的城市环境噪声功能区达标率昼间不低于88%，夜间不低于80%。提高城市建成区环境噪声达标区覆盖率，全市每年提高4.5%，2010年达到60%。其中，主城区每年提高5.3%，2010年达到65%；其他区县每年提高3.7%，2010年为54%。2010年全市新建环境噪声达标区面积270平方千米，平均每年增加54平方千米。并提出推进“安静居住小区”建设，5年累计建成120个市级“安静居住小区”。在“方案”措施上，“方案”提出了合理规划布局及调整城市噪声功能区、工业噪声防治、建筑施工噪声污染防治、交通噪声污染防治、社会生活噪声污染防治、加强噪声污染监管和达标区创建等 6 个方面的内容。并对具体的工作任务和目标任务进行了年度分解，制定了强有力的保障体系，具有较强的针对性和可操作性。《重庆市“宁静行动”实施方案（2006—2010 年）》经重庆市人民政府第 87 次常务会议通过，2007 年开始正式实施，它为改善重庆市的声环境质量提供了重要技术支撑。

环境应急、预警及其他环境保护行动计划研究。为完善重庆环境管理体系，保障群众生命、财产安全，重庆还在环境预警和应急工作上展开研究，如重庆市环境保护局、重庆市科委组织开展的《重庆市主城区环境空气质量预报系统研究》、《重庆环境污染事故预测及应急系统研究》、《三峡库区水环境安全预警平台建设与科学决策关键技术研究》、《三峡库区特征污染物的人群健康危害、健康风险评价和预警体系建立的基础与应用研究》等科技攻关项目。2009 年 7 月《三峡库区水环境安全预警平台建设与科学决策关键技术研究》项目完成研究工作并通过验收，实现了水污染重大事件决策预警模型的可视化技术等 3 项重大技术突破，建立了集综合信息数据共享、预警决策、应急响应和信息发布为一体的三峡库区水环境安全预警平台，实现与重庆市水环境监测系统、气象预报系统、地震监测预警系统的互联。《三峡库区特征污染物的人群健康危害、健康风险评价和预警体系建立的基础与应用研究》处于研究中，项目完成后，还将摸清并建立三峡库区特征污染物对人群健康危害的基本规律和防治方法，建立三峡库区水环境安全预测预警体系。

另外，重庆直辖以来还开展了《重庆市污染源调查行动计划》、《重庆市工业、城市、交通污染源调查及动态数据库建设行动计划》、《重庆市化学需氧量减排实施方案》、《重庆市二氧化硫减排实施方案》等项目研究，为重庆市各项环境管理工作的顺利开展奠定了良好的基础。

3. 环境标准/规范体系的完善

重庆直辖以来在环境标准/规范体系的完善工作上包括制定行业性的地方排放标准和监测规范（监测规范将在第四章第四节环境监测技术研究中阐述），研究和制定地方性环境管理、环境评价类规范等工作。各类标准、规范的制定和实施为重庆环境管理工作的开展与完善打下了基础，同时对地方标准、行业标准和规范的研究也为国家层面的标准、规范的制定做好了技术铺垫，见表 3-1。

表 3-1 重庆直辖以来主要环境标准、规范研究项目

项目名称	项目类型	结题时间
重庆市环境准入指标体系研究	规范研究	2006.12
重庆市环境质量地方评价体系研究	规范研究	2007
重庆市基础设施类建设项目环境影响评价技术规范，环境保护管理规定研究	规范研究	2006.11
重庆工业清洁生产水平评估方法研究	规范研究	2008.5
重庆市无公害标志产品技术要求——室内装饰装修用黏合剂	规范研究	2004.6
重庆市造纸工业水污染物排放标准	标准	2008
重庆市制定在用机动车排气污染物地方标准论证报告	标准	2002.12
重庆市锶盐工业污染物排放标准	标准	2005.10
重庆市点燃式发动机汽车排气污染物遥感测量方法及限值的前期调查研究	标准	2008.3
重庆市水泥工业大气污染物排放标准	标准	2007.4
重庆市燃煤电厂大气污染物排放标准	标准	2007.4
重庆市钢铁行业大气污染物排放标准	标准	2007.4
重庆市造纸工业水污染物排放标准	标准	2008.3
重庆市建筑工地降尘排放标准及测量方法	标准	2007.4
榨菜行业污染物排放标准前期调研	标准	2007.11

4. 环境保护工作绩效评估

在环境管理过程中，重庆市定期和不定期地对重要的环境政策、环境保护措施的落实情况、效果和效益展开评估，实时掌握环境管理的反馈信息，实现环境的动态管理，保障环境保护工作的持续性、有效性。自 1997 年直辖以来，开展的绩效评估工作如每年开展的“四大行动”绩效评估，另外如 2003 年开展的《重庆市清洁能源工程实施后的绩效评估》、《重庆市禁止使用和销售含磷洗涤剂措施效果评估研究》，阶段性的环保工作绩效评估如《重庆市环境现状及“十五”环保绩效评估》以及《重庆市建筑节能措施的环境绩效评估》等项目。

综上所述，通过直辖以来大量开展的环境管理调查与研究工作，初步摸清了重庆主要污染物排放、污染现状，找到了重点环境问题所在，并有针对性地开展了防治对策的研究，出台了一批标准、规范，制订了一揽子整治规划、方案，实施了一系列重大工程项目并开展了实时评估，为健全地方环境法律法规体系、科学决策、有效管理以及管理体系的不断自我完善起到了重要的先导性作用。

二、大气环境科学研究

重庆历来有“山城”、“雾都”之称，燃煤含硫率高，地理气象条件不利于大气混合流通，随着近几十年经济的快速发展，大气污染物排放量增大，大气环境污染问题日益突出，是我国重要的酸雨与二氧化硫控制区。因此，大气环境科学研究成为重庆市环境科学研究中最重要的领域之一。从 20 世纪八九十年代开始，重庆市在酸雨研究方面就做了大量工作，包括与国外的合作项目以及自主研究项目，酸雨与二氧化硫防治一直是研究的重点。进入“十一五”，随着酸雨和二氧化硫污染的逐步减缓以及社会经济的发展，大气环境问题也在发生着变化，颗粒物逐渐成为影响大气环境质量的首要污染物，大气环境科学研究重点也逐渐向颗粒物污染和尘的控制研究上转移。直辖以来，重庆市在大气环境科学领域的重点研究有二十余项，主要的研究部门是重庆市环境科学研究院。

1. 酸沉降研究

酸沉降研究是重庆市在大气环境领域开展较早的研究，从 1991 年开始，针对重庆市燃用本地产高硫煤，造成严重的酸沉降大气污染的问题，重庆市环境科学研究院进行了重庆酸沉降定点观测与趋势研究，该项目通过六年的观测研究，建议重庆市重新考虑现行的煤炭工业政策，有关部门应采取各种行政、经济的手段与措施，促进重庆市高硫煤的关闭和优质低硫煤的调入。该成果为重庆市政府有关决策部门贯彻大气污染防治、SO_2及酸雨控制区有关环境法规的实施提供了科学依据，得到原国家环保总局、重庆市计委、重庆市环保局、重庆铁路分局等部门的肯定及参用，并获得 2000 年度重庆市科技进步三等奖。

早在 1993 年，日本就发起了东亚酸雨监测网络项目，重庆和日本广岛在缔结友好城市的基础上，于 1994 年 10 月成立了“四川省，广岛县，重庆市，广岛市酸雨研究交流中心”。1998 年，中国参与到东亚酸雨监测网络中，该网络目前有 10 个国家参加，分别为日本、中国、韩国、马来西亚、泰国、印度尼西亚、菲律宾、蒙古、越南和俄罗斯。重庆市作为参加东亚酸雨网的四个中国城市之一（其余三个为西安、厦门和珠海），按照东亚酸雨监测网络的要求，在重庆市设置了三个监测点长期进行降雨的采集和数据分析，积累了大量数据。目前，该项目仍在进行中。

1996—1999 年，为了制定影响文物保护的大气酸沉降环境质量标准及防护对策，市环境科学研究院等单位选择了四种常见馆藏文物（青铜器、铁器、碳钢、陶片）进行挂片暴露试验，揭示了馆藏文物试片的腐蚀损害与大气酸沉降污染浓度有关，并提出了馆藏文件保存的酸沉降大气环境质量及温、湿度、气象参数的建议标准，为重庆当时即将兴建的三峡博物馆馆内环境条件的选择提供了科学依据。本项研究成果已被国家文物部门制订《文物环境影响评价》报告书采用，并被国家文物部门编写的《中国文物环境保护纲要》（草稿）参用。

2000年初，重庆市实施“清洁能源”工程，并于2001年6月完成，其主要内容是主城区内1 153台10蒸吨/时及以下燃煤锅炉、1 500台燃煤茶水炉全部改用天然气、轻质油、电、液化石油气等清洁能源。为了评估清洁能源工程所带来的环境效益，2003—2004年进行了重庆市清洁能源工程与酸雨状况变化的相关性研究，首次分析了清洁能源工程实施与酸雨变化的相互关系，结果表明二氧化硫和颗粒物的排放对降水酸度、电导率等起着重要作用，在一定程度上论证了清洁能源工程实施对减轻重庆市主城区降水污染有明显效果，对今后酸雨的治理和预防以及重庆市环境污染治理和环境管理决策提供了重要参考。

2. 大气环境污染控制规划和总量控制

大气污染控制规划和总量控制为大气环境管理提供了至关重要的科学依据，为保证人类生产、生活活动的正常进行，必须有计划、有步骤地进行大气环境污染的控制规划和总量控制，以保持环境与社会经济的协调发展。

大气污染物总量控制是“区域大气污染物允许排放总量控制”的简称，是指对给定区域内某种大气污染物允许排放总量的控制。总量控制是在浓度控制的实践中应运而生的。由目标总量控制转为容量质量控制是实施环境管理的必然趋势。总量控制法自20世纪70年代末由日本提出以后，在日本、美国等发达国家得到了广泛应用，并取得了良好的效果。我国关于总量控制方面的研究起步较晚。2000年9月新修订的《中华人民共和国大气污染防治法》开始实施，其中第15条规定“国务院和省、自治区、直辖市人民政府对尚未达到规定的大气环境质量标准的区域和国务院批准划定的酸雨控制区，二氧化硫污染控制区，可以划定为主要大气污染物排放总量控制区。主要大气污染物排放总量控制的具体办法由国务院规定”，使得总量控制在推行中获得了强有力的法律支持。同时，我国正处于市场经济的发展过程之中，企业日益成为市场的主体，政府对企业的干预只能通过宏观调控来实现。

1991—1996 年开展的《重庆市大气污染控制规划研究》，是依靠科技振兴重庆的“八五”重庆科技攻关计划项目，也是国家科委国际合作局 1991 年与英国海外开发署签订的科学技术合作协定并由重庆市科委执行的国际科技合作项目。为之后的重庆市大气污染控制规划提供了重要参考。1994—1997 年，为了适应国家环保局关于建立两控区的新规定以及环境管理从传统的浓度控制向总量控制的战略转移，开展了《重庆地区大气硫污染总量监测和总量控制研究》，由原来单纯的大气 SO_2 浓度观测拓展为重庆地区大气硫污染总量监测总量控制。该研究开发的模式弥补了单纯以浓度高低论环境污染轻重的传统认识的不足，实现了生态环境保护与总量控制定量的结合。

1998 年的《重庆市酸雨控制区二氧化硫污染综合防治规划研究》是根据国家环境保护总局文件环发[1998]27 号“关于印发《贯彻〈国务院关于酸雨控制区有关问题的批复〉的行动方案》和《酸雨控制区和二氧化硫污染控制区二氧化硫污染综合防止规划编制大纲》的通知”而开展的。为了实现工业源 SO_2 浓度达标排放，实现总量控制以及环境空气中 SO_2 浓度满足国家二级标准要求，该研究在分析重庆市 SO_2 污染现状的基础上，通过方案优化组合，提出了控制目标、宏观战略性综合防治规划措施、污染控制措施综合方案、综合防治方案资金筹措、环保监督措施和经济措施以及经济管理政策，为市政府进行 SO_2 污染防治决策提供了科学依据。

2002—2004 年研究完成的《重庆市主城区大气污染控制行动计划研究——“蓝天行动”实施方案》（以下简称“蓝天行动”）是 2001 年由

重庆市政府下达、重庆市环保局牵头组织的一项中长期的大气污染控制规划（在“环境管理调查与研究”部分已详细阐述）。

2008年开展了《重庆市主城区二氧化硫污染控制战略研究》以2005年为基准年，以主城区2 737平方千米为研究范围，利用大气扩散模型，模拟典型气象过程和不同季节的主城区二氧化硫浓度场分布和各类污染源的浓度分担率，根据能源结构、产业结构及布局、城镇发展及布局、污染防治措施等方面的规划及政策分析并预测这些发展对二氧化硫排放以及扩散的影响；采用近-中距离污染物输送模式，模拟计算周边地区大型高架源（如双槐电厂、广安电厂以及规划新建的火电厂等）排放的二氧化硫对主城区二氧化硫浓度的贡献比率；最后，基于以上研究结果，提出了二氧化硫浓度达标的战略规划，并通过分析区域总量控制、能源与产业结构调整、工业布局调整、污染治理等措施的环境效益、经济成本和社会影响等，提出了合理、科学的优化措施建议。

3. 颗粒物研究

颗粒物是指大气中的固体或液体颗粒状物质。颗粒物可分为一次颗粒物和二次颗粒物。一次颗粒物是由天然污染源和人为污染源释放到大气中直接造成污染的颗粒物，例如土壤粒子、海盐粒子、燃烧烟尘等。二次颗粒物是由大气中某些污染气体组分（如二氧化硫、氮氧化物、碳氢化合物等）之间，或这些组分与大气中的正常组分（如氧气）之间通过光化学氧化反应、催化氧化反应或其他化学反应转化生成的颗粒物，例如二氧化硫转化生成硫酸盐。煤和石油燃烧产生的一次颗粒物及其转化生成的二次颗粒物曾在世界上造成多次污染事件。

进入“十五”，重庆市大气污染物的研究重点逐步拓展到颗粒物上，颗粒物的研究开始于“十五”时期，“十一五”以来的研究较多。2000—2003年，重庆市进行了《大气颗粒物来源解析及控制对策研究》。该研究采用分区域解析技术，研究了重庆市颗粒物排放源贡献的空间分布特征，指出了重庆市颗粒物污染防治的重点源类依次为：扬尘、建筑尘、燃煤尘、钢铁尘和机动车尾气尘，同时指出了各类源治理的重点区域，并根据颗粒物的来源解析结果，提出了颗粒物污染按源类治理的重点及治理对策。

在烟尘尤其是工业粉尘的排放得到了有效控制的同时，城市细颗粒物的污染问题日渐突出，城市颗粒物中的可吸入颗粒物（PM_{10}）对人类和环境的危害很大，其浓度与城市居民各种慢性病发病率、癌症及其死亡率有很强的相关性；PM_{10}也是导致全球气候变化、大气光化学烟雾事件、酸沉降和臭氧层破坏等重大环境问题的重要因素。此外，PM_{10}还对大气能见度产生极大的影响，表现在细颗粒物质的散光效应、炭黑以及含炭黑粒对光的吸收作用等方面。PM_{10}已成为重庆市最主要的空气污染物。2000—2006 年，重庆市针对可吸入颗粒物 PM_{10} 做了大量研究工作，包括建立起重庆市主城 PM_{10} 源成分谱数据库；揭示重庆市 PM_{10} 的污染特征；探索源解析技术，利用 CMB 模型解析主城区 PM_{10} 来源及其贡献率；研制出满足广大区县和厂矿现场环境监测需要的 PM_{10} 小流量自动连续采样仪。这些基础性研究为重庆市 PM_{10} 污染的综合控制提供了对策参考，另外，重庆市主城区 PM_{10} 源解析已经成为每年的例行工作，对于颗粒物的研究也在不断深入和拓展。

另外，还开展了城市交通环境的颗粒物污染研究，主要有以下两项。

1997—2000 年，《重庆城区机动车排放污染及控制对策研究》获得了重庆城区主干道机动车排放污染物（CO、NO_x、HC）的时空分布浓度分担率；应用并开发了美国 EPA 推荐的 MOBILE5 模式，首次计算得到了重庆城区道路机动车污染综合排放因子（克/千米）；设计并成功推行了在用车检查/维护（I/M）制度试验，可操作性强，被政府部门用以制定环境决策；提出了“合理调校、专项处理、发动机大修”三个层次的在用车排放超标治理的技术实施方案和工艺流程图；该项目为治理控制重庆机动车排放污染提供了良好的技术支撑，于 2002 年 6 月荣获重庆市人民政府颁发的 2001 年度重庆市科学技术奖三等奖。

2003—2005 年开展的《城市交通环境颗粒物污染特征研究》，监测和分析了主城区典型道路 PM_{10} 和 $PM_{2.5}$ 的空间分布和化学特征；应用 PART5 排放模型建立包括各类机动车、道路扬尘、轮胎磨损和刹车板磨损在内的各类道路源 PM_{10} 和 $PM_{2.5}$ 的排放因子；确定了典型道路 PM_{10} 和 $PM_{2.5}$ 的源排放总量、重要化学成分排放总量和各类道路源的排放分担率；提出了重庆市交通环境颗粒物污染的综合控制对策。该课题对交通干道颗粒物的水溶性离子组分、碳组分（有机碳、无机碳）以及污染浓度的垂直和水平距离分布研究，特别是交通干线垂直分布特征的研究在国内具有创新性。该研究填补了重庆市交通环境大气颗粒物研究方面的空白，为了解大气颗粒物的来源、污染特征和有效控制交通环境颗粒物污染提供了大量基础数据。

4. 大气污染与气象的相关性以及空气质量预报

2001—2004 年，《重庆市主城区环境空气质量预报系统研究》建立了主城区环境空气质量预报系统，实现了对三种污染物——二氧化硫、二氧化氮和可吸入颗粒物的浓度预报。该预报模型精度较好，在全国处于较好水平，该研究成果已应用于重庆市主城区空气质量预报实际工作中。重庆市主城区空气质量每日预报结果在中央一台晚间“环境气象服务”中发布，同时在重庆卫视、重庆电视第四频道、重庆晨报、重庆人民广播电台发布，产生了良好的社会效益。

2001—2003 年进行的《重庆市主城区雾害形成机理、变化规律及其与大气污染的关系研究》，是重庆市科委 2000 年重点科技攻关项目。该研究通过大量历史资料分析、外场加密观测、数值模拟等手段研究重庆雾的变化规律、物理化学特性及形成原因，科学回答了重庆雾是“水雾”还是“烟雾”问题；首次合理解释了雾日减少和能见度下降的原因；基本弄清雾中凝结核的主要来源；对复杂地形的数值模拟取得令人满意的结果；进一步加深了对各类雾形成的大气环流的认识；采用的技术方法促进了雾害预报水平的提高；提出了切实可行的雾害治理对策措施。该项目荣获2004年度重庆市科技进步三等奖。

2005年，在主城区2001—2005年的气象条件和大气环境质量监测数据的基础上，对重庆市主城区空气质量与气象的相关性进行了研究，寻找到不利污染物扩散的时间、频次，重点研究了降水、气压、湿度和雾对大气污染物特别是 PM_{10} 扩散的影响，寻找出不利污染物扩散的天气类型；并根据地面天气形势和有关气象要素，结合源解析结果，提出了实现“蓝天行动”目标所要采取的污染控制对策措施。该研究为大气环境污染预报预警系统的建立、未来大气环境质量污染形势分析及城市建设规划和布局提供了技术支持。

5. 大气污染物排放标准

为了保护生活环境和生态环境，实现环境空气质量功能区达标，重庆市结合本市实际，制定了严格的大气污染物排放地方标准，如为了控制燃煤电厂的大气污染物排放，促进火电行业的技术进步和可持续发展，制定了《重庆市燃煤电厂大气污染物排放标准》(DB 50/252—2007)，该标准2007年12月20日发布，2008年7月1日实施，适用于重庆市辖区内使用单机容量在200兆瓦及以上燃煤发电机组的火电厂，重庆市辖区内单机容量在200兆瓦以下燃煤发电机组锅炉执行国家标准。为控制水泥行业的大气污染物排放，促进水泥行业的结构调整和技术进步，制定了《重庆市水泥工业大气污染物排放标准》(DB 50/251—2007)，该标准2007年12月20日发布，2008年7月1日实施。

6. 其他大气环境科学研究

直辖以来，重庆市大气环境科研除了在上述领域进行了较多的研究外，还在大气污染与经济损失、控制空气有毒物质等方面进行了研究。

2007 年进行的《重庆市大气污染对建筑材料腐蚀的经济损失评价》，获取了不同建筑材料的损害阈值、维护更换费用或成本等技术参数；核算出重庆市各区县城市建成区大气污染对建筑材料腐蚀的经济价值量。

1996—1998 年，《重庆空气重点控制有毒物质研究》以化工、医药、皮革、冶金、造纸、机械、煤炭、电力、建材、食品饮料、烟草加工、公用事业等主要行业的废气中有毒有害物质（含气态或总悬浮微粒中存在的有毒有害有机物和无机物）为研究对象，在调查上述主要行业 100 余家污染源基本情况的基础上，查出重庆空气中存在着的 120 余种有毒有害污染物，确立了科学、合理的筛选原则、筛选程序、筛选方法、评分标准和量化处理有毒有害污染物的方法，由此筛选确立出重庆空气重点控制有毒有害物质 39 种（类），优先选取控制的有毒有害物质 27 种（类），并提出重庆空气重点（优先）控制有毒有害物质的控制标准、监测方法、废弃处理建议，为重庆环境管理提供了科学依据，为建立地方监测技术作出了一定贡献。

综上所述，重庆通过多年的大气环境科学研究，基本识别了大气环境污染的主要问题、污染状况和变化趋势，分析并掌握了重点污染物污染的原因和机理，为重庆市大气环境污染控制和管理提供了良好的技术支撑作用。值得一提的是，在长期的酸雨和二氧化硫污染及控制研究上，重庆以重大课题为依托，建立研究平台，联合国内外知名研究机构，引进专业人才，争取英国、挪威、美国、日本以及世行贷款等国际资金，开展了具有国际影响力的重大课题研究，前所未有的深入研究了区域大气二氧化硫、酸雨污染状况和污染机理，制订了相关污染控制的远期规划，为后来诸多管理政策和控制措施的出台提供了正确的导向，也为二氧化硫环境浓度的持续下降和达标奠定了坚实的基础。所开展的研究工作和思路逐渐成为国内硫污染研究领域的典范，同时也培养了一大批优秀研究人才，提高了相关研究机构的国际国内知名度。迄今为止，重庆的酸雨监测、控制和研究工作还走在国内前列。

三、水环境科学研究

重庆市位于三峡库区腹地，江河纵横，水系发达。全市总计有流域面积大于 50 平方千米的河流约 374 条，其中流域面积大于 100 平方千米的长江一级支流 37 条。重庆市境内绝大多数河流分别注入长江、嘉陵江和乌江，均属长江水系，少数河流注入汉江、洞庭湖等水系。

由于自然条件、水污染状况等原因，水环境保护历来是重庆环境保护的重中之重。尤其是三峡库区蓄水以来，库区河道属性及水文特征变化显著，支流回水河段加长，干支流流速明显变缓，水体自净能力变差，加之沿岸工业、生活污废水和农业面源污染严重，库区整体水质显著受到影响，严重威胁到库区 2 000 万人口及牲畜的水源安全问题，因此三峡库区水环境保护工作历来是重庆乃至国家环保工作的重点，水环境科学研究在重庆环境科学研究工作中也具有不可替代的地位。自直辖以来，重庆开展包括省部级在内的大小课题研究百余项，参研单位包括重庆市环境科学研究院、重庆大学、西南大学、重庆工商大学、第三军医大学、重庆医科大学以及多个环保公司等。

从研究对象来看，重庆水环境科学研究主要集中在三峡库区及饮用水源的研究上；从研究内容上看，又主要集中在污染源现状、水体水质状况和富营养化现状及其发展趋势等三个方面。

1. 污染源现状研究

为摸清污染源排放、污水负荷等状况，重庆开展了《长江三峡库区工业废水、城市污水负荷调查与监测报告及城市江段水质监测报告》、《三峡库区水中持久性有毒物质（PTS）污染物来源调查》、《重庆市主城区城市污水对饮用水源水质的影响研究》、《重庆市餐饮业废水中污染物排放系数研究》等项目。通过研究，掌握了三峡库区接纳的城市污水、工业废水量及其地域和行业分布情况，掌握了库区城市江段总体水质及其主要影响因子和主要污染源的分布情况，掌握了 PTS 主要污染来源和分布，得出了主城区城市污水截流后饮用水源水质将极大改善的结论，同时也确定了重庆市餐饮业废水中污染物排放系数，获得了从污染源到水体水质领域的宝贵的监测和研究数据，对重庆市水环境科学研究具有积极的指导意义。

2. 水质状况研究

为摸清全市水体污染状况及水质概况，1997 年以来重庆陆续开展了一大批科研项目。直辖之初，重庆相继开展了《三峡水库大江截流前重庆库段干流水质背景调查》、《三峡库区重庆段截流前水环境背景值调查》项目研究工作，针对三峡水库成库前重庆三江干流和部分次级河流水环境状况进行了较详细的监测和评估，通过研究，课题得出了“长江三峡库区重庆段水环境成库前已受到普遍污染，次级河流污染最突出，城市及工矿企业分布集中的区域附近水体污染十分明显”以及“水环境以有机物污染为主，主要污染物为大肠杆菌、石油类、非离子氨、COD_{Mn}、BOD_5 等，其中大肠杆菌普遍超标；局部存在有毒有害物质污染”等结论。项目还针对成库前后的水环境监测和保护工作提出了建设性意见和建议，为成库后库区开展相关工作提供了决策依据。

为确保库区水质安全，三峡库区截流后，针对库区水体流速变缓、水文特征改变情况下水体自净能力是否减弱、河口等敏感区域水质是否恶化、饮用水源是否污染、环境风险是否加大等疑问，重庆又陆续开展了《三峡库区主要次级河流河口污染物富集特征研究》、《重庆市西部水污染调查与对策研究》、《三峡库区（重庆段）水域持久性毒物污染现状调查》等项目。其中《三峡库区主要次级河流河口污染物富集特征研究》为截流早期开展项目，项目以长江一级支流花溪河为研究对象，收集分析了截流早期河道的水文、水质特征，调查了主要污染物种类及数量，建立了河口的泥沙淤积、污染物对流扩散数学模型和生态模型，分析了花溪河在三峡水库正常运行情况下的污染状况，并定性分析了其他几条次级河流的污染物富集情况，项目研究成果对三峡库区次级河流的水污染控制规划和管理具有重要的参考价值；同年开展的《重庆市西部水污染调查与对策研究》项目主要分析了重庆市水环境质量现状，在西部发展与水环境问题综合分析的基础上提出水污染控制规划建议；《三峡库区（重庆段）水域持久性毒物污染现状调查》项目为近期研究项目，其中《三峡库区（重庆段）水域持久性毒物污染现状调查》项目研究时段为 2004—2006 年，项目选取三峡库区重庆段水域各干流及主要支流的典型断面水中持久性有机毒物的污染状况为研究对象，研究内容包括：筛选水体中常见的、具有代表性的、主要的持久性有毒物质诸如多环芳烃、邻苯二甲酸酯类等作为研究的重点对象；建立比较成熟的样品的前处理流程以及分析方法；并对典型断面水体水样和部分鱼类进行检测分析，取得了典型断面持久性有毒物质的浓度水平和分布规律等基础数据。

在关注三峡库区水环境状况的同时，响应国家对全国城乡饮用水源安全的重视，重庆也加大了对全市城乡饮用水源水质安全的研究和保护力度，尤其是为编制《重庆市饮用水源地环保规划》，重庆先后组织开展了《三峡库区小城镇饮用水源健康风险评价》、《重庆市城市饮用水水域水质安全保障规划研究》、《重庆市主城区城市污水对饮用水源水质的影响研究》、《重庆市饮用水水源地基础环境调查与评估》等项目。通过对饮用水源地社会经济状况、周边环境状况和水环境质量、主要污染负荷来源等情况的调查，发现并提出了重庆市在饮用水源保护方面主要存在的问题和难点，通过相关评价模型的引用、建立，对饮用水源水质健康进行了评价，在此基础上，提出了重庆市饮用水源保护在宏观和微观方面的决策与措施，为《重庆市饮用水源地环保规划》的制订打下了坚实的基础。

水环境质量研究项目的开展使重庆初步掌握了蓄水前后三峡库区主要干支流水体水质变化状况及趋势，掌握了全市饮用水源总体水质情况及潜在风险，初步解决了水环境保护工作中的“三个说不清”问题，为重庆的水环境管理提供了重要的依据和导向。

3. 富营养化研究

由于各种历史原因，重庆境内河流、湖泊污染较重，氮、磷等营养物质含量较高。尤其是三峡库区蓄水以来，由于河道流速变缓、泥沙沉积等原因，在部分支流河口和回水区域构成了富营养化发生的温床，“水华”事件频频发生，库区水环境安全受到严重威胁。鉴于此，重庆自 2003 年以来，逐步加大了对库区富营养化问题的研究工作力度，以期通过了解三峡库区水体营养状态及其分布规律，掌握其富营养化发生机理及其发展趋势，探索库区富营养化防治手段和方法，保障库区水环境安全。

2003 年至今，重庆相继开展了《乌江流域“黑潮”问题调查研究》、《三峡库区次级河流富营氧化防治研究》、《三峡库区典型支流河口回水区富营养化潜势研究》、《重庆市重大环境安全及污染控制关键技术研究——三峡库区典型支流回水变动区富营养化防治关键技术研究与示范》、《三峡水库水体中营养盐与浮游生物分布特征研究》、《三峡水库成库前后水体中 N、P 分布特征》、《重庆三峡库区富营养化监测及优势藻类鉴别技术规定研究》、《三峡库区重庆段水体中藻毒素的时空分布及环境化学行为研究》、《三峡库区支流库湾营养状态及营养盐输出》等一大批富营养化相关项目。

其中《乌江流域“黑潮”问题调查研究》是重庆在富营养化研究领域较早开展的课题之一。研究在现场调查、观测和监测分析的基础上，从水文、气象、水质及污染来源等多方面分析了乌江“黑潮”发生的原因、规律以及对三峡水库水质的影响，明确了当地藻类优势种为适宜动水环境的绿藻和硅藻，提出乌江“黑潮”的实质是上游水库富营养化造成藻类大量繁殖，在流入河道后得到两岸污染源的营养补充，藻类进一步繁殖增生，造成乌江水体大面积变黑的结论，并对三峡成库后乌江“黑潮”的发展趋势作出了预测。研究成果为社会各界了解乌江“黑潮”的实质以及政府部门治理乌江富营养化、遏制“黑潮”危害提供了科学依据。

《三峡库区次级河流富营氧化防治研究》课题从2001年开始研究，2003年完成，历时3年时间，其在分析监测结果的基础上对三峡库区次级河流的营养化程度以及产生的原因作了较为全面地分析和阐述；对三峡水库成库后次级河流的营养化发展趋势和发生“水华”的概率作了预测，提出了三峡库区次级河流水体富营养化防治对策和措施。该项目成果为制订三峡库区水环境保护政策和决定环境污染治理的投资方向提供了科学的基础信息，在三峡库区生态及水环境管理方面得到了应用，成为环境管理部门制订水环境管理政策和流域水污染防治规划的依据。

为摸清三峡库区典型水体富营养状况及其富营养化发展趋势，重庆利用近5年的时间完成了《三峡库区典型支流河口回水区富营养化潜势研究》项目。本课题是国家科技部“十五”科技攻关计划课题《水环境安全关键技术研究与示范》的子课题，研究内容包括：围绕三峡库区富营养化潜势预测开展了适用于库区次级河流富营养化预测的生态动力学模型的开发研究；库区次级河流回水河段营养盐的主要来源和输入负荷研究；库区次级河流流域自然气候、水流状况等环境条件研究；库区典型次级河流营养状况的原型观测研究。在上述研究取得成果的基础上，对库区内的大宁河、小江、乌江三条典型支流不同蓄水位回水段的富营养化潜势进行预测，并利用其预测结果对库区其余的33条受三峡水库蓄水影响的次级河流的富营养化潜势进行类比分析研究，并有针对性地提出防治库区次级河流回水河段富营养化的对策措施。本课题的研究成果对三峡库区次级河流的富营养化防治提供了科学支撑。

另外，《三峡水库成库前后水体中 N、P 分布特征》、《三峡库区支流库湾营养状态及营养盐输出》、《三峡水库水体中营养盐与浮游生物分布特征研究》、《重庆三峡库区富营养化监测及优势藻类鉴别技术规定研究》、《三峡库区重庆段水体中藻毒素的时空分布及环境化学行为研究》等项目分别从营养状况和藻类两方面研究了其时空分布特征及相关性，在一定程度上掌握了营养盐、自然条件与藻类或叶绿素之间的关系，在三峡库区富营养化发生机理研究领域进行了较为有意义的探索。

通过 7 年左右时间的研究，重庆初步掌握了库区富营养化发生的时空特征、自然条件、优势藻类、营养物质主要来源等富营养化现状情况，在富营养化发生机理研究上有所突破；通过进一步研究，进行了库区河流富营养化的潜势预测和分析，评估了富营养化发生的风险，建立了三峡库区地表水富营养化监测技术规范，并提出了一系列有针对性的富营养化防治措施。

同时，在科技部、重庆市环保局、重庆市科委等单位的资助下，重庆还在富营养化防治实用技术方面开展了大量课题研究，具体研究项目及成果将在本节第四部分污染治理实用技术研究中介绍。

如上所述，直辖以来，重庆以三峡库区为重点，以摸清水污染现状、趋势和污染原因、保障水环境质量为目的，陆续在水环境质量、污染源分布、水体富营养化、饮用水源保护等领域开展调查和研究，政府部门、监测机构、科研单位、大专院校、环保企业等部门积极参与，形成了重庆水环境科学研究领域百家争鸣、产学研完美结合的有利境况。历年来，通过完成的多项重大水环境研究课题，为库区、主要河流和饮用水源的环境管理、污染源整治提供了思路，有效保障了重庆水环境质量的稳步改善，也为重庆人民的健康作出了应有的贡献。

四、污染防治实用技术研究

经过多年的发展，重庆市在环境污染防治适用技术研究方面形成了以环保局、科委为领导，以高校、科研院所和环保企业为主的，注重产学研相结合的综合性科学研发团队，并在水污染综合防治技术、污废水处理工艺、富营养化水体修复技术、固废处理处置技术、电厂烟气脱硫等方面有较深入研究，并取得了丰硕成果。

1．大气环境污染防治适用技术

直辖以来，重庆先后组织开展了多项环境污染治理适用技术研究项目。在大气环境污染防治方面，开展的项目如《生活垃圾循环流化床洁净燃烧与二次污染物控制理论》、《重庆市农村能源关键技术研究与示范工程建设》、《新型高效规模化沼气工程》、《家用秸秆制气炉研制与试验示范》、《跨座式单轨交通关键技术研发及产业化》、《节能环保汽车重大专项》、《单一燃料压缩天然气出租车示范工程》 等重大科技攻关项目研究。

针对垃圾发电的二次污染控制问题，重庆市科委下达了《生活垃圾循环流化床洁净燃烧与二次污染物控制理论》项目，研究了城镇生活垃圾（MSW）循环流化床洁净燃烧机理与二次污染物控制特性，基于 MSW 循环流化床燃烧的流动、传热特性，热解汽化关键参数及汽化机理，探索并得出了燃烧过程热力特性与洁净燃烧机理及其与二次污染物生成关系，燃烧产物特性生成控制与净化机理，烟气半干法净化工艺中喷雾干燥净化吸收器内气固流动机理、化学反应机理和最佳参数、相变传热机理等，为促进城市生活垃圾无害化、减量化、能源资源化处理，开发 MSW 循环流化床洁净燃烧技术，奠定理论与技术基础。同时，针对垃圾焚烧发电领域缺乏核心竞争力的问题，重庆还组织实施了“垃圾焚烧发电关键技术研究及产业化”重大科技项目，重点研究生活垃圾燃烧的热力学、流场与烟气处理机理，进行模型构建与计算仿真，提出了垃圾焚烧发电关键技术，打破国外技术壁垒；开发出拥有自主知识产权的垃圾焚烧炉、炉排、焚烧炉液压控制系统及 DCS 系统、烟气处理系统及净化等设备，垃圾焚烧规模从 120 吨/日至 720 吨/日，实现垃圾焚烧发电装备的国产化，使垃圾焚烧后体积减小 85%以上、重量减轻 85%以上，发电装备的热效率 80%，尾气排放达到欧盟环保标准；同时，形成适合我国及发展中国家生活垃圾成分特点的垃圾焚烧发电理论体系，制定了垃圾焚烧装备国家标准，获得垃圾焚烧处理领域发明专利 8 项，实用新型专利 27 项。

在电厂烟气脱硫技术上，中电投远达环保公司与重庆大学合作，在湿法烟气脱硫技术引进消化吸收的基础上，针对中国燃煤烟气条件和石灰石特性，通过关键技术的自主研发和集成创新，形成了具有自主知识产权的 YD-BSP 烟气脱硫成套技术与装备，已申请技术专利 17 项，其中发明专利 7 项。2007 年重庆市经委组织专家对该项目进行了鉴定，参会院士和行业专家认为，中电投远达环保工程有限公司研发的 YD-BSP 烟气脱硫成套技术与装备整体技术达到国内领先水平，投资运行成本大幅度降低，其中石灰石火性在线监测技术突破了国外公司的技术壁垒，填补了国内空白，达到国际先进水平，经济效益和社会效益显著。

针对农村清洁能源技术的开发，重庆组织开展了《重庆市农村能源关键技术研究与示范工程建设》、《新型高效规模化沼气工程》、《家用秸秆制气炉研制与试验示范》等重点项目。其中《重庆市农村能源关键技术研究与示范工程建设》通过全面分析重庆农村能源资源的基本状况，开展农村能源消费预测，分离筛选了适合重庆市特点的优良甲烷低温发酵菌株，研究沼气发酵的关键影响因素及工艺流程，进行沼气发酵产物的综合利用研究，开发出具有节能、环保、安全、方便等优点的 3 大系列 18 个品种的新一代家用秸秆制气炉，填补重庆市农村能源新技术的空白，申报专利 8 项。现已在全国推广 2.8 万台。为农村清洁能源开发利用提供相应的技术支撑。

针对城市机动车节能、汽车污染防治技术方面，重庆市大力开展轨道交通和快速公交系统建设，同时积极开展节能环保汽车的研发工作。

主要课题如《跨座式单轨交通关键技术研发及产业化》、《节能环保汽车重大专项》和《单一燃料压缩天然气出租车示范工程》等重大科技攻关项目研究。其中《跨座式单轨交通关键技术研发及产业化》项目由重庆市轨道交通总公司牵头，已被科技部正式列入国家科技支撑计划，项目拟在三年内实现轻轨从整车到轨道的设计生产全部“重庆造”，轻轨的生产设计成本至少降低三成，同时提高能源的使用效率，减轻城市的环境污染，实现温室气体减排。目前，该项目已在整车系统集成技术研究及应用、转向架系统关键技术研发及产业化、车辆电牵控制关键部件研发、车用镁铝合金材料研发等方面取得了显著成效，填补了我国在跨座式单轨交通装备关键技术上的空白，打破了日本在单轨交通上的技术垄断，为提升我国产业核心竞争力提供了强有力的技术支撑。

《节能环保汽车重大专项》和《单一燃料压缩天然气出租车示范工程》着力在突破二甲醚、生物柴油发动机等一批节能汽车核心零部件新技术，攻克重度混合动力汽车关键技术，对改善重庆市能源消费结构、降低污染发挥重要作用。同时，重庆市科学委员会还组织长安集团、力帆集团等企业开展柴油轿车化、乙醇/天然气燃料轿车的研发。目前项目进展顺利。

另外，2007 年，重庆组织申报的国家支撑计划《长江上游地区地表水水源热泵系统高效应用关键技术研究与示范》（以下简称“水源热泵”项目）和《燃煤电厂烟气脱硫脱硝脱汞关键技术研究与工程示范》（以下简称“烟气脱硫脱硝”项目）项目获科技部立项，分别于 2008 年 4 月 16 日正式实施，目前正处于研究阶段。“水源热泵”项目已在长江水温水沙动态数据库构建、集中式取水-水处理技术、取水滤床表面清淤技术、水源热泵机组防堵技术、尾水排放模拟和环境影响分析等研究方面取得了阶段性突破，首次全面获得了三峡大坝运行后长江上游地表水体水质、水沙的监测数据和分布特征以及重要河段的河道地形图，开发了新型贴砾过滤器、引射回油泵、500 千瓦高效节能地表水水源热泵机组、500 千瓦地表水高温卫生热水机组，申报专利 7 项，其中发明专利 1 项，已获授权 2 项。研究成果已在重庆大剧院近 14 万平方米工程上得到应用，预计项目成果推广应用后每年可减排 SO_2、CO_2 约 24 万吨，每年可减少电费支出 4 亿元左右。示范工程空调机组产值约 1 063 万元，产品在重庆、湖南、江苏等地应用合同额已达 3 000 多万元。此外，项目组还建立了技术研发中心 2 个，产品研发基地 2 个。“烟气脱硫脱硝”项目将开发燃煤电厂双相整流烟气脱硫成套技术与装备、两级式烟气脱硝关键技术与装备、三段分离烟气脱汞关键技术与装备等一批技术和设备；研发具有自主知识产权的、300 兆瓦及以上燃煤电厂综合烟气净化集成技术与关键装备，建成 300 兆瓦燃煤电厂综合烟气净化节能集成技术应用示范工程。目前项目已在冷却塔排放、自支撑浆液循环、双相整流烟气脱硫、两级式烟气脱硝、烟气脱汞等关键、成套技术研发上取得了阶段性突破，完成了石灰石活性在线监测，开发了物料平衡及能量平衡计算软件包和脱硫系统辅助设计软件，确定了烟气直排、冷却塔烟气排放和循环泵射流氧化等工艺，开发出烟塔合一、脱硝催化剂采样/分析检测等装置，构建了脱硝系统物理流动模型和 CFD 模型，完成了脱硝和脱汞试验平台的建设。项目组已申请软件著作权 2 项，申请国内专利 28 项（其中发明专利 7 项），研制行业标准 2 项，成果应用数 3 项，获得省部级科技奖励 1 项。烟塔合一等装置已在北京热电有限公司、浙江玉环电厂、重庆合川电厂等工程得到了应用；脱硝 CFD 模型在上海高桥 2×1 000 兆瓦烟气脱硝工程应用，节约建设成本 730 万元。

直辖以来，重庆环境科学研究院（重庆市环境监测中心）结合自身优势，在酸雨及硫污染治理技术、机动车污染治理技术、油烟治理技术等多个领域均有研究。研究并开发出生物固硫型煤关键技术、城建用有机硅改性丙烯酸聚氨酯耐酸雨涂料、臭氧涤除器、饮食业厨房油烟净化器、新型三效汽车排气催化净化器等多项大气污染治理技术，为重庆市大气环境污染治理领域作出了积极的贡献。

2. 水环境污染防治适用技术

在水环境污染防治技术研究领域，市环保局、市科委、市建委等单位领导组织重庆市环境科学研究院、重庆大学等高校和部分环保企业，着重在三峡库区的水质安全保障上下工夫开展研究工作。

针对三峡库区城镇生活、径流及农村面源严重的污染问题，重庆市陆续下达了《重庆主城排水系统安全与城市面源污染控制技术集成与综合示范》、《小城镇高效简易低耗污水处理共性关键技术研究与示范》、《三峡库区城市污水厂污泥减量及资源化关键技术研究与示范》、《城市污水氮磷营养盐污染控制新技术研究》、《人工湿地处理技术在重庆地区的适应性研究》等多个重点攻关项目，并取得了阶段性成果，开发出了适宜于库区小城镇污水处理厌氧＋跌水自动曝气＋改良人工快渗系统相组合的新工艺和新装置；开发了多级人工湿地技术和具有多功能的新型复合型絮凝剂；获得了适合重庆市三峡库区中小城镇污水处理的生态处理技术的主要设计参数；研制出了适合污泥页岩陶粒的碾压练泥混合和成球（造粒）装置，生产出膨胀率大于 2.0 的轻质陶粒。这些项目的开展为库区小城镇提供了适合其污水的排放特点、自然条件和社会经济发展水平的污水处理技术，为三峡库区水环境保护和新农村建设起到积极的促进作用。

针对三峡库区部分支流受流速、温度和污染物排放等方面的综合影响，富营养程度不断加重，相继出现“水华”现象，对当地群众的饮水安全构成威胁的问题，重庆组织市内高校和科研院所科技力量，开展研究水华控制的相关研究，先后启动实施了《典型城市河流修复对策及治理技术研究与工程示范》、《富营养化的城市水体修复综合技术研究及示范》、《三峡库区次级河流河口及回水区域污染演化反应及其控制的试验研究》等项目，目前已在成套的城市河流（湖泊）综合治理技术、具有库区特色和推广应用价值的成套的城市河流（湖泊）综合治理技术等方面已取得阶段性成果，开发了高效、低耗的梯级渗滤人工湿地技术和多级生物膜处理技术；研发并掌握了一批监测、控制和改善水体质量的关键技术以及次级河流富营养化污染生态工程控制新技术，形成较为完善的三峡库区水体安全技术保障体系。同时，重庆还设立《三峡库区水体污染控制与治理》重大专项，开展《库区小流域污染治理技术及生态修复技术研究与工程示范》。

在污水治理适用技术研发方面，教育部、重庆市重点高校——重庆大学在这一领域独树一帜。其在城市污水处理除磷脱氮工艺、氧化沟工艺和城市生活垃圾堆肥、填埋处理工艺等领域有较深入的研究，并在国内城市污水处理技术研究领域形成了一定影响力。开展的研究项目如《中小城市高效经济的污水处理新技术》、《中小城镇缺氧/需氧组合式污水处理关键技术研究与工程示范》、《城市污水简易高效处理技术》和《城市污水简易高效处理技术》等。

《中小城市高效经济的污水处理新技术》项目研究以循环流反应器为基本池型，集成了 Bardenpho 工艺、UCT 工艺、VIP 工艺和 Carrousel 氧化沟工艺的特点，形成了适合中小城镇的高效、经济的单池分区污水处理新技术。该技术的主要特点是处理效果稳定可靠、工艺流程短、机械回流系统少、设备配置恰当、运行方式灵活、脱氮除磷功能强、占地少、能耗低、运行管理简便。其主要技术经济指标为：处理出水水质达到《城镇污水厂污染物排放标准》（GB 18918—2002）一级 B 标准，吨水占地 0.4 平方米，吨水电耗 0.2 千瓦·时，吨水投资 770 元（当年价格）。该技术于 2000 年 4 月通过四川省科委组织的鉴定，成果达到国际先进水平，已应用于四川省城市污水处理示范工程（1 万米^3/日）、山东龙口污水处理厂扩建工程（1 万米^3/日）、河南濮阳中原油田污水处理厂扩建工程（4 万米^3/日）等工程项目，取得了良好的社会、经济和环境效益。

《中小城镇缺氧/需氧组合式污水处理关键技术研究与工程示范》项

目是重庆大学“十五”期间开展的重大科技攻关项目研究课题，研究主要获得了 2 套“缺氧/需氧组合式污水处理工艺”及其运行控制参数和技术设计导则;开发了 1 套围绕缺氧/需氧组合式污水处理工艺技术的自控软件、硬件系统及其控制平台软件和自控设备硬件集成设备；建成了 1 条年产 2 万吨的催化填料示范生产线和 1 条年产 1 万吨的新型聚铁类无机高分子絮凝剂示范生产线。其“缺氧变速酶促生物滤池+短时 MSBR”工艺及其自动控制系统已在渝北区城南污水厂建成的 1.0 万米 ^{3}/日示范工程中应用，与本地区建设的现有除磷脱氮污水处理工艺相比，处理能耗降低 35%～40%，建设投资减少 10%～15%，工程示范效果良好；“一体化（含厌氧段）催化填料曝气生物滤池”也已在城南污水厂建成 1 000 米 ^{3}/日的示范工程，并将应用到忠县新生镇污水处理工程（1 000 米 ^{3}/日）和奉节县公平镇污水处理工程（3 000 米 ^{3}/日）中。本项目研究成果为三峡库区中小城镇的污水处理提供了可行的低能耗高效城市污水处理技术，具有广阔的推广应用前景。

在国务院三峡建设委员会办公室和科技部的组织下，重庆大学还开展了国家级重大科研项目“城市污水简易高效处理技术”研究课题。该课题为国家“九五”科技攻关项目。项目在城市污水厌氧处理、活性污泥法改良以及水处理材料方面共研究开发出：①缺氧变速酶促生物滤池＋短时 MSBR，②酶促生物滤料生产性开发研究，③高效复合式污水生物处理技术，④改良序批式活性污泥法（MSBR），⑤高效曝气氧化沟技术，⑥隐吸双喷厌氧接触生化反应技术等五套污水处理工艺技术和一种缺氧/厌氧酶促生物填料。迄今为止，项目成果已在重庆渝北城南污水处理厂（2.5 万米 ^{3}/年）、山东东阿县城市污水处理厂（4 万米 ^{3}/年）及上海松江东部地区污水处理厂（7 万米 ^{3}/年）等 10 个城市污水处理工程中得到推广应用，建成了 1 条年产 2 万吨酶促生物填料的生产线。示范工程运行实践表明：项目成果的主要特点是能耗低、运行费用省、基建投资低，在处理效果满足国家标准要求的前提下，基建投资较传统活性污泥节约 20%～30%，运行费用节约 10%～40%，运行能耗大为降低，效益显著。项目成果实际工程的成功示范，为低能耗高效城市污水处理技术的推广应用打下了坚实的基础。

另外，重庆工商大学在油类污染防治技术方面开展研究，研发出自动高效真空滤油机和 TY 系列透平油专用滤油机，设备可广泛应用于电力机制、交通、冶金、矿山、铁路、农业、军工、纺织等工业领域，以及各类火力、水力、农村小水电机组、工业汽轮机组、核电站等工业设备。在确保机组安全经济运行、废透平油反复使用、节约石油资源、防治环境污染上具有较好的效益。

重庆环境科学研究院（重庆市环境监测中心）结合自身优势，在水污染防治综合治理技术、富营养化修复技术等多个领域开展研究。如《三峡水库水污染控制研究》项目是 1997—2003 年开展、由国务院三峡工程建设委员会办公室下达的项目，由清华大学、中国水利水电科学研究院、长江水资源保护研究所、重庆市环科院、四川大学五家单位共同承担研究完成。其中重庆市环境科学研究院承担其中《长江重庆段黄沙溪、嘉陵江汇流口污染带水文、水质、污染源排污负荷同步观测》和《长江干流水库断面背景浓度及库区污染源排污负荷现状与预测研究》两个子课题。其中第一个子课题是进行原型污染带水文、水质同步观测，在长江尚属首次，观测结果不仅满足了二维水质模型验证的需要，同时还为其他类比排污口、污染带提供了监测方法。第二个子课题任务是调查、统计、计算、预测库区内城市污水、工业废水、固体废物、船舶污水、城市和农田地表径流和土壤淹没释放等七个方面的排污负荷以及负荷的时空分布，为总课题研究提供污染源资料。该课题不仅圆满完成了任务，所建立的污染负荷预测方法为今后的同类研究提供了借鉴并为重庆市三峡水污染治理管理决策提供了科学依据。项目获得“教育部 2005 年科技进步一等奖”荣誉。

3. 固体废弃物处理处置和利用技术研究

固体废物除直接破坏环境景观、浪费土地资源、污染土壤外，还经常间接造成水和大气环境的严重污染。因此，在重视和开展三峡库区水环境保护科学研究的同时，重庆市还加强了固体废弃物处理处置技术研究工作的开展力度。如在国务院三峡建设委员会办公室和科技部的组织下，重庆开展了《三峡库区淹没区固体废弃物污染治理专项技术研究》项目，该项目主要研究三峡水库淹没区各类固体废弃物对长江黄金通道的水质影响以及分类处理处置专项技术的综合性应用研究。本项目首次系统、深入、完整地研究了三峡淹没区固体废弃物污染特性以及在环境介质中的动态行为和扩散机理；首创了固体废弃物分类处理专项技术体系；建立了垃圾污染物溶出模型；弥补了国内外迄今在垃圾污染物特别是特大型库区的生活垃圾污染物溶出浸出规律和降解速率等方面研究的空白。研究成果为我国乃至发展中国家水库修建中引发的环境问题，特别是垃圾问题积累了有用的经验和可供借鉴的理论依据，为三峡工程固体废弃物库底清理与处置提供了技术规范与标准，为库区按时顺利蓄水和库区水环境安全提供了保障。项目获得“国家科技进步二等奖”。

同时，重庆市环保局、市科委、市建委等单位也在固体废弃物处理处置技术领域开展了相关研究，如市建委“十五”期间组织开展的《重庆市中小城镇生活垃圾渗滤液处理技术的研究》、《生活垃圾卫生填埋场沉降特性研究》、《重庆市三峡库区沿江堆放垃圾整治实施方案》等项目，针对重庆市小城镇尤其是三峡库区的垃圾处理处置技术领域开展了不同方向的深入研究。

《重庆市三峡库区沿江堆放垃圾整治实施方案》项目针对重庆三峡水库成库后的流域环境特点，通过试验方案的设计与实施，建立了沿江垃圾污染溶出模型，得出了生活垃圾在一般河流中污染物的浸出规律，为重庆市三峡库区沿江生活垃圾的整治提供了理论依据和建设实施方案。

生活垃圾卫生填埋场的沉降问题是填埋法所涉及的主要岩土工程问题之一，《生活垃圾卫生填埋场沉降特性研究》项目针对新鲜垃圾、新填垃圾和陈垃圾土、陈垃圾场两方面开展研究，总结讨论了重庆生活垃圾的基本性质，进行了不同应力水平的室内压缩蠕变试验，建立了适合于城市生活垃圾变形特点的两种蠕变模型，并利用这两种模型进行了场地的沉降分析，同时进行了有机物含量对生活垃圾沉降影响的试验研究，对温度、压实度、覆盖层、渗滤液回灌等影响沉降的因素进行了探讨，并在此基础上提出了一些加速填埋场沉降的工程措施和方法。项目还以一旧垃圾场为试验场地，利用室内常规试验总结出陈垃圾的特性，进行了在房屋荷载作用下的沉降计算和有限元分析。项目的研究不仅可为场地最终填埋容量的估算、填埋场保护系统的设计和维护、填埋场的竖向扩容设计和场地再利用提供理论依据，而且还可为长生桥垃圾卫生填埋场的运行提供技术指导，具有理论上的学术价值和广泛的工程实用价值。

在固体废弃物利用技术研究上，重庆针对废旧轮胎、锰渣、餐饮废油和建筑垃圾四个具有重庆地方特点的污染问题，重庆市科委在下达的《节能与废弃物综合利用》重大科技专项中，开展废旧轮胎再制造、电解锰渣资源化与全量化利用、餐饮废油再生利用和建筑垃圾建材资源化利用四方面研究，实现技术的原始创新，并建设再制造汽车轮胎产能达到 50 万条/年示范工程、综合利用 2 万吨建筑垃圾示范工程、3 000 吨/年餐饮废油生产生物柴油中试装置，建立重金属高效回收处理装置 1 套，实现产值 2 亿元、销售收入 2 亿元、利润 2 000 万元，并节约土地 900 亩，减少二氧化硫 2 100 吨、二氧化碳 6.5 万吨的排放，带动了重庆市特色产业快步发展，有效推进节能减排工作深入开展。其中“餐饮废油综合利用”项目成为市领导关注重点，目前该项目已确定了餐饮废油的成分、净化处理技术以及酯交换反应的离子液体催化剂种类和生产条件；获得餐饮废油带压水解生产生物柴油的技术和工艺。由重庆武陵锰业有限公司、重庆大学和重庆科技学院共同承担的“电解锰渣资源化与全量化利用关键技术研究与示范”项目，该项目已实现粗压渣与硫化渣分别预处理与分离，形成了清水洗渣及洗渣水循环再利用工艺、硫酸锰和硫酸铵回收工艺，提出了电解锰渣预处理与高效活化技术。研究人员在重庆武陵锰业有限公司进行了锰渣预处理的中试实验研究，取得了较好的结果，促进了重庆市电解锰企业的清洁生产。2009 年 4 月 15 日至 17 日，“锰三角”地区的锰矿企业通过了环保部的环保检查，“锰三角”地区锰污染治理成效获中央电视台等主流媒体认同。环保部拟再投入 1.5 亿元，用于 “锰三角”地区锰矿企业进一步推进清洁生产的实施和锰渣污染治理等新技术的研发。

4. 其他污染治理适用技术研究

此外，重庆还在电池无汞化技术、环保型工业润滑油等技术领域进行探索，开展了《环保型碱锰电池集流体表面处理技术研究与应用》、《磷酸酯抗燃液再生技术及设备研究》等项目研究工作，具有良好环境效益。两项目分别获得重庆市科学技术奖（技术发明奖）和国家重点新产品证书荣誉。

总之，摸清污染源和环境现状仅是环境保护的基础性工作，而环境质量的改善最终要靠人类积极主动地采取防治措施去实现，因此，污染防治技术的研究和开发应用就成了改善环境质量的关键，也是环境保护的重点和难点所在。污染防治技术的研发不仅要考虑其技术可行性、防治效率，同时也要考虑其经济成本、社会效应、污染转移、二次污染等实际问题。重庆通过长期在大气、水、固体废弃物等领域的污染防治研究，取得了较为丰硕的成果，为国内相关领域的污染防治水平的提高作出了重要贡献。尤其是在水污染防治领域，如富营养化防治技术、污水治理技术等，不仅研究有了突破性的进展，获得了国内国际业界认可，同时还通过试点示范和推广进行了开发应用，并取得了污染防治的良好效果。

五、生态环境研究

重庆市位于青藏高原与长江中下游平原过渡地带，中国经济发达的东部地区与资源富集的西部地区的结合部，长江上游三峡库区及四川盆地东南部。地理位置上，重庆市位于我国地势的第二级阶梯与第三级阶梯过渡带的前缘，是典型的生态脆弱区；重庆市地处长江上游，是长江上游的重要生态屏障，三峡库区约90%在重庆市辖区，重庆市生态环境质量的好坏，对于三峡工程的长期安全运行、长江中下游的防洪与生态安全具有非常重要的战略意义。因此，在整个长江流域的经济发展和生态环境保护中，重庆市起着举足轻重的作用，对三峡库区和长江中下游地区的生态环境质量和生态安全的维护具有非同寻常的价值和意义。正是由于这样的重要性，在生态环境研究方面，重庆市近几年开展了大量的研究工作，重点集中在生态环境保护纲领，生态环境现状、影响因素及变化机理、变化趋势预测及保护办法，生物多样性保护，城市生态环境保护，农村生态环境保护，三峡库区生态环境研究，污染问题对生态环境影响研究等方面，取得了较为显著的成果。

1. 生态环境保护纲领

生态环境保护纲领性研究是指导生态环境保护工作循序渐进开展的最重要的工作之一。一直以来，在重庆市科委、重庆市环保局的支持下，重庆市科研单位持续性、阶段性地开展此项工作。

1997—1998年，重庆大学和重庆市环境科学研究院（原重庆市环科所）联合进行了重庆市生态环境保护发展战略研究，研究了重庆市主要环境问题和重庆市生态环境保护面临的困难与优势，拟定了重庆市生态环境保护发展战略和保护重点计划。

2003—2005 年，重庆市环保局组织实施《重庆市生态行动计划（研究）》项目。项目划分为 13 个子项目，分别由重庆大学、西南大学、重庆市环境科学研究院承担，其成果为重庆市人民政府决策在重庆市开展“绿地行动”奠定了坚实的基础。

为了进一步建成全市生态环境统一监管体系，提高资源的有效利用，改善生态环境质量，促进全市经济社会与人口、资源、环境的协调发展，2006 年，重庆市环境科学研究院在客观评价 2000 年以来重庆市生态环境保护与建设措施，系统调查与分析重庆市生态环境保护中存在的问题及其原因的基础上，结合环境保护目标、管理措施和生态保护工程，基于《重庆市生态行动计划（研究）》的成果，制订重庆市“十一五”期间生态环境保护的工作纲领，即《重庆市“绿地行动”实施方案》（2006—2010 年），2006 年 3 月 31 日由重庆市人民政府印发实施（已在“环境管理调查与研究”部分详细阐述）。

2008 年，重庆市科委牵头进行了重庆市生态环境保护及三峡库区发展科技问题研究，在全面综述重庆市环境保护和三峡库区生态环境现状的基础上，分析了社会经济发展和生态环境保护之间存在的矛盾以及成库后生态环境性质的演变和其治理与保护科学技术发展之间的关系，揭示了未来 15 年重庆市生态环境保护和三峡库区发展将面临的重大生态环境问题和该领域的科技需求，提出了重庆市生态环境保护和库区发展的中长期科技发展战略重点、发展目标和发展思路，并从六个领域分别凝练出未来 15 年该方向应该优先解决的重大科技问题。此项研究结果也成为指导未来一段时间重庆市生态环境保护研究工作的纲领性成果，指明了发展的方向。

2. 生态环境状况、影响因素及变化机理

生态环境状况、影响因素及变化机理研究在直辖十余年里蓬勃发展。早在 1999 年，重庆市环境科学研究院等就开展了《重庆市生态环

境问题调查及对策研究》，就重庆市存在的生态环境问题进行了识别。此后的时间，对不同生态环境问题的识别在相关研究中都不断得到体现，总结来看，主要的生态环境问题包括：人口增长、资源开发、工程建设等引起的环境压力增大，水生态系统失衡，森林生态系统功能脆弱，水土流失蔓延，土地退化严重，矿山恢复工作严重滞后；珍稀野生动植物栖息地环境恶化，生物多样性受到严重威胁，外来入侵物种危害开始凸显；农村面源污染日趋严重，农村环境质量下降，生态灾害日益严重等，在很大程度上影响了重庆市经济社会的可持续发展和生态环境安全。随着新方法、新技术的发展，遥感技术、生态质量评估方法等更多地被应用到生态环境保护中。从 2006 年开始，环保系统每年通过遥感卫星图片解译结果对生态环境质量进行评估，国土部门通过遥感解译结果分析水土流失情况。2008 年重庆师范大学结合遥感解译方法对重庆市进行了生态功能分区；2004 年开展了旅游生态环境调查；2008 年，重庆市环境科学研究院利用生态足迹法对重庆市生态容量进行了研究等。

在影响因素方面和机理方面，研究较多，涉及多项 973 课题、国家自然科学基金等，大多针对生态环境问题及现象进行。如西南大学完成了 2000 年来长江上游森林分布变迁与水土流失综合研究；开展了《植物种群在重庆石灰岩地区植被恢复中的功能作用》、《亚高山小径竹克隆种群对林窗干扰的反应及对林窗更新的影响》、《缙云山自然保护区不同演替阶段群落树种幼苗对林窗环境的响应与适应》、《森林退化植被恢复演替过程中的稳定性及生物调控机制研究》、《结构损伤对植物氮、镁元素分配和生长的影响》、《结构失衡植物的生长和资源分配》、《三峡库区重要次级河流藻类暴发性生长机理研究》等多项研究；重庆市环科院完成了《小南海水利枢纽对长江上游珍稀、特有鱼类国家级自然保护区影响专题研究》等，这些研究的完成，为探索生态环境问题及解决方法奠定了基础，也对政府政策的制定提供了强有力的支撑。

3．生物多样性保护

生物多样性保护是生态系统研究关注的重点之一，研究范围涉及策略规划、物种资源及其生境变化、外来物种入侵以及投入产出分析等。

2006年，在重庆市环保局主持下，各大学及研究所以及各相关部门广泛参与的《重庆市生物多样性保护与可持续利用示范项目》获得中国-欧盟生物多样性项目（ECBP）赠款支持，成为其示范项目。一系列与生物多样性保护相关的研究项目与试点活动在此项目框架下陆续展开。其中，生物多样性策略和行动计划的制定（BSAP）就是一个重要的子项目。该项目通过对重庆市生物多样性与社会现状、管理体系、保护、科研与利用成果、存在的问题、关键利益相关者的分析，制订生物多样性保护的目标、策略与行动、2010—2013年优先行动及其项目计划、保护策略与行动计划的保障措施、保护策略和行动计划的监测评估等内容，构成具有实用性、较为完整和全面的生物多样性保护体系，也成为今后一段时期生物多样性保护活动的指导性成果。

而物种资源及其生境变化方面的研究则是最为活跃的内容，其中以西南大学研究最为活跃。2003—2008年，西南大学先后完成了《重庆市林业有害植物调查项目》;《三峡库区濒危植物中华蚊母与疏花水柏枝抢救技术研究》、《珍稀濒危植物金毛狗（Cibotium barometz）的遗传多样性分化及生态适应机理》、《缙云山特有和模式植物的遗传多样性保护及生态机理研究》、《缙云山模式标本植物的遗传多样性及生态适应机理》等研究。此外还有《水生生物调查与评价》、《三峡库区水生植物群落类型及其物种多样性研究》、《重庆市候鸟资源及其迁徙规律研究》、《三峡库区形成中重要鱼类资源及产卵场调查》、《三峡库区土著鱼类繁育与保护技术研究》、《三峡水库形成对鱼类的影响及重要鱼类的遗传标记和移养驯化》、《大宁河流域鱼类资源及贝氏高原鳅分子生态学研究》、《长江四大家鱼发生量动态及相关因子研究》、《三峡库区珍稀濒危植物资源信息系统建立》项目等。除此之外，重庆大学、重庆林业部门也都进行了部分相关研究。这些研究的完成，让人们从植物、动物等方面对重庆市生物多样性的构成有了初步的认识。

2006—2009 年，为了系统了解和更新重庆市生物物种资源的情况，在重庆环保局、欧盟项目办的主持下，西南大学、重庆大学、重庆师范大学、重庆市自然博物馆等联合进行了重庆市物种资源本底调查和重庆市珍稀濒危特有物种调查，对重庆市基本物种情况及其分布以及珍稀濒危特有物种情况进行了详细的调查和研究，为以后的保护工作奠定了基础。

同时，随着物种引进的频繁，生物入侵问题也得到日益重视。西南大学作了较多的研究，如 2004—2006 年的《重庆市外来入侵植物调查》；2005—2007 年，主持进行了三峡库区生态环境教育部重点实验室自由探索基金项目《入侵植物牛膝菊入侵机理及防治对策研究》；2006—2008 年的生物入侵的数学模型及动力学研究，2007—2009 年，开展了国家自然基金项目《金佛山自然保护区外来植物种的确定及其入侵机理》研究。

除此之外，在重庆市环保局和欧盟项目办的支持下，重庆大学和西南大学部分专家还进行了《重庆市各区县生物多样性快速评估研究》、《生物多样性保护投入与产出动态研究项目》，从方法学和经济学的角度进行生物多样性的保护工作。

4. 城市生态环境保护

从 1980 年开始，重庆大学在多项国家基金的资助下，针对我国多山、多山地城市的国情和山地地域生态环境的复杂性、自然景观的多样性、民族历史文化的富集性、交通的曲折性和自然灾害的多发性等特点，经过 20 多年的不懈努力，提炼出山地城市生态化规划建设的系统理论与实践相结合的研究成果，获得了国家科技进步二等奖。研究成果将现代城市规划理论与山地学和生态学嫁接形成了山地城市生态化规划建设理论，为指导我国山地城市规划建设的可持续发展、资源的优化配置、生态环境保育与良性发展提供了重要的理论依据与实践指导。

2002—2005 年，重庆市环境科学研究院完成了建委资助项目《城市森林对重庆市主城区空气污染控制的生态学研究》，分析了重庆市城市森林建设现状，划定了主城区城市森林范围，调查分析了不同区域内城市森林的数量特征、群落结构及物种组成，并初步筛选出主城区不同区域内优势植物物种；对优势物种的硫、氮和尘的吸收控制进行了定量测定，确定了不同植物对氮、硫、尘的吸收贡献排序；对测定结果和空气自动监测值进行统计分析，给出了不同植物与各污染物的相关性，并划分了针对不同污染物吸收控制的植物类型。项目成果可用于指导城市园林绿化和宜居城市建设，为城市森林的定量化研究进行了有益的尝试。

除此之外，部分重庆市区县就其发展还进行了相应的生态环境保护规划研究或者以生态环境保护为核心的发展规划研究，也是城市生态环境保护研究的重要组成部分。

5. 农村生态环境保护

农村生态环境保护研究重点关注在农村地区生态经济发展、农村地区饮用水安全以及农业面源污染等方面。

1993—1997 年，重庆市环境保护局、北京师范大学环境科学研究所、重庆市农业委员会、重庆市大足县人民政府联合进行了《重庆市大足县生态农业综合评价及生态经济研究》，通过对大足县现状调查及系统分析研究大足县总体种植多种经营的生态类型划分及生态农业模式，确定大足县生态农业评价指标体系，并进行综合评价。在划分不同类型生态农业经济模式实验区的基础上，用对比分析方法进行不同生态模式下的费用——效益分析，建立计算机辅助综合分析模型。应用宏观经济分析方法，将环境保护损失纳入国民经济核算体系。

2003 年，重庆市环科院完成了《重庆农村集镇化水污染的生态风险与控制措施研究》，对直辖以来重庆市农村城镇化发展现状进行了调查和总结，讨论了重庆市农村城镇化水污染对污水受纳水体的影响、城镇化水污染的危害，并初步研究了小城镇水污染与城镇人口总数、人口密度的定量关系，结合小城镇经济发展状况和水环境现状，可预计小城镇对人口的自然承载力，为小城镇环境规划提供技术支持。

2003 年，重庆市沙坪坝区环境监测站完成了《重庆市沙坪坝区畜禽养殖业调查报告》，获重庆市环境保护局监测专题报告一等奖。报告以沙坪坝区环保局开展的全区畜禽养殖业污染调查为基础，详细论述了沙坪坝区畜禽养殖业的现状，污染物的排放情况，污染物对水体、土壤和大气环境的影响，分析了畜禽养殖业导致环境恶化的原因，有针对性地提出了防治畜禽养殖业污染的对策建议，为沙坪坝区治理畜禽养殖业污染、保护农村生态环境质量提供了科学资料。

6. 三峡库区生态环境研究

针对三峡工程的建设对库区及流域生态系统、地表过程和社会经济产生了重大的影响，尤其是消落带生态退化问题，重庆市研究机构在重庆市科委及其他相关国家项目的支持下开展了一系列的研究，形成了较为特色的研究体系。

1996 年 7 月—2002 年 8 月，重庆市环境科学研究院完成了《三峡水库对重庆库段生态环境影响及整治对策研究》，并获重庆市科学技术三等奖。

2001 年 3 月—2006 年 1 月，重庆市环境科学研究院完成了《三峡库区生态环境监测、预测与生态平衡调控技术前期研究》。项目涵盖了三峡库区生态环境大系统理论框架、生态环境全局调控模式；生态环境预警模型结构、水域污染负荷预测模型、三峡库区水质模型一体化方法、水环境极限承载临界风险评估；环境状态监测与容量综合评价指标；生态环境广谱信息监测、采集和分析系统；库区人群健康、疾病调查；流域河岸消落带边坡固化植被物种及种植技术和库区环境-土地-人口-植被-经济的多维共轭互动模型体系；生态环境平衡调控应用技术、高效和可持续性发展的生态示范基地建设的可行性等七个方面的研究，为实施三峡库区的生态环境监测、研究及生态保护调控措施具有一定的指导意义。

2002—2005 年，在三峡水库二期蓄水前，重庆市环境科学研究院开展了《三峡库区重庆段抢救性生态调查和标本库的建立》项目，对三峡库区重庆段生态环境进行了全面的调查，包括：长江干流及次级河流水质状况、城镇空气及降水质量、气候及气象灾害、（水生）生物、土壤组分和地质灾害、固体废物等方面；采集制作完成了蓄水前海拔 175 米以下陆生和水生生物、岩石及岩芯、土壤剖面和固体废物等上千种（类）标本；出版了《三峡库区重庆段蓄水前水生浮游动植物标本图谱》；编辑了内容涵盖环境现状、污染源及移民搬迁、文物保护和生态建设等方面的声像资料，较完整地记录了库区蓄水前的生态环境背景情况。

2003—2004 年，重庆市环科院完成了《三峡库区生态环境安全及生态经济系统重建关键技术研究与示范》项目，重点针对三峡库区水环境安全，研究了三峡库区局部水域的富营养化发生机制，准确地预测富营养化产生和发展趋势，从而找出防治富营养化的关键技术，减少富营养化的发生频率和程度，确保库区水质安全，同时有利于库区增加旅游收入，改善投资环境，促进地方经济发展。

2003—2005 年，重庆市环科院完成了重庆市自然科学基金资助项目《三峡库区生态环境调查及评价》，对三峡库区主要生态环境问题进行了研究，提供了水、大气、底泥等环境基础数据，对水土流失、退耕还林等方面的问题进行了探讨，并结合卫星图片对三峡库区生态环境现状进行了全面评价，有利于全面了解三峡库区生态环境背景状况，建立动态监测系统，同时为有关部门环境管理和决策提供了科学依据。

在消落带研究方面，重庆市科委顺利启动实施了《三峡库区库岸消落带植被构建与生态修复的关键技术研究与示范》和《香根草在三峡库区消落带边坡防护及入侵评价试验研究》两个攻关项目，针对消落带土壤结构疏松，成库后库岸水流季节性拉动，将会成为水土流失的主要地段，通过开展对消落区适生植物的筛选与优选，选择香根草等耐淹能力强、抗逆（旱、湿、寒、热、酸、碱）能力好的植物，采用生物措施，控制消落带水土流失、保持消落带库岸稳定和提高消落带生态环境质量。

在消落带观测及修复方面，2004 年西南大学开展了《三峡库区消落区植被恢复和护坡效应研究》；2005 年西南大学主持开展了国家自然基金面上项目《水淹发生的季节差异对三峡库区岸生植物水淹耐受性的影响》以及国家自然科学基金科学部主任基金《三峡库区消落带植物的水淹耐受机理研究》。2006 年开始，西南大学先后开展国家科技支撑计划项目《三峡库区消落带生态恢复与综合整治技术与示范》中三峡库区消落带物种筛选与植被构建的专题研究；国家自然科学基金项目《三峡库区优良耐淹植物秋华柳和野古草的水淹耐受机理研究》；新世纪优秀人才支持计划项目《三峡库区优良耐淹植物的水淹耐受能力与光合生产和碳水化合物储备的关系》；2008 年，西南大学开始开展三峡库区消落带生态健康影响评价研究。重庆大学在开县澎溪河建立了三峡库区第一个湿地生态实验站，获得了许多三峡库区初期蓄水后消落带湿地的珍贵资料，开展了一系列湿地科学研究和湿地生态产业尝试。

除此之外，重庆市环境科学研究院、重庆大学、水利部中国科学院水工程生态研究所、中国科学院植物所从 2008 年开始联合开展国家水体污染控制与治理科技重大专项中湖泊富营养化控制与治理技术及综合示范主题，三峡水库水污染防治与水华控制技术及工程示范项目中的《三峡水库消落带生态保护与水环境治理关键技术研究与示范》课题的研究工作。该课题分为《消落带生态类型、功能区划及分型分区保护模式研究》、《消落带污染负荷特征及其对水环境影响研究》、《喀斯特区域消落带生态屏障构建技术研究与示范》、《缓坡消落带生态保护与污染负荷削减技术研究与示范》、《湖盆消落带湿地构建及水质改善技术研究与示范》5 个子项目，从功能分区、影响研究、示范研究三个方面力求初步形成三峡水库消落带生态保护和水环境治理的关键技术体系强化水质改善的技术体系，为三峡水库消落带生态系统治理保护和水质改善提供科技支撑。

7. 污染问题对生态环境影响研究

目前对污染问题对生态环境的影响研究，主要分为水污染影响和大气污染影响两方面进行。

水污染方面，主要关注富营养化问题、金属污染以及持久性有机物对生态环境的影响。2001 年，重庆环科院完成了《锶盐废水对生态环境的影响及资源再利用研究》，2003 年重庆环科院完成《乌江流域“黑潮”问题研究》、《三峡库区次级河流富营氧化防治研究》，2004 年重庆环科院完成《三峡水库水体中营养盐与浮游生物分布特征研究》，同时开展了《三峡库区（淹没区）土壤重金属背景质调查》。2008 年，重庆环科院完成了《三峡库区（重庆段）水域持久性毒物污染现状调查》，西南大学等开展了《三峡水库水体中有毒污染物的迁移转化及其机理研究》、《三峡库区水体持久性有机污染物对鱼类的生理生态学的影响》等研究。

大气污染方面，主要关注酸沉降对生态环境的影响问题。重庆市酸沉降研究自 20 世纪 80 年代就得到研究学者的重视，从酸沉降来源、生态影响、损失评估、发展趋势、控制对策等多个方面对酸沉降问题进行了较为系统的研究。在对生态影响研究方面，早在 1992 年，重庆市环科院就完成了《典型地区酸沉降及其对敏感生态影响的长期定点观测和趋势研究》，获得国家环保局三等奖。1996 年，完成《酸沉降的生态影响体系研究》。2001 年，完成了“春晖计划”《重庆及三峡库区酸沉降敏感区域土壤风化速率研究》。2001 年开始，重庆环科院等开始参与由挪威 7 个国家研究所和大学组成的挪方专家组和由中国环科院、中国林科院、中科院、北大、清华、北师大以及重庆、贵州、湖南、广东环科院组成的中方专家组共同承担的《中国陆生生态大气污染影响综合观测研究》项目（IMPACTS）。项目持续研究7年，通过对包括森林、土壤和地表水的封闭小流域作为现场研究基地，进行流域“化学生态”和“生物生态”研究，研究生态污染受害现状、生态污染受害原理、生态污染受害耐受力以及生态环境主要污染物临界负荷等。

总而言之，上述7个方面的科学研究是重庆市在生态环境方面研究的重点领域，除此之外，在生态环境评价、生态环境分指标的观测体系、产业化发展规划等各方面都开展了一些研究。虽然从总体上看重庆生态环境研究起步较晚，但随着国家和地方对生态问题和生态保护工作的重视，从环保、林业、农业、城市规划乃至水利等各个行业众多部门都在积极思考并探索实施生态评估、生态恢复和生态重建等工作，取得了丰硕的研究成果，形成了“百花齐放”的良好局面。

六、环境与健康研究

党的十七大提出了科学发展观，其核心是“以人为本”。环境保护充分体现了“以人为本”，环境科研的目的是为环境保护提供科学依据，而环境保护的最终目的是为了保护人的健康和人类赖以生存的环境。

重庆市在环境与健康领域的研究，涉及国内外合作项目、国家自然基金、重庆市科委、建委以及环保局科研项目等。此类研究大都是合作项目，特别是一些重大项目，研究单位涉及重庆市环境科学研究院、第三军医大学、重庆医科大学等，国外合作者有美国哈佛大学、哥伦比亚大学。研究课题主要集中在大气、水和辐射污染对人体健康的影响，研究室内外大气污染对人体健康影响的项目数量最多，占到一半以上。

1. 环境大气污染对人体健康的影响研究

“十五”之前的研究主要针对大气污染对人体健康的影响。1993—

1997 年，重庆市环科所（现在的环境科学研究院）与美国哈佛大学、重庆医科大学、重庆市防疫站和重庆计划生育研究所制订了重庆市大气对人体健康研究方案，该项目是世行项目，属于在环境与健康方面较早的探索。

重庆市计划生育科研所在 1995—1997 年间，与哈佛大学合作开展了《重庆市部分地区大气污染与新婚夫妇生殖生育情况监测》，通过对重庆市区及郊区共 6 个调查点 1995—1996 年内结婚并有生育指标的 4 209 对新婚夫妇的健康状况进行问卷调查、询问，并追踪婚后一年内的孕产情况，反映了大气污染对新婚夫妇生殖生育情况的影响关系。

1992—1999 年，重庆市环境科学研究院进行了《重庆大气污染对儿童肺功能影响研究》，并获得重庆市人民政府科技三等奖。此项目是《中国城市中空气污染物对儿童肺功能和呼吸系统健康的影响研究》的子课题。总课题是 1987 年时任美国环保局局长 Thomas 和时任中国环保局局长曲格平在美国华盛顿签署的中美环境保护备忘录中的新项目。该项目属于前瞻性研究，因为在当时国内未见报道大气污染对儿童肺功能影响的研究，国外也只有美国等少数国家做了一些工作。即使在目前，也属于国内外研究的热点。

总课题安排四个城市八所小学进行空气污染物的暴露评价和呼吸系统健康评价。重庆市选择了污染点江北区华新小学和对照点北碚区红岩两所小学，是为了通过对空气中的污染物（PM_{10}、$PM_{2.5}$、TSP、NO_x），特别是气溶胶污染物以及儿童肺功能的测定，寻找空气污染暴露与城市人体呼吸系统健康的关系，为环境健康风险评价提供直接的切合实际的定量的暴露——响应数据；为重庆市大气污染对人体危害提供了一个定量的数据，为进行风险评价、制定地方法规提供科学依据；为我国空气污染控制措施提供一个综合的、准确的科学依据；为我国和美国制定气溶胶的大气环境标准、控制法规等提供科学依据。在消除了各种混杂因子的影响后，得到大气污染与儿童肺功能有显著相关关系以及儿童生长发育的情况和其他一些很有意义的结果。

2001—2003 年，美国哥伦比亚大学在研究 PAHs（多环芳烃）对胎儿和母亲 DNA 损伤中，选择了曼哈顿北部居民、世贸中心灾难影响研究的参与者、波兰克拉科夫居民和中国铜梁居民作为研究人群。哥伦比亚大学与重庆市环科院、重庆医科大学等合作，在铜梁县城附近选择了 3 个地点进行 $PM_{2.5}$ 样品采集和分析，选择了 64 个母亲和 132 个新生儿进行研究，目的是评估燃煤所致的空气污染对中国新生儿健康的影响。研究结果表明，胎儿 DNA 的易损伤程度比母亲强十倍，宫内暴露于 PAHs 会增加致癌风险，而燃煤电厂运行期间，$PM_{2.5}$ 中相对分子质量在 168～266 之间的 PAHs 的浓度增加了 1.5～3.5 倍，因此需要制定相应的措施保护敏感人群，控制孕妇和儿童在 PAHs 中的暴露。

2. 水体污染对人体健康的影响研究

重庆市科技委员会支持具有地方特色的环保技术创新，在其设立的地方重大专项和重大项目中也涉及环境与健康方面的课题。《三峡库区水体污染控制与治理》重大专项中，有重庆大学、重庆市环境科学研究院、第三军医大学、重庆医科大学、中电投远达环保公司等单位参加，其中一项重要的课题就是开展《三峡库区特征污染物的人群健康危害、健康风险评价和预警体系建立的基础与应用研究》，如三峡库区水环境中持久性有机污染物（POPs）对人体健康产生的潜在危害风险，在介绍健康风险评价方法的基础上，建立了水环境健康风险评价模型，根据三峡库区水质监测资料对水源水主要持久性有机物多环芳烃和邻苯二甲酸酯类污染进行健康风险评价。结果表明，在所评价断面中，长江和嘉陵江汇合的寸滩断面污染较严重，健康危害的风险相对较大。水源水 6 种持久性有机污染物由饮水途径所致健康危害的个人年风险为 2.79。按年风险大小依次为邻苯二甲酸二（2-乙基已基）酯＞邻苯二甲酸二丁酯＞芘＞萘＞萤蒽＞邻苯二甲酸二乙基酯，有机污染物对健康危害的年总风险远低于国际辐射防护委员会（ICRP）推荐的最大可接受值。三峡库区水体中6种POPs污染所致的健康危害年风险度目前还处于很低水平，但应引起管理部门的重视。

3．其他

随着经济社会的发展以及环保事业的不断前行，人们对环境问题的关注逐步提高，范围逐步扩大。"十五"以来，环境与健康的研究领域不仅局限于环境大气污染，而是拓宽至电磁辐射、室内污染以及汽车车内污染等领域。

2002年，重庆环科院联合三军医大，以沙坪坝区为代表，作了重庆市区环境电磁辐射污染状况调查及人群健康关系的研究。该研究对64个点区环境电磁辐射源的数量、分布，环境电磁辐射水平以及对人体健康的影响进行了调查研究，结果表明：① 重庆市沙坪坝区各频段环境电磁波仅有个别测量点的最大值达到或超过国家标准，并且高场强的区域主要集中在中心商业区域以及个别医院和工厂。② 通过对有代表性的高、低两个辐射区域部分人群的神经行为、脑电、心电、外周血细胞指标的系统观察，发现了一些对人体有影响的趋势，为进一步深入开展环境电磁辐射污染与人群健康的关系提供了线索，该项目获得重庆市科学技术三等奖。

在室内大气污染对健康的影响方面，2001—2004年，重庆市环科院选择不装修（吸烟和不吸烟）和装修（吸烟和不吸烟）居室室内空气为研究对象，利用间接法对居民室内空气污染物苯、甲苯、二甲苯、甲醛、氨、颗粒物、γ射线、细菌等进行了系统监测，进行了重庆市民用住宅室内空气污染调查及人体暴露评价研究，并结合国内外的研究成果，定量研究了居民室内停留时间和污染物暴露剂量，提出了重庆市民用住宅室内空气污染控制对策，该项目获得重庆市科学技术三等奖。

2005—2006年，重庆市环科院进行了汽车内空气污染特征及人体暴露剂量评价研究。研究结果表明，新汽车内空气污染比旧车严重；车内甲苯、二甲苯、TVOC、CO 污染严重；车辆运行工况、车内通风条件以及风速、风向等外界因素都对车内污染物浓度的影响较大；另外，该研究采用蒙特卡罗法，以 TVOC 为代表，评价车内空气污染条件下的人体暴露剂量，结果表明，出租司机的暴露剂量远高于其他驾乘人员和乘客。

2004—2006 年，重庆医科大学儿童学院进行了环境污染源和化学制剂对雄性生殖发育影响及干预的实验研究，并获得重庆市医学科技进步一等奖。该课时涉及环境保护、人口生殖健康改善等国家重点关注问题，研究环境污染特质 DEHP [邻苯二甲酸二（2-乙基己基）酯]的生殖发育毒性及其导致生殖内分泌紊乱的机理和作用环节，并提出了相应的干预措施，其研究结果或结论为政府环保战略政策的制定提供依据。

人类开展环境保护的初衷便是为降低由环境污染导致的人体健康影响，因此西方早期的环境科学研究普遍集中于污染物的人体暴露实验研究。随着经济的发展和工业结构的改变，当今世界环境污染格局发生了根本性的变化，污染更加多元，健康影响机理更加复杂，需要人们投入更多的精力去开展研究。然而国内在这一方面的研究还相对薄弱，主要开展的一些科研课题基本都在医疗界，跨行业的联合研究力度和广度还有待提高。根据现有公开的研究成果来看，重庆在环境与健康研究方面相比其他领域的环境科学研究还较为薄弱，由于环境污染对人体健康的影响与污染排放规律、浓度分布、污染持续时间、人体暴露水平、人体生物化学效应等紧密相关，要深入了解环境与健康关系，摸清重庆有关情况，还需要重庆环保、医学界进一步加大跨学科合作的力度，拓展共同研究内容的广度。

七、环境监测技术研究

环境监测是环境保护工作的基础，环境监测技术直接涉及环境监测的质量、数据的准确性等。1997 年以来，重庆在环境监测技术的研究方面做了大量的工作。涉及的领域包括：采样技术的研究，分析方法的改进研究，质量保证和质量控制技术的研究以及在其他监测领域的研究。在采样技术的研究方面有：长江、乌江、大宁河重庆段水环境监测断面布设优化论证研究，智能型环境空气自动连续采样仪的研制及监测分析方法研究，HC-II 型含油废水采样器的研制，TSP（IP）采样方法比较和评估。在分析方法的研究方面有：环境水样中阴离子表面活性剂快速检测新方法，重庆市饮食业油烟监测分析方法，微波增压溶样技术应用研究，DR/2400 型便携式分光光度 COD、TN、TP 分析与国家标准分析方法的比对测试。在大气监测技术方面的研究有：酸沉降监测技术规范，降水监测技术研究，湿沉降监测的质量控制和质量保证技术研究，重庆市环境空气流动监测系统研究，环境空气自动监测系统标准化管理研究等。其他领域方面有：敏感生态环境创新性监测，重庆市环境污染事故应急监测处置技术预案研究。

HC-II 型含油废水采样器的研制：该采样器在 HC-I 型采样器的基础上结构更加合理，在实际工作中更加简便、可靠、密封性好，对乳化状、溶解性及含油膜的水样采集都能符合原国家环保局《水和废水监测分析方法》中对含油水样采集的特殊规定，通过实际应用证明，完全适合日常监测工作中含油水样的采集。本项目获实用新型专利。

TSP（IP）采样方法比较及评估：本研究的目的在于找出几种采样方法可能带来的误差及其定量关系。目前国内用于 TSP（IP）的采样方法主要有三种，安德生大流量采样器采样、KB-120 采样器采样和 β 射线法。研究结果发现：三种采样方法结果均不相同，但有很好的相关性，本研究为今后三种采样方法所得结果修正后比较提供了一种行之有效的方法。

智能型环境空气自动连续采样仪的研制及监测分析方法研究：本项目主要是针对空气中 SO_2 和 NO_x 自动连续采样及分析方法实用化的开发

研究，此前监测空气中的 SO_2 和 NO_x 采用的五日采样法，由于此方法监测数据代表性差，不能满足《环境空气质量标准》（GB 3095—1996）的要求，也不能与国际接轨，在国际上数据往往不被认可。鉴于此，重庆市环科院于 1998 年研制成功了智能型 ZKC-1 空气自动连续采样仪。该系统采用微电子技术和微型计算机简化产品结构，提高仪器可靠性，可自动切换采样，增长取样周期，吸收液不受环境温度影响，采集的样品稳定性好，在现场放置一周后统一取样、分析，大大减轻了分析人员的工作量。该系统的使用，为实现监测、采样方法与国际标准方法接轨提供了可靠的保证。

环境水样中阴离子表面活性剂快速检测新方法：主要是研究阴离子表面活性剂的测定方法，目前各种滴定法虽然有较高的准确度和精密度，但只适用于常量分析。对于痕量测定，荧光分析法研究的体系不多，应用不够广泛。本方法测定环境水样中阴离子表面活性剂，准确度高、重复性好，且可用于地表水、生活污水、医院废水、日化废水和污水处理厂废水中痕量阴离子表面活性剂的测定，结果满意。

重庆市饮食业油烟监测分析方法：该课题主要根据现有的技术条件，以重量法和红外分光光度法为研究方向，讨论不同材质滤筒对油烟的吸附效果及实验室内油烟的具体分析步骤，为重庆市的饮食业油烟监测提供了一种可供参考的方法。

微波增压溶样技术应用研究：该研究项目主要是针对固体样品的前处理方法的研究：该方法与传统溶样技术相比优点有：溶样速度快，样品分解彻底；试剂用量少，节约昂贵的高纯试剂；使用聚四氟乙烯罐密封溶样，溶样过程试剂不挥发，减少了对环境的污染；密封溶样过程避免了污染，特别适合微、痕量金属元素分析测定；方法用电量少，节约能源。本研究为提高应急和例行监测能力提供了一种行之有效的分析方法。

酸沉降监测技术规范：全面系统地制定了酸沉降（包括湿沉降和干沉

降）从采样、分析到质量保证和质量控制的规范，此标准于 2004 年 12 月 9 日由国家环境保护总局正式发布并实施，成为全国环保系统环境监测统一执行的技术规范，使全国酸沉降监测的数据更具有准确性和可比性。

敏感生态环境创新性监测：本项目以小流域为观测对象，以化学影响为基础，研究大气污染和酸沉降对敏感生态系统的潜在威胁，探讨环境忍受能力，确定临界负荷，从宏观上提出区域环境污染物沉降允许量和源排放削减量。项目是一个集小流域气象学、林学、水文学、大气化学、颗粒物化学、降水化学、树冠水化学、叶化学、枯落物化学、枯落物渗滤水化学、土壤化学、土壤水化学、溪流水化学于一身的小流域综合观测研究。项目开展的敏感生态环境创新性监测弥补了我国常规大气环境监测和酸雨监测的不足，为国家“十一五”两控区污染防治和污染物总量控制及未来国家大区域环境管理提供了有价值的借鉴和技术支撑。

重庆市环境污染事故应急监测处置技术预案研究：该项目的研究内容主要分为三个方面：研究建立重庆市环境污染事故应急监测处置技术信息系统；编制重庆市环境污染事故应急监测处置技术预案；策划并组织 2006 年重庆市环境污染事故应急监测处置演习。该研究结合环境应急监测工作实际，制定了适合重庆市环境污染事故的应急监测组织网络、工作流程、职能职责、技术支撑和技术培训等工作规范；《重庆市环境应急监测管理系统》和《应急监测设备调用及化危品处置查询系统》2 套软件系统，提供了应急监测各个环节所需的信息查询和技术支撑，特别在对重庆市各级监测站应急监测能力、多种化学危险品监测处置技术查询方面，该系统具备了较强的实用价值和应急监测辅助功能。该系统的研究成功为重庆市环境监测系统开展应急监测提供了技术支撑。

在重庆环境监测中心的带领下，重庆环境监测系统各部门在完成环境监测业务工作的同时，不断积极思考如何改进监测方法和设备，对遇到的新环境监测业务开展探索性研究和分析，制定技术规范、创新监测方法，为提高重庆环境监测的能力和水平作出了非常重要的贡献。

八、其他领域的科学研究

直辖以来，重庆除在大气环境、水环境、声环境、治理适用技术、生态环境、环境与健康、环境管理和监测领域的研究外，还在环境经济、环境景观、辐射放射、土壤污染等方面有较深入研究。开展的项目有《环境容量约束下的社会生产最大化政策与手段研究》、《基于土地资源与环境保护的城市非建设用地规划控制技术及其应用》、《小城镇建设与环境保护研究》、《涞滩古镇环境风貌保护及景观设计研究》、《应用GT800 数字集群技术中产生的电磁辐射预测模型探讨》、《土壤重金属汞、铅、镉对农作物的污染及控制研究》等。

2004 年 3 月至 2005 年 9 月，重庆市环保局和重庆大学合作研究完成了国家环保总局项目——《环境容量约束下的社会生产最大化政策与手段研究》。该课题通过理论与实证研究全面评价了国内外环境保护手段和方法、控制环境污染的政策和手段，并针对我国目前经济建设任务重、环境容量有限的实际情况，对环境保护与经济发展关系、最优排污量与最大化生产关系、排污监督的手段与方法、排污效率与排污收费、排污权交易等问题进行了研究，并在对具体的环境政策、管理手段进行优劣对比基础之上提出了研究的核心内容——建立以排放效率为考核标准的新型清洁生产指标考核体系。课题结合了中国目前国情，从如何高效率地利用环境容量促使社会经济最优化这一新的研究角度入手，通过对经济与环境相互影响、相互制约、相互促进关系的动态研究，提出了切合我国实际的以“排放效率”新型考核指标为核心的环境管理政策与手段，为环境监管部门实施相应的管理职能提供了有益的政策建议，具有较高的理论价值和现实指导意义。

重庆大学完成的《基于土地资源与环境保护的城市非建设用地规划控制技术及其应用》项目是科技部组织开展的研究课题，自 1980 年 1 月开始至 2004 年 6 月共计 24 年时间完成。该课题结合 5 项国家计划、

4 项部门计划和 2 项国际合作，针对山地城市可建用地少且分布零散，地质灾害隐患多的实际情况，就如何科学合理地推进山地城市规划建设、建立适合山地自身特点的规划建设技术体系、合理组织城市空间结构、进行科学的生态保护与灾害防治等问题，通过近 30 年的研究与大量实践，总结、提炼出 4 项关键技术：山地复杂环境条件下的多种城市空间结构模式，山地城市建设的生态优化与灾害防治规划技术，山地城市发展的非建设用地规划控制技术，山地城市生态化建设综合评价指标体系。

本研究成果居国际领先水平，已先后在 19 个省区的 200 多个规划设计项目中得到了推广应用，具有很好的行业推广应用前景。项目最终获得“国家科学技术进步二等奖”荣誉。

《小城镇建设与环境保护研究》项目以重庆城镇建设发展的历史、现状为背景，收集分析了城镇建设发展对环境保护影响的规律，寻求出对城镇环保的措施及相应对策，为重庆环境保护、保持城镇生态环境良性循环、建设美好可持续发展城镇等工作提供参阅。项目获得“重庆市科技进步三等奖”。

《涞滩古镇环境风貌保护及景观设计研究》项目是 2003 年重庆市规划院完成的市建委项目。该课题对涞滩古镇传统建筑及环境特色、对涞滩古镇历史建筑与街区风貌保护以及景观设计进行了研究，分析了古镇保护与建设存在的主要问题，提出了涞滩古镇保护的基本原则及一系列切实可行的措施，对保护古镇的传统风貌和历史文化遗产、改善古镇居民的生活条件、解决古镇保护与建设之间的矛盾、促进古镇社会和经济可持续发展具有积极意义。

在辐射放射污染研究方面，重庆开展了诸如《重庆市放射性污染源调查研究》、《重庆市电磁辐射污染源申报登记工作技术报告》、《应用 GT800 数字集群技术中产生的电磁辐射预测模型探讨》等研究。其中《应用 GT800 数字集群技术中产生的电磁辐射预测模型探讨》项目以重庆市某集团有限责任公司 GT800 数字集群技术试验网工程为例，针对重庆的特殊地貌特征，就 GT800 数字集群技术应用中的电磁辐射预测模型进行了探讨。该预测模型考虑了污染源特点、自然条件影响等各种实际因素，针对电磁辐射源对近场区、远场区的影响均进行了预测，并对结果进行了修正。从预测的最终结果发现该预测模型可信，而且能在地形等自然条件变化很大时对 GT800 数字集群技术试验网工程所产生的电磁辐射污染进行有效预测。该研究对电磁辐射污染防治、保护公众健康，具有十分重要的意义，并为环保行政主管部门决策提供了依据。项目获得中国声学学会环境声学分会及中国环境科学学会环境物理学专业委员会授予的"优秀论文"荣誉称号。

在土壤污染研究方面，重庆开展了《三峡库区（淹没区）土壤重金属背景调查研究》、《重庆市典型环境污染搬迁企业原址土壤环境质量调查》、《土壤重金属汞、铅、镉对农作物的污染及控制研究》等项目工作，对不同特征领域的土壤污染问题进行了调研、监测和污染分析工作，为重庆的土壤环境污染问题的解决提供了方法和思路。其中北碚区环保局和西南农业大学合作开展的《土壤重金属汞、铅、镉对农作物的污染及控制研究》项目通过对重庆市郊土壤、农作物重金属污染现状调查，发现市郊土壤重金属污染比较突出，农作物汞、铅危害较重，因此，项目从农业措施角度上提出了有针对性的污染防治建议。项目开展了调控剂的筛选及机理研究，通过田间验证试验，得到了使蔬菜重金属含量降到安全水平的最佳数据参数，并在研究方法上有所创新。项目获得了"北碚区科学技术进步二等奖"荣誉。

第三节　环境科研成果

重庆市环境保护局坚持科技创新，以促进加快转变经济增长方式，建立资源节约型、环境友好型社会为目标，紧紧围绕主城大气污染防治、库区水环境保护两大重点，密切结合环境保护和环境管理面临的新形势和新任务开展科研工作，与时俱进，开拓创新，不断努力为环境管理和政府决策提供科学的依据和支撑。

一、水环境保护科研成果

1. 水污染防治科技成果

嘉陵江重庆段工业污水控制行动计划（1997—1998 年，承担单位为重庆市环境科学研究院），该项目通过调查嘉陵江重庆段主要工业污水排放源的调查，完成嘉陵江重庆段主要工业污水排放源优先治理排序名单，制订了有关企业排放主要污染物的削减计划及相应措施。该成果获 1999 年度重庆市科技进步三等奖。

三峡水库水污染控制研究（1997 年至 2003 年，国务院三峡办下达的科研课题，由清华大学、中国水利水电科学研究院、长江水资源保护研究所、重庆市环科院、四川大学五家共同承担研究完成）。其中子课题“长江重庆段黄沙溪、嘉陵江汇流口污染带水文、水质、污染源排污负荷同步观测”是进行原型污染带水文、水质同步观测，在长江尚属首次，观测结果不仅满足了二维水质模型验证的需要，同时还为其他类比排污口、污染带提供了监测方法。子课题“长江干流水库断面背景浓度及库区污染源排污负荷现状与预测研究”是调查、统计、计算、预测库区内城市污水、工业废水、固体废物、船舶污水、城市和农田地表径流和土壤淹没释放等七个方面的排污负荷以及负荷的时空分布，为总课题研究提供污染源资料，所建立的污染负荷预测方法为今后的同类研究提供了借鉴并为三峡水污染治理管理决策提供了科学依据。该课题成果获教育部 2005 年科技进步一等奖。

2005 年，开展“三峡库区重庆段水环境保护行动计划研究——重庆市‘碧水行动’实施方案”课题研究，在开展重庆市干支流和城市岸边水质现状调查及预测、重庆市污染物排放现状调查及预测、重庆市城市岸边水环境容量核算、三峡库区水体富营养化趋势预测等研究的基础上，结合环境保护目标、管理措施和污染防治工程，制订了重庆市“十一五”期间水环境保护的工作纲领，即《重庆市“碧水行动”实施方案(2005－2010)》，为三峡库区水环境保护提供技术支撑。

2007 年，开展《三峡库区（重庆段）富营养化监测技术规范》研究，并在重庆地区发布《三峡库区（重庆段）富营养化监测技术规范》。

2009 年，《三峡库区水环境安全预警平台建设与科学决策关键技术研究》顺利通过专家验收。该课题是重庆市科委 2006 年组织实施的十个重大专项之一，平台主要包括基础数据集成与共享、污染源与水质在线监控、综合信息分析、水质预警、污染事故应急决策支持、信息发布。水质预警集成预警等级分析、水质预测模型开发、GIS 图形展示、预警等级综合查询等功能模块，针对不同的事件类型，从不同功能角度进行分析，结合 GIS 可视化模拟预警预报结果，提供全方位的河流水质预警决策信息，实现了水环境安全预警功能。该预警平台已正式在重庆市环保局应急处置工作中，成为三峡库区水环境安全保障的重要技术支撑。

2. 水污染防治技术产品

中小城市高效经济的污水处理新技术（2003 年 4 月至 2003 年 12 月，重庆大学），本研究贯彻简易污水处理的思想，以循环流反应器为基本池型，集成了 Bardenpho 工艺、UCT 工艺、VIP 工艺和 Carrousel 氧化沟工艺的特点，形成了适合中小城镇的高效、经济的单池分区污水处理新技术。该成果获得四川省科技进步二等奖。

二、大气环境保护科研成果

1. 大气污染防治科技成果

重庆地区硫污染总量监测和总量控制研究（1996—1997 年，重庆市环境科学研究院），该项目采用分子扩散法，对城区、城镇、农村居民点、田野及林区等各类大气环境进行全年连续监测，获得中尺度环境大气 SO_2 浓度分布和区域大气硫干沉降总量信息，通过开发适合本地区的区域大气硫沉降总量模式计算，掌握了重庆市区域大气硫污染现状。该成果获国家环保总局科技成果二等奖。

重庆市燃用低硫煤的可行性评估（1996 年 12 月至 1998 年 12 月，重庆市环境科学研究院），该研究通过资料、专家咨询及市内外的实地调研，弄清楚了重庆市辖区内低硫煤的贮量、生产量及近邻省份低硫煤的贮量、生产量。提出解决重庆煤烟型大气污染的基础思路应该是大力推进煤改气，调入低硫煤和电厂烟气脱硫。其中，从外省调进燃用优质低硫煤成为解决重庆大气环境质量的主要措施。该成果获得 2000 年度重庆市科技进步三等奖。

重庆市酸雨控制区二氧化硫污染综合防治规划（1997—1998 年，重庆市环境科学研究院），该项目在分析重庆市 SO_2 污染现状的基础上，通过方案优化组合，提出了控制目标、宏观战略性综合防治规划措施、污染控制措施综合方案、综合防治方案资金筹措、环保监督措施和经济措施和经济管理政策，为市政府进行 SO_2 污染防治决策提供了科学依据。该成果获 1999 年度重庆市科技进步三等奖。

重庆空气重点控制有毒物质研究（1997—1998 年，重庆市环境科学研究院），该项目是在全面调查研究重庆空气中存在的有毒有害物质的基础上，建立符合中国国情和重庆地方特点的筛选体系，完成重庆空气重点控制的有毒有害物质名单和推荐重庆空气优先控制有毒有害物质名单。该成果获 1999 年度国家环境保护总局科技进步三等奖。

重庆市大气污染对儿童肺功能影响研究（1994—1998 年，重庆市环境科学研究院），该项目通过对空气中的污染物，特别是气溶胶污染物以及儿童肺功能的测定，找出它们之间的关系，经计算，污染点较对照点儿童肺功能的指标低 3%～5%，主要是由于大气污染（气溶胶）造成的，特别是 $PM_{2.5}$ 的细粒子造成。该成果获 1999 年度重庆市科技进步三等奖。

重庆城区机动车排放污染及控制对策研究（1997 年 12 月至 2000 年 4 月，重庆市环境科学研究院、交通部重庆公路科学研究所），该课题应用先进的 MOBILE5 模式，在重庆首次计算得到了城区机动车排放因子，进而计算得到了重庆城区实际的机动车排放污染物总量，并对发展趋势进行了预测，为重庆机动车排放污染治理控制对策提供了科学依据。该成果获得 2001 年度重庆市科学技术三等奖。

重庆市主城雾害形成机理、变化规律及其大气污染的关系的研究（2001 年 1 月—2003 年 3 月，重庆市气象工程技术中心、重庆市环境科学研究院），该研究通过大量历史资料分析、外场加密观测、数值模拟等手段研究重庆雾的变化规律、物理化学特性及形成原因，科学回答了重庆雾是“水雾”还是“烟雾”问题；首次合理解释了雾日减少和能见度下降的原因；基本弄清雾中凝结核的主要来源；对复杂地形的数值模拟取得令人满意的结果；进一步加深了对各类雾形成的大气环流的认识；采用的技术方法促进了雾害预报水平的提高；提出了切实可行的雾害治理对策措施。该成果获得 2004 年度重庆市科技进步三等奖。

重庆市“蓝天行动”实施方案（2002 年 3 月至 2004 年 12 月，重庆市环境科学研究院），本课题以重庆市主城规划区（约 2 737 平方千米）为研究范围，以 2003 年为研究基准年，主要开展了重庆市主城大气环境质量现状分析、主城大气污染物（SO_2、NO_x 和 PM_{10}）排放现状调查及预测、主城大气环境容量核定等基础研究工作。并在此基础上，针对主城大气环境中已经存在或可能出现的污染问题，利用容量总量控制理论，从系统角度出发，提出了“十一五”期间优化解决重庆市主城区域大气污染问题的一系列方案，即《重庆市“蓝天行动”实施方案》。该课题成果获得 2006 年度重庆市科技进步二等奖、国家环保总局环保科技奖三等奖。

2. 大气污染防治技术产品

饮食业厨房油烟净化器研制（1997—1998 年，重庆市环境科学研究院），该项目首创单进风对称双面自激雾化结构，将同功率设备体积减小一半；在油烟净化上首创高速旋流分离，不锈钢毛过滤结构既提高了净化效率又解决了脱水问题，处于国内领先水平。该成果获 1999 年度重庆市科技进步三等奖。

3. 大气环境监测方法研究

酸沉降监测技术规范（2002 年 8 月至 2003 年 12 月，承担单位为重庆市环境科学研究院），该研究对监测酸沉降的全过程进行了详细的规定，具体到监测点位的选定原则、采样器的要求、分析方法的要求、采样及分析过程的要求及质量控制、数据的处理等。该成果获得重庆市科技进步三等奖。

三、声环境保护科技成果

客车噪声产生机理及降噪技术研究（1999 年 5 月至 2001 年 12 月，交通部重庆公路科学研究所、重庆大学），该项目针对我国客车行业状况，研究了一套降低客车噪声的方法和措施。摸清了三种车型试验样车的噪声产生机理，找到了主要噪声源和主要噪声辐射部位，提出和实施了经济有效的噪声治理方案。该成果获得中国公路协会科学技术奖。

四、固体废物控制科技成果

煤矸石的综合利用（1990 年 2 月至 1997 年 3 月，重庆大学），该课题系统地分析了煤矸石的化学成分、物理化学性能，通过小试和中试，提取了一系列的化工产品，优选了各种制备方法，为煤矸石综合利用提供了科学理论、切实可行的技术措施及新的有效途径。该成果专利号为：94113062.2。

三峡库区淹没区固体废弃物污染治理专项技术研究（2000 年至 2004 年，重庆大学），首次准确翔实地掌握了淹没区各类固体废弃物数据；建立了垃圾水分的均衡模型、分类处理判别指标体系；揭示了固体废弃物污染物溶出降解规律；研究了社会、经济、环境效益最优的固体废弃物专项处理技术；首次开发了三峡水库淹没区固体废弃物 GIS 软件系统。该成果获得国家科技进步二等奖。

五、生态环境保护科技成果

三峡库区对重庆段生态环境影响及整治对策研究（1996 年 7 月至 2002 年 8 月，重庆市环境科学研究院），该课题以三峡库区重庆库段为研究范围，以生态环境的各个基础要素为研究内容，涉及水质变化、大气环境变化、鱼类生长、人群健康、城市基础设施建设以及未来的生态环境管理框架等多方面，在三峡库区生态环境现状分析的基础上，利用一维、二维水质数学模型及其他相关模型，对三峡水库蓄水后重庆库段生态环境情况进行了预测并全面分析了三峡水库对生态环境的不利影响，在此基础上系统地提出了遏制生态环境破坏、保护生态环境的对策措施及控制技术。该成果获得重庆市科技进步三等奖。

三峡库区重庆段抢救性生态背景调查和标本库的建立（2002 年 4 月至 2005 年 12 月，重庆市环境科学研究院），该项目对三峡库区重庆段二期蓄水前生态环境进行了全面的调查，包括长江干流及次级河流水质状况、城镇空气及降水质量、气候及气象灾害、（水生）生物、土壤组分和地质灾害、固体废物等方面；采集制作完成了蓄水前海拔 175 米以下陆生和水生生物、岩石及岩芯、土壤剖面和固体废物等上千种（类）标本；出版了《三峡库区重庆段蓄水前水生浮游动植物标本图谱》；编辑了内容涵盖环境现状、污染源及移民搬迁、文物保护和生态建设等方面的声像资料，较完整地记录了库区蓄水前的生态环境背景情况。该成果获得 2006 年度重庆市科技进步三等奖。

六、电磁防护科技成果

应用 GT800 数字集群技术中产生的电磁辐射预测模型探讨（2004 年 6 月至 2004 年 12 月，重庆市辐射环境监督管理站），该研究以重庆市某集团有限责任公司 GT800 数字集群技术试验网工程为例，针对重庆的特殊地貌特征，就 GT800 数字集群技术应用中的电磁辐射预测模型进行了探讨。该成果中国声学学会环境声学分会、中国环境科学学会环境物理学专业委员会优秀论文奖。

七、综合

1. 技术产品

环保型碱锰电池集流体表面处理技术研究与应用（2000 年 1 月至 2002 年 8 月，重庆大学），该项目根据化学镀原理发明了无氰化学镀铟方法。其关键技术是如何将碱性介质中的含铟络离子与次亚磷酸盐的氧化还原反应发生在催化活化的集流体表面，并形成致密稳定的功能性铟层。由于该项目采用的镀铟工艺不涉及氰化物或其他污染环境的物质、不需外加电源和废液处理，具有生产成本低、操作简便、镀液无环境污染、产品一次合格率高等特点，解决了电池无汞化的核心技术。该成果获得重庆市科学技术奖（技术发明奖）。

TY 系列透平油专用滤油机（2000 年 6 月至 2003 年 4 月，重庆工商大学），该研究采用离心、膨胀、凝聚、分子吸附、真空干燥、机械过滤等组合技术，能去除透平油中水分、杂质、皂类、酸质、胶质、色素等，使严重乳化的透平油破乳、透明，达到国家新油标准。该成果获得国家科技进步二等奖。

2．环境管理

重庆市环境污染事故及应急系统研究（1996—1997 年，重庆市环境科学研究院），该项目在全面调查研究全市主要行业可能突发污染事故又有代表性的污染源基本情况的基础上，提出污染源可能突发事故的方式（性状），并提出预防污染事故的措施，以及在不可避免的污染事故突发时，提出一系列应急处理方法。该成果获 1999 年度重庆市科技进步三等奖。

小城镇建设与环境保护研究（2000 年 1 月至 2000 年 12 月，重庆市土木建筑学会村镇建设研究会），该研究分析了重庆城镇建设发展的历史、现状，收集了城镇建设发展对环境保护影响的规律，寻求出对城镇环保的措施及相应对策。该成果获得重庆市科技进步三等奖。

山地城市生态化规划建设关键技术与应用（1980 年 1 月至 2004 年 8 月，重庆大学），该研究成果主要包括：山地城市学的创建及其学科框架的建构；山地城市生态化规划建设理论框架的建立；以“3S”技术为依托的山地城市自然资源综合评定和土地综合利用评价方法；山地城市生态化空间结构发展模式；山地城市生态化灾害防治体系；山地城市生态化规划设计方法；山地城市发展与自然演进动态平衡机制的建立以及城市非建设生态用地规划控制与管理方法等。该成果获得国家科技进步二等奖。

基于土地资源与环境保护的城市非建设用地规划控制技术及其应用（1980 年 1 月至 2004 年 6 月，重庆大学），该课该研究成果包括 4 项关键技术：山地复杂环境条件下的多种城市空间结构模式，山地城市建设的生态优化与灾害防治规划技术，山地城市发展的非建设用地规划控制技术，山地城市生态化建设综合评价指标体系。该成果获得国家科学技术进步二等奖。

人类环境问题由来已久，但随着 20 世纪环境科学的出现，环境问题才得以根本性改观。由于环境科学与其他自然科学的相互交融，环境科学的出现也推动了相关学科的迅速发展，并由此产生了众多的环境科学分支学科，如环境生物学、环境化学、环境物理学、环境地学等。

目前，国内环境科学各个领域的研究工作都在如火如荼地开展，环境科学得到了长足的发展。重庆自 20 世纪 80 年代以来，针对自身突出的环境问题，首先集中力量开展了一批环境科学研究课题，识别了主要污染物、排放源、污染分布及程度、污染机理，并开展了防治措施研究和实践，取得了丰硕的科研成果，为重庆环境有效管理、污染有效控制和环境质量的持续改善打下了坚实基础。

然而，重庆环境科学研究也还存在诸多不足的地方。首先，缺乏重大科研平台。目前重庆还缺乏能够组织高水平环境科学基础研究和应用基础研究的科研平台。国家级重点实验室是国内较高水平的科研平台，通过它可以聚集和培养大量优秀科技人才、进行高水平学术交流、开展重大课题研究。然而，除三峡库区生态环境教育部重点实验室外，重庆还缺乏类似级别和规模的科研平台。

其次，跨学科环境研究还不足。环境科学本身是一门涉及多学科的自然交叉学科，需要跨部门联合开展科学研究，方能深入探索和掌握环境问题的实质。在重庆，目前最紧迫需要深入开展的跨学科研究例如：气象因素对重庆大气环境污染的影响，节能与减排的协同效应，空气中细颗粒物对人体健康的影响，重金属污染的健康效应，POPs 排放与控制研究，发动机技术与废气排放，溶剂、油漆有机物排放控制，煤炭洗选、配煤、型煤的污染减排，传统污染物与温室气体协同减排等。

再次，地方环境科研投资方向不明确，缺乏长远规划。目前，重庆重大环境科学课题主要来自国家层面，而且数量较少，主要集中在高校和部分科研机构。地方上的环境科研资金来源以科委、环保和建委等部门为主，且主要集中在管理性的环境科研课题上，研究过程短、平、快，研究投入资金少是其主要特点，而对新环境问题的研究缺乏预见性和长期性的投入。因此，这种环境科研发展模式造成了当前“对日新月异的环境形势缺乏储备和应变－短期性投入难见成效－投资部门对科研工作缺乏信心－长期性重大环境基础科研投资削减”的恶性循环。

综上所述，重庆环境科学研究得到了长足的发展，并持续有效地为重庆环境管理、污染防治提供了有力的支撑。

备用资料

2000年以来，重庆市环境科学研究院根据重庆市环保局“十五”环保规划中提出的全面实施“山水园林城市”和“青山绿水”两大战略，积极组织开展环境科学研究工作，取得了丰硕成果。先后承担了各级各类研究项目近200项，发表学术文章200余篇，荣获教育部一等奖1项，环境保护部三等奖3项，重庆市科学技术进步奖11项。同时，主持研究的“蓝天行动”、“碧水行动”、“绿地行动”、“宁静行动”得到了全面深入的实施，为政府成功实施“四大工程”提供了科学依据和技术保障。主要包括：

实施“四大工程”，为重庆市环境保护奠定技术基础。“十五”以来，相继进行了“蓝天行动方案”、“碧水行动方案”、“绿地行动方案”、“宁静行动方案”四大工程实施方案的研究和编制工作，为改善环境质量作出积极的贡献。

落实全国总量削减目标，发挥技术支撑作用。为贯彻落实胡锦涛总书记“314”总体部署，搞好统筹城乡环境保护，根据国务院《关于印发节能减排综合性工作方案》及环境保护部相关文件精神，2005年承担了《重庆市二氧化硫总量减排实施方案》及《重庆市COD总量减排实施方案》的研究工作。该课题提出污染物削减的分年度实施计划，有效地指导各区县污染物总量减排的实施，促进重庆市建设资源节约型、环境友好型社会的目标稳步实现。

整合科研和监测实力，开展环境标准研究。目前，重庆市环境科学研究院实行“一个机构两块牌子”的管理体制，借助资源的整合与共享的优势，近年来，承担了大量监测方法、技术规范和标准的研究。主要包括中国环境监测总站下达的《环境质量常规监测数据管理系统数据传输方式规范化研究》、《第一次全国污染源普查城镇生活污染源与集中式污染治理设施产排污系数测算》、《突发性环境污染事故应急分析技术资源库的建立》、《优控污染物的监测技术系统》、《国家环境监测背景点位设置研究》，重庆市环保局支持的《重庆市环境准入规定研究》、《锶盐工业污染物排放标准》和《三峡库区（重庆段）富营养化监测技术规范》等一系列课题研究，制定了全国性的方法标准《环境监测分析方法与监测技术体系建设》中的 14 个项目的标准分析方法，全国性技术规范《酸沉降技术规范》、重庆市地方标准《重庆市锶盐工业污染物排放标准》、重庆市地方性技术规范《三峡库区（重庆段）富营养化监测技术规范》等一系列技术规范和标准。

强化优势科研，以库区为重点深入开展水环境研究。由于重庆特殊的地理环境，14 个区县跨越三峡库区段，重庆市环境科学研究院在三峡库区水环境研究方面投入了大量的人力、物力。“十五”以来，先后承担了《嘉陵江重庆段工业污水控制行动计划研究》、《三峡水库水污染控制规划研究》、《三峡库区水环境安全预警平台建设与科学决策关键技术研究》、《三峡库区重庆段抢救性生态调查及标本库的建立》等研究工作。由中国工程院魏复盛等院士牵头组织开展的《三峡库区及其上游水污染防治咨询战略研究》共 8 个专题，其中 4 个专题由重庆市环境科学研究院承担。

加强大气环境研究国际合作，为政府决策献计献策。“十五”以来，通过中-挪、中-瑞、中-美合作项目，蓝天行动实施方案，颗粒物源解析，机动车污染控制，大气环境容量，东亚酸雨网等课题的研究，为重庆市大气污染控制奠定了坚实的技术基础。

在酸沉降研究方面，相继开展了《东亚酸沉降监测网中国网重庆酸沉降综合监测》（东亚区域合作项目）、《中国陆生生态酸化综合观测研究——IMPACTS》（中国-挪威合作项目）、《发展中国家区域大气污染研究（RAPIDC）》（中国-瑞典合作项目）等国际合作研究。建立起国内最早的林区生物生态和化学生态综合研究基地。《中国陆生生态酸化综合观测研究（IMPACTS）》的项目在全国 3 省 1 直辖市建立了 4 个现场研究基地，重庆市铁山坪观测基地就是其中之一。项目开展的敏感生态环境创新性监测弥补了我国常规大气环境监测和酸雨监测的不足，为国家“十一五”两控区污染防治和污染物总量控制及未来国家大区域环境管理提供了有价值的借鉴和技术支撑。项目研究具有前瞻性和指导意义。

拓展生态环境研究深度，共筑重庆市“绿色家园”。“十五”以来，重庆市环境科学研究院主要从“污染生态”和“区域生态”两个方面入手，加强国际合作，拓展生态环境研究深度。从“生物多样性保护、外来物种入侵、生态环境保护和建设管理机制、土壤污染调查、园林绿化、生态破坏经济损失、小城镇生态环境问题、生态环境脆弱性评价、畜禽和水产养殖污染”等 9 个方面全方位收集基础生态数据，完成了重庆市农村能源调查、重庆市生态环境现状调查以及重庆市“十一五”生态环境保护规划研究、重庆市生态功能区划等工作，并在此基础上完成了“绿地行动计划”实施方案的编制，为重庆市市政府实施“绿地家园”工程奠定了坚实的技术基础。

开展环境规划研究，实现科学性和前瞻性有机统一。“十五”以来，重庆市环境科学研究院先后完成了《长江三峡库区水污染防治及生态保护“十五”计划及 2015 年远景目标规划》、《重庆市水域区分规划研究》、《重庆市环境保护“十一五”规划》和《重庆市创建国家环境保护模范城市规划（2010—2013 年）》等 20 余个规划项目。

第四章　环境监测

重庆直辖以来，环境监测事业得到快速发展，环境监测管理完善，同时形成了由重庆市环境监测中心、重庆市辐射环境监督管理站和40个区县环境监测站为成员的环境监测组织体系；环境监测的领域涵盖了环境空气、降水、地表水、集中式饮水源地、噪声和振动、固体、生物、辐射和废水、废气、室内空气等方面；环境监测从以城市为中心的范围扩大到流域、区域，并向城乡统筹环境监测迈进；环境监测装备向高、精、尖和自动化发展，自动在线连续监测和空间遥感监测大显身手，环境监测技术水平不断向前推进，为环境管理和决策提供了坚实的技术支撑和技术指导。

第一节　环境监测体制及机制

环境监测是环境管理的重要组成部分，是一项重要的基础性、公益性事业。经过 30 多年的有益探索，重庆市形成了较为完备的环境监测机构和法规技术体系，为实现环境保护的历史性转变奠定了坚实基础。

全市环境监测工作实行分级管理。市环保局设环境监测处，负责全市环境监测管理工作。市环保局直属事业单位市环境监测中心和市环科院，实行“一套人马，两块牌子”，为重庆市环境监测业务技术中心。区县环境监测站负责实施本辖区环境监测工作，万州、涪陵、黔江、江津、永川、合川等6个区域性中心城市环境监测站负责所在片区区县环境监测技术管理、业务指导和培训等工作。

一、环境监测管理机构

1975年重庆市环保局成立后，一直内设科技监测处，负责环境监测管理工作。这些年来，科技监测处在环境监测规范化管理中建章立制、分级管理、强化领导、分类指导，做了大量工作。2009年，市政府批准重庆市环保局新的“三定方案”，明确了市环保局设立环境监测处，人员编制6名。环境监测处的职能是：制订全市环境监测发展规划、计划、管理制度和规范性文件；建立市级环境监测网络，组织开展环境质量监视性监测、污染源监督性监测、环境应急与预警监测和信息发布；负责组织本市环境监测机构和人员能力认定并颁发合格证书；协调指导区县环境监测工作，监督环境监测质量管理制度的实施等。区县环保局负责组织本辖区环境监测管理工作，管理本辖区环境监测机构，监督本辖区环境监测质量管理制度的实施等。

二、环境监测机构

至2009年，重庆市建立了由重庆市环境监测中心、重庆市辐射环境监督管理站和40个区县（自治县）环境监测站组成的环境监测组织体系。其中有41个属全额拨款事业单位，一个属参公单位（重庆市辐射环境监督管理站）。截至2009年，全市（含市监测中心和市辐射站）环境监测人员编制数为957个、在岗862人。

1．重庆市环境监测中心

① 机构与人员发展情况。重庆市环境监测中心为市环保局直属事业单位，为国家一级环境监测站，与重庆市环境科学研究院实行“一套班子、两块牌子”的管理体制。重庆市环境监测中心在环境监测方面的

主要职责是：负责环境质量监测、污染源监测、执法监督和重点区域的生态环境监测；环境监测技术指导、培训等工作。

至 2000 年，职工人数增至 165 人，从事环境监测、科研的专业技术人员占职工总数的 78.3%；拥有一批较为先进的精密测试仪器和较好的试验场所。根据业务工作的需要，设有 16 个科室；同时，通过重庆市技术监督局授权设有重庆市环境监测仪器计量检定中心，负责重庆市环境监测系统相关单位的玻璃量具、分光光度计、酸度计、天平和砝码进行定期检验。

2002 年 4 月，实行内设机构调整，将质控室、业务科、总工办、设备科、大气室、水质监测室合并，按环境监测流程重新组合成三个新科室，即现场监测室、仪器化学分析室、技术管理科。现场监测室的主要职责是现场监测和采样，仪器化学分析室的主要职责是对样品的分析测试，技术管理科的主要职责是技术方案的制订、质量保证、报告书编制审核、区县业务指导、承接科研监测业务及相应的管理等工作。由于科室撤并，生态环境管理研究所承担的生物监测和大气环境研究所承担的国控点酸雨监测调整到监测室和分析室。通过采取调整科室设置、双向选择中干、精简管理人员、充实监测队伍等一系列措施，实现了人力资源的合理配置，极大地发挥了人员的主动性和创造性，提高了工作效率。

2004 年 10 月，结合业务发展需要，对科室进行调整，撤销技术管理科，成立总工办、资源经营科、科技环评管理科、室内环境监测室等部门，将现场监测室一分为三，对内模拟市场化运作、引入竞争机制，对外积极拓展业务，明确各部门职能。2004 年后，由于不断引进各类人才，职工人数不断增加。

2005 年市环境监测中心完成标准化建设，通过国家验收。至 2008 年，职工人数增至 171 人，从事监测的人员为 124 人。为更加有效地为环境管理提供技术支撑和技术服务，2008 年 3 月，市环境监测中心对内设机构进一步优化，将原总工办更名为技术管理科，将原资源经营科更名为监测业务科，强化对环境监测的技术管理和对区县监测站的技术指导。

② 资质认定情况。1992 年被授予“国家环境监测优质实验室”；1996 年被确定为“国家环保局长江暨三峡生态环境监测网中心”，负责协调上自攀枝花市，下至上海市共 30 多个城市的长江生态环境监测工作；1997 年被评为“全国环保系统先进监测中心”；1998 年被国家环保总局确定为“东亚酸沉降监测网”（由中、俄、日、韩、蒙、泰、菲、越、马、印尼等十国组成）中国成员中心，代表中国参加国际间环境监测活动；1999 年首次通过了原国家环境保护总局的持证上岗和重庆市质量技术监督局的计量认证检查，确认了具备向社会提供水（含大气降水）和废水、环境空气和废气、土壤、底质、固体废弃物、生物残留体、生物样品、噪声振动等 58 个环境标准中 200 个参数的监测资格；2001 年 3 月通过国家质量技术监督局的计量认证，同年 11 月通过原国家环保总局的持证上岗考核；2002 年 12 月通过了国家计量认证的监督扩项评审，认证的监测能力为 210 个项目 532 个参数；2004 年 7 月通过国家技术监督局的计量扩项认证；2006 年 12 月通过国家质量技术监督局的计量认证，监测能力扩展到 250 个项目。

2. 重庆市辐射环境监督管理站

① 机构与人员发展情况。重庆市辐射环境监督管理站（以下简称“市辐射站”）于 2003 年年底经重庆市机构编制委员会批准设立《市机构编制委员会关于同意设立重庆市辐射环境监督管理站的批复》（渝编[2003]109 号），是隶属重庆市环境保护局管理的处级事业单位，参照公务员法管理。主要负责全市电磁辐射环境与放射环境的监督管理、技术监测；放射性废物库的日常运转和管理维护，放射源的监督管理；辐射事故的应急和调查处理；辐射与核安全专业技术人员培训等工作。

市辐射站建站之初有 6 名事业编制。至 2008 年，编制增加到 25 名。

市辐射站设站长一名，副站长二名，副总工程师一名，并内设综合科、核安全科、电磁辐射科、执法监督科、监测科、质量保证室共 6 个科室。在业务上接受环保部核安全司、环保部核与辐射安全中心和重庆市质量技术监督局的指导，质量保证体系已通过省级资质认定。

② 辐射监测能力基本情况。市辐射站建站于重庆市人民路 212 号。拥有仪器设备价值 800 多万元，包括高纯锗伽玛谱仪、低本底液闪谱仪、Farmer2670 剂量仪、热释光剂量仪、便携式剂量计和能谱仪、低本底α/β放射性检测仪、综合电场测量仪、选频测量仪、无线电干扰测量仪等一大批监测仪器设备，共有 70 多台套。重庆市辐射站有业务用房 1 200 平方米，其中实验用房近 500 平方米，实验室按标准化设计和建设，设有前处理室、放化室、个人剂量室、γ能谱室、液闪室、低本底α/β监测室、标准物质室、现场仪器室和样品贮存室等独立功能的实验场所，能独立完成辐射环境质量监测的全部项目。

3. 区县环境监测站

直辖以来，随着重庆市环境监测事业快速发展，区县环境监测站和监测能力发展很快。到 1997 年，全市建立了 40 个区县环境监测站，编制总数 440 人、在岗人数 359 人（区县环境监测站人员情况见附录表 3 和附录表 4）。2007 年，原国家环境保护总局发布《环境监测管理办法》和《全国环境监测站建设标准》，对县级以上环境监测站的职责和建设标准作了要求。《全国环境监测站建设标准》对省、市、县三级环境监测机构人员标准及机构、监测经费、监测用房、基本仪器配置、应急监测仪器配置和专项仪器配置均作了规定，以指导和规范全国各级环境监测机构能力建设。2007 年后，重庆市区县环境监测机构按建设标准要求，逐步增加人员编制、配置各类仪器设备，逐步向标准化迈进，各监测站发展迅速。至 2007 年，全市区县监测站人员编制达 607 人、在岗人数达 519 人；2008 年总编制数增加至 672 人、在岗人数增至 562

人。2008 年，重庆市环境保护局依据《全国环境监测站建设标准》，结合重庆市实际，发布了《重庆市环境监测站建设标准》。《重庆市环境监测站建设标准》中一级站标准高于国家标准；二级站划分为三类，编制数要求分别为不少于 80 人、60 人、30 人，二、三类低于国家标准；三级站编制数不少于 20 人，高于国家标准。按这个标准要求，2009 年，全市各区县监测站人员编制数较大幅度增加，达到 731 人，在岗人数为 620 人。

三、环境监测管理规章制度

为加强环境监测工作，推进环境监测站标准化和环境监测工作规范化，全面提升环境监测能力和工作水平，确保环境监测数据和信息的准确可靠，直辖以来，重庆市环保局根据国家环境监测工作的相关要求，结合重庆市的实际情况，制定了一系列环境监测工作管理文件。

1. 环境监测工作规范化管理

2006 年 7 月 28 日，原国家环境保护总局发布《关于印发〈环境监测质量管理规定〉和〈环境监测人员持证上岗考核制度〉的通知》（环发[2006]114 号文件），进一步规范全国环境监测质量管理工作，促进环境监测持证上岗考核规范化、程序化和制度化。2007 年原国家环保总局发布《环境监测管理办法》（国家环境保护总局令第 39 号），进一步加强环境监测管理，明确县级以上环境保护部门在环境质量监测、污染源监督性监测、突发环境污染事件应急监测等监测活动的管理职责，确立县级以上环境保护部门所属环境监测机构的职能和工作任务。为认真贯彻执行国家《环境监测管理办法》、《环境监测质量管理规定》和《环境监测人员持证上岗考核制度》的精神，规范重庆市环境监测管理，提升环境监测能力，提高环境监测工作质量，2007 年，重庆市环保局印发《关于进一步加强环境监测工作的通知》（渝环发[2007]100 号）。该通知进一步明确了重庆市环保系统各级部门的环境监测工作职责，市环保局对全市环境监测工作实施统一监督管理；区县（自治县）环保局对本行政区域环境监测工作实施统一监督管理；市环境监测中心负责制定本市环境监测技术路线、监测标准和规范等技术性文件，收集汇总上报和发布全市环境监测数据信息，开展环境质量和污染源排放状况及变化趋势分析评估，负责本市环境监测业务指导、技术管理和培训，负责本市环境监测机构和人员能力认定日常工作，负责实施国控环境质量、重点污染源和重特大环境污染事故应急监测等；万州区、涪陵区、黔江区、江津区、永川区、合川区等六大区域分中心，负责组织开展本片区相关环境监测工作，协助市环保局开展本片区环境监测质量考核和检查；区县环境监测站负责本行政区域的相关环境监测工作。该通知还在环境监测站标准化建设、环境监测质量管理、环境监测机构能力认定、环境监测人员持证上岗考核和环境监测点位（断面）管理等方面进一步提出要求，促进了全市环境监测工作的顺利推进。

2. 环境监测质量管理

为进一步规范重庆市环境监测质量管理工作，确保环境监测数据和信息的准确可靠，根据原国家环境保护总局《环境监测质量管理规定》，2008 年 2 月，市环保局印发《重庆市环境监测质量管理规定》（渝环发[2008]28 号文件），强调环境监测质量管理是环境监测工作的重要组成部分，应贯穿于监测工作的全过程。该规定明确了各级环境保护行政主管部门和监测机构的职责，重庆市各级环境保护行政主管部门负责组织实施辖区内的环境监测质量管理工作；市环境保护局对全市环境监测质量管理工作实施统一管理，各区县环境保护局负责提供所属环境监测机构实施环境监测质量保证工作所需人员、经费、设备和实验室等条件，并建立环境监测工作审核和检查制度；六个区域中心城市环保局协助市环保局开展本片区环境监测质量管理工作的监督检查。该规定还明确了环境监测质量管理的内容，主要包括实行能力认定制度、实行持证上岗考核制度、建立健全质量管理体系、实施全过程质量保证措施、实行质量报告制度、监测质量投诉与处理等方面。

根据国家《环境监测人员持证上岗考核制度》(环发[2006]114 号文件）和《重庆市环境监测质量管理规定》(渝环发[2008]28 号文件)，结合重庆市实际，2008 年，市环保局印发《重庆市环境监测人员持证上岗考核办法》(渝环发[2008]102 号文件)。该办法明确了相关部门的职责，市环保局负责组织环境监测人员持证上岗考核工作，负责审批及颁发上岗合格证；重庆市环境监测中心重庆市环境监测人员持证上岗考核的主考单位，负责制订考核计划、组建考核组、审核《监测人员持证上岗考核报告》，并将考核结果报重庆市环保局审批。持证上岗考核内容包括基本理论、基本技能、样品分析和监测报告的编写等四个方面。基本理论考试原则上采取闭卷形式进行；基本技能考核采用现场考查实际操作、查看有关分析监测报告和现场问答等方式进行；样品分析考核方式包括自认定考核和样品分析现场考核；监测报告的编写考核采用现场样品分析完成后编制监测报告的方式进行。该办法要求，初次申请持证的新进人员的考核和上岗合格证有效期满需换证的人员、已取得上岗合格证和拟新增持证项目的人员均需参加持证上岗考核。

2008 年 2 月，市环保局印发《重庆市环境监测机构能力认定准则》(渝环发[2008]32 号文件)，以重庆市规范环境监测机构能力认定，确保环境监测质量。该准则明确了市环保局和市环境监测中心的相关职责。规定能力认定评审分为申请、自认定考核、现场评审、审批颁发四个程序，环境机构能力认定内容包括机构人员、监测仪器设备、实验室条件、质量保证和业务管理等五个方面。为增强能力认定的可操作性，同年还印发了《重庆市环境监测能力认定评审细则（试行)》(渝环[2008]96 号文件)。该细则对环境监测机构能力认定五个方面的内容进行了细化，共 60 条。

3．环境监测站标准化管理

2002 年 8 月 22 日，原国家环保总局向全国环保系统印发《环境监测站建设标准（试行）》（环发[2002]118 号文件）。该标准为基本配置标准，主要包括人员编制及结构、业务经费、工作用房、仪器设备等内容；要求各监测站按照“因需设岗、按岗设编”的原则确定本站人员编制，形成合理的人员规模和结构。2003 年 4 月 11 日，原国家环保总局办公厅向各省下发《关于上报环境监测站标准化建设实施方案达标计划的通知》（环办函[2003]158 号文件），要求各级环境监测部门按照《关于印发〈环境监测站建设标准（试行）的通知〉》（环发[2002]118 号文件），认真组织和落实环境监测站标准化建设，制订环境监测站标准化建设实施方案的达标计划并在 6 月 30 日前上报总局。

根据原国家环保总局《关于上报环境监测站标准化建设实施方案达标计划的通知》（环办函[2003]158 号文件）要求，重庆市环保局认真组织，编制了《重庆市环境监测站标准化建设实施方案》和《重庆市环境监测站标准化建设达标计划》，于 2003 年 8 月 1 日下发各区县（自治县）环境监测站（渝环发[2003]118 号文件），按时于 6 月 30 日前上报原国家环保总局。《重庆市环境监测站标准化建设实施方案》将重庆市环境监测站分为一、二、三级站，重庆市环境监测中心为一级站；区（市）环境监测站（除双桥区外）为二级站，其中，万州区、黔江区、涪陵区环境监测站为一类二级站，渝中区、大渡口区、江北区、沙坪坝区等 21 个县（自治县）和双桥区环境监测站为三级站。《重庆市环境监测站标准化建设达标计划》按照分类指导、先易后难、逐年分解、分步实施的原则，制订了分步达标计划。

2004 年 1 月 15 日，原国家环保总局印发《关于对全国环境监测站标准化建设进行验收的通知》（环办[2004]4 号文件），制定了《环境监测站建设达标验收办法（试行）》和《环境监测站建设达标验收内容及考核评分办法》，开展对全国环境监测站标准化建设达标验收活动。根据《关于对全国环境监测站标准化建设进行验收的通知》（环办[2004]4号文件）要求，结合《重庆市环境监测站标准化建设实施方案》和《重庆市环境监测站标准化建设达标计划》（渝环发[2003]118号文件），2004年7月29日，重庆市环保局印发《重庆市环境监测站标准化建设达标验收办法》（渝环[2004]66号文件），要求各区县（自治县、市）环境监测站认真组织，积极推进达标验收工作，对通过验收的环境监测站将授予“重庆市环境监测系统达标监测站”称号和证书。

2007年4月，原国家环境保护总局发布《全国环境监测站建设标准》（环发[2007]56 号文件），以指导和规范全国各级环境监测机构能力建设，推进先进的环境监测预警体系建设。依据《全国环境监测站建设标准》，结合重庆实际情况，2008年4月，重庆市环保局印发《重庆市环境监测站建设标准》（渝环发[2008]52号文件）。该标准规定了全市环保系统环境监测机构编制、人员结构、监测经费、监测用房、仪器设备配置等标准。该标准规定全市环境监测站建设标准实行分级设置，一级标准适用于重庆市环境监测中心，二、三级标准适用于区县（自治县）环境监测站；二级标准又分为一类、二类、三类。各级环境监测站可制订计划，分级别和等次建设达标。

4．突发性环境污染事故应急监测管理

2005年，为适应突发性环境污染事故应急处置的需要，有效预防、及时控制和消除重特大环境污染和生态破坏事故的危害，维护社会稳定，保障公众生命和国家、公民的财产安全，保护环境，及时了解和掌握突发性环境污染的范围和危害程度，指导和规范污染事故的应急监测工作，建立职责明确、规范有序和高效到位的应急监测指挥体系和工作网络，形成分工明确、责任到位、统一协调和常备不懈的应急监测体系，制定了《重庆市突发性环境污染事故应急监测预案》（渝环发[2005]88

号文件）。该预案确定了“统一指挥、分工协作，建立网络、优势互补，分级负责、协调配合，预防为主、练养结合、常备不懈，依靠科技、‘软硬结合’”的工作原则。该预案构建了由重庆市环境监测中心、各区县（自治县、市）环境监测站、相关行业和企业环境监测机构组成的应急监测网络，规定重庆市环境监测中心为应急监测网络中心，明确了网络各级成员的职责，规范了重、特大突发性环境污染事故等各类事故的应急监测程序。

5. 委托性环境监测活动管理

2006 年 12 月，重庆市环保局向全市印发《关于规范环境委托监测服务工作的通知》（渝环办发[2006]80 号文件），要求各级环境监测站在承接验收监测、环评监测、排污许可申报监测等委托监测工作时，做到承诺工作时限、公开收费标准、认真履行责任、规范合同管理，进一步规范重庆市环境委托监测服务工作，提高委托监测效率，更好地为服务社会经济发展。

2007 年 3 月，重庆市环保局印发《关于印发环境监测技术服务合同样本的通知》（渝环办发[2007]5 号文件），统一全市环境监测技术服务合同格式，编制了《重庆市环境监测技术服务合同书》和《重庆市环境监测技术服务协议书》。《重庆市环境监测技术服务合同书》用于建设项目竣工环境保护验收监测、排污许可申报监测、环境影响评价监测、限期治理验收监测、污染纠纷仲裁监测等监测活动；《重庆市环境监测技术服务协议书》用于其他委托监测活动。

第二节　环境监测能力建设

直辖以来，重庆市在环境监测技术装备能力建设、环境质量分析评价能力建设和环境监测标准化管理等方面做了大量工作，取得明显成效。

一、环境监测技术装备能力建设

1. 国家对环境监测能力建设的投入不断加大

重庆直辖以来，国家不同层面对环境监测能力建设投入不断加大。

由于直辖后重庆主城区扩大，为客观、科学地反映主城区空气质量状况，为市政府治理环境污染决策提供科学依据，1999 年，根据市环保局决定，在原有 5 个空气质量自动监测站（观音桥、渝中区、南坪、杨家坪、沙坪坝）的基础上，再新增设 3 个空气质量自动监测站（重大、缙云山、渝北）。经过艰苦的选址、设计、建站和设备的安装调试，1999 年 11 月 26 日正式投入试运行。为加强对重点流域省界断面水质变化和污染物出境总量的监控，1999 年，国家环保总局决定在长江干流川渝省市交界的永川市朱沱镇设立水质自动监测站，并委托重庆市环保局和市监测中心建设和管理。1999 年 11 月初开展仪器设备的试运行。朱沱水质自动监测站的建成，标志着重庆市水环境监测工作迈上新的台阶。

2000 年，开展东亚酸雨监测网站野外监测点建设，完成缙云山点位的站房建设。3 月 24—26 日，国家环保总局专家组对朱沱自动监测水站进行试运行验收，对该站的土建及设备仪器进行全面考察，对重庆市环保局、市环境监测中心做了大量工作给予充分肯定。

2001 年至 2003 年，市环保局组织编制重庆市环保能力建设项目（世行贷款）技术规格书和技术报告，参与评标和谈判工作。2003 年，利用世界银行贷款，投入 1 000 多万元，引进法国先进技术建设了一套崭新的空气质量自动监测系统（一个中心站，11 个子站），覆盖主城 9 个行政区，并于同年 7 月 1 日起正式发布 9 区空气质量日报。同年，组织建设渝北区、黔江区空气质量自动监测站。

2004 年，市环保局组织实施涪陵、黔江、渝北、南川、合川等 6 个环境空气自动站的建设及试运行；完成乌江入境断面水质自动站站房建设，进入设备招标；为进一步提升重庆市环境监测能力，启动《重庆市环境监测能力建设规划》编制工作。

2005 年，完成《2005—2010 年重庆市环境监测能力建设规划》和《重庆三峡库区水环境动态监控及预警系统建设项目建议书》的编制；实施乌江万木、嘉陵江金子断面水质自动站建设和 4 个主城区空气质量自动监测系统建设。

2006 年，着重推进“十一五”监测能力发展规划的实施。完成库区水环境监测能力建设项目、重庆市环境监测预警体系建设项目包装、可研有关工作。完成黔江等四区县中央专项资金配置仪器设备政府采购工作；完成万州等 6 区县中央专项资金配置仪器设备申报工作，获专项资金 1 000 万元。开展自动监测站的建设，完成嘉陵江入境断面合川金子水质自动站的建设，涪江入境断面潼南玉溪镇水质自动站、渠江入境断面合川码头镇水质自动站建成投入试运行，新建虎溪、白市驿、经开区 3 个大气自动站并投入试运行。

2007 年，加强环境监测预警体系建设，提升重庆市环境监测能力。组织编制了 2006 年中央专项资金 6 个区县、市财政资金 8 个县监测设备采购项目清单、技术规格书，完成约 1 400 万元资金的招标采购工作。提出 2007 年市环境监测中心、万州、涪陵、黔江、永川、合川、江津等 6 个分中心应急监测能力建设和 19 个区县常规监测设备补充配备计划（市财政补助约 3 000 万元），完成首批招标采购任务。组织 6 个区县按要求申报 2007 年中央专项资金监测能力建设项目，获 1 300 万元资金支持。组织建设唐家沱、茶园大气自动站、主城区 5 个噪声功能区自动监测点，合川渠江码头镇水质自动监测站；主城区饮用水源地丰收坝、梁沱两个自动站已完成定点，进入设备采购阶段，和尚山、大溪沟两个站已进行技术规格书编制。启动库区水环境监测能力建设项目（2007 年 7 000 万元经费）设备采购，组织专家编制采购设备清单和技术规格书。

2008 年，重点推进统筹城乡环境监测与预警体系建设。编制了《重庆市统筹城乡环境监测与预警体系建设方案》和《重庆市 2008—2010 年环境监测能力建设方案》，争取监测能力建设计划资金约 2.2 亿元，其中，库区能力建设项目 1.4 亿元、中央资金 2 581 万元、市财政资金 5 578 万元，主要用于库区水环境监测能力建设、区县环境空气自动站建设和重点饮用水源地自动站建设等，组织完成约 6 000 万元的仪器设备采购。启动建设区县及主城大气自动站，主城饮用水源地及声环境监测自动站，加强区县应急监测能力，包括大气自动站建设，主城外 31 个区县 40 个空气自动站仪器设备完成采购招标和现场勘察选址；提高重点饮用水源地水质自动监测能力，建成丰收坝、梁沱饮用水水质自动监测站，和尚山、大溪沟饮用水水质自动监测站完成设备采购，并开展站房建设；加快噪声自动监测站的建设，16 个噪声自动监测站设备采购已完成竞争性谈判。为加强区县监测能力建设，组织编制 2007 年中央专项资金 6 个区县监测设备采购项目清单、技术规格书，完成约 1 503 万元资金的招标采购工作；并组织专家编制完成了“库区水环境监测能力建设项目”约 2 000 万元设备采购清单和技术规格书，并着手招标采购。

按照发改投资[2008]1873 号文件要求，按照“填平补齐”的原则，为上述 38 个环境监测站配置地表水常规监测、应急监测、水华监测仪器和数据处理设备（见表 4-1 和附录表 8），并在北温泉（嘉陵江入长江口、国控断面）、麻柳嘴（乌江入长江口、国控断面）建设 2 个水质自动监测站，另从扇沱、清溪场、晒网坝三个干流点位中选建 1 个水质自动监测站（国控断面）。新建实验室建筑面积 18 980 平方米，其中，改造面积 13 530 平方米，新建面积 5 450 平方米。

重庆三峡库区水环境监测能力建设项目自 2008 年 7 月实施以来，至 2009 年 11 月 24 日，除水质自动监测站房建设和实验室改造还有部分未完成外，其余项目已经完成投资。

表 4-1　重庆市三峡库区水环境监测能力建设项目实验室建设投资表

工程名称	数量/m^2	投资/万元
市监测中心实验室改造	2 000	272
万州区实验室改造	1 500	204
渝中区实验室改造	500	68
江北区实验室改造	700	95
沙坪坝区实验室改造	600	82
北碚区实验室改造	1 500	204
万盛区实验室改造	960	131
巴南区实验室改造	570	78
江津市实验室改造	800	109
綦江县实验室改造	500	68
潼南县实验室改造	500	68
荣昌县实验室改造	500	68
大足县实验室改造	500	68
璧山县实验室改造	500	68
梁平县实验室改造	500	68
垫江县实验室改造	450	61
武隆县实验室改造	450	61
开县实验室改造	500	68
黔江区实验室新建	1 200	271
九龙坡区实验室新建	875	198
南川市实验室新建	875	198
铜梁县实验室新建	500	113
忠县实验室新建	500	113
巫溪县实验室新建	500	113
石柱县实验室新建	500	113
彭水县实验室新建	500	113

2009 年，由重庆市承建的国家二噁英监测中心西南分中心竣工并开始运行。该中心完全按照二噁英实验室的国际标准进行设计和施工，拥有现代化的技术装备，具备开展大气、水、废水、飞灰、土壤、生物等各类样品中二噁英的监测分析能力。

2．环境监测能力建设取得的成效

截至 2008 年，全市环境监测在用仪器设备总值约为 23 199 万元。其中，常规监测系统约 13 951 万元，环境质量自动监测约 7 200 万元，应急监测约 2 048 万元。常规监测系统中，市环境监测中心约 3 468 万元，辐射站约 606 万元，区县监测站约 9 877 万元。

全市环境监测业务用房总面积为 39 333 平方米，其中，市环境监测中心 6 764 平方米，辐射站 1 200 平方米，区县 31 370 平方米，区县站平均为 1 012 平方米。各区县环境监测站仪器设备和业务用房情况见附录表 1 和附录表 2。

至 2009 年，重庆市环境监测能力建设取得显著成效。

建成二噁英监测中心西南分中心，监测因子逐年增加，实验室监测项目 400 项，覆盖重庆市适用排放标准和环境质量标准的监测因子。

建成集应急监测、监督性监测、在线比对监测等多功能现场监测为一体、平战兼顾的流动实验室。流动和应急监测能力实现由实验室向现场快速监测、现场监测由定性为主向半定量为主的转变，基本实现环境质量流动监测。

建成较为完善的环境空气、水质和噪声自动监测网络。构建了包括无机常规因子和有机因子的大气超级站和水质超级站。空气质量自动监测站覆盖全市各区，扩展到 55 个，实现了全市 40 个区县空气质量日报。水质自动监测站扩展到 12 个，实现了入境断面和重点饮用水源地水质监测周报。建设 21 个主城区噪声自动监测站，实现主城功能区环境噪声自动监测。建成环境质量自动监测（控）网络平台，实现全市范围内全部空气自动监测站、水质自动监测站、噪声自动监测站信息的统一采集、监控、管理和展示。

建立环境监测和科研基础数据库，构建区县环境监测站与监测中心之间的网络平台，实现环境监测数据时时传输、信息共享和综合利用，大大地提高了工作效率。

二、环境质量分析评价能力建设

直辖以来，重庆市环境质量分析评价能力建设大体经历三个阶段，1998至1999年为初始阶段，2000至2007年为发展阶段，2008年以后为深化阶段。

1. 初始阶段（1998至1999年）

1998年开始，为提高监测数据的支撑作用，逐步加强环境质量分析评价能力建设。同年，开展了主城区空气质量周报的月度和季度评述，全年完成主城区空气质量周报的月度和季度评述11期、空气质量周报评述2期，完成《主城区空气质量和监测与自动监测结果对比分析》和《空气质量周报一年分析》。

1999年，进一步完善空气质量分析评价工作，对空气质量进行周报、月报、季报评述，共完成21期；同时，开展《主城区交通干线两侧空气质量及对比实验监测报告》、《重庆市环境质量状况十年趋势分析》、《重庆市环境质量状况分析（20年）》等报告的编写，为环境管理提供更有效的技术支持。

2. 发展阶段（2000至2007年）

至2002年，环境质量分析评价能力进一步提升，编写完成《2002年1—5月重庆市环境质量状况分析》、《2002年1—7月主城区空气质量状况分析》、《2002年1—10月重庆市环境质量状况分析》、《重庆市饮用水源水质状况及污染原因分析》等材料，为环境管理和决策提供了有效的技术支撑。

2005年，按照国家环保总局和重庆市环保局的要求，进一步加强环境质量综合分析工作。上半年，开展每月环境质量分析，下半年重点开展主城区空气质量分析。开展对三峡库区一级支流回水区富营养化跟踪调查分析，组织编制《三峡库区蓄水以来干流及支流水质状况的报告》、《重点流域水质水情报告》、《1 至 10 月全市环境状况报告》、《三峡库区水质状况报告》、《空气质量状况分析》等分析材料，为领导决策提供参考。

3．深化阶段（2007 年以后）

为提高环境监测为环境管理服务的时效性、前瞻性，结合“蓝天行动”、“碧水行动”等环境管理需要，针对未来一周、一月或一年以上的短期和中长期环境质量变化趋势，市环保局组织开展空气质量现状及变化趋势进行周评述，对重点流域开展基于现状负荷的水质动态分析，为环境管理提供及时有效的技术支撑。主要包括以下几类分析材料：

① 主城区空气质量周评述及展望。每周一期的《主城区空气质量周评述及展望》材料，在对上一周空气质量状况和污染原因进行简要评述的基础上，重点对下一周主城区空气质量进行基于气象扩散条件的预测，有利于市局及主城各区环保局为中长期的空气质量达标制定相关措施。形成的《空气质量周评述及展望》、《季度环境质量状况分析》材料成为“四大行动”调度会主要参阅材料之一。

② 主城区空气质量动态分析。对空气质量重污染时段、重污染区域，尤其是主城区空气质量出现持续性的超标进行了针对性的原因分析。

③ 水质污染状况分析。按要求对水环境重污染区域、重污染时段进行调查和分析。如 2009 年，对长江干流清溪场、麻柳嘴断面氨氮浓度升高原因进行了较为深入的分析；开展对长寿湖、酉阳县龙潭镇饮用水污染原因的调查、分析工作。

三、环境监测标准化管理

直辖以来，重庆市各级环境监测站标准化建设经历了两个阶段，第一阶段2002年至2006年，为起步阶段；第二阶段2007年后，为发展阶段。

1. 起步阶段（2002—2006年）

为规范环境监测站的能力建设，提高环境监测综合能力和整体水平，2002年原国家环保总局第四次局务会议讨论通过《环境监测站建设标准（试行）》；8月22日，向全国环保系统印发《环境监测站建设标准（试行）》（环发[2002]118号文件）。该标准为基本配置标准，主要包括人员编制及结构、业务经费、工作用房、仪器设备等内容。该标准将原一、二、三、四级环境监测站调整为总站、一级站、二级站、三级站，即一级站为各省、自治区、直辖市设置的环境监测中心站，由总局批准的各专业环境监测中心站及国家各部门设置的行业监测总站；二级站为各省辖市、地区、盟（州）及直辖市所辖区设置的环境监测站；三级站为各县（市）旗及地级城市所辖区设置的环境监测站。该标准中各级监测站的人员编制是按照职责和实际工作需要来确定的，同级监测站的人员数量因不同地区的经济或人口总量的不同而有所差别；各级监测站要依据该标准，按照“因需设岗、按岗设编”的原则确定本站人员编制，形成合理的人员规模和结构。2003年4月11日，原国家环保总局办公厅向各省下发《关于上报环境监测站标准化建设实施方案达标计划的通知》（环办函[2003]158号文件），要求各级环境监测部门按照《关于印发〈环境监测站建设标准（试行）的通知〉》（环发[2002]118号文件），认真组织和落实环境监测站标准化建设，制订环境监测站标准化建设实施方案的达标计划并在6月30日前上报总局。

根据原国家环保总局《关于上报环境监测站标准化建设实施方案达标计划的通知》（环办函[2003]158号文件）要求，重庆市环保局认真组织，编制了《重庆市环境监测站标准化建设实施方案》和《重庆市环境监测站标准化建设达标计划》，于2003年8月1日下发各区县（自治县）

环境监测站（渝环发[2003]118 号文件），按时于 6 月 30 日前上报原国家环保总局。《重庆市环境监测站标准化建设实施方案》将重庆市环境监测站分为一、二、三级站，重庆市环境监测中心为一级站；区（市）环境监测站（除双桥区外）为二级站，其中，万州区、黔江区、涪陵区环境监测站为一类二级站，渝中区、大渡口区、江北区、沙坪坝区、九龙坡区、南岸区、北碚区、万盛区、渝北区、巴南区、长寿区、江津市、合川市、永川市、南川市等 15 个区（市）环境监测站为二类二级站；綦江县、潼南县、铜梁县、荣昌县、大足县、璧山县、梁平县、城口县、丰都县、垫江县、武隆县、开县、忠县、云阳县、奉节县、巫山县、巫溪县、石柱县、彭水县、酉阳县、秀山县等 21 个县（自治县）和双桥区环境监测站为三级站。该实施方案对重庆市各级环境监测站的人员编制、结构标准、监测业务经费、用房标准、基本仪器设备配置标准作了规定。《重庆市环境监测站标准化建设达标计划》按照分类指导、先易后难、逐年分解、分步实施的原则，制订了分步达标计划。2003 年，各区县（自治县、市）环保局完成所属环境监测站建设标准和实施方案的编制。2003 至 2004 年，完成全市环境监测人员编制与结构标准配置，落实环境监测业务经费。2003 年，实现万州区、涪陵区、江北区、沙坪坝区、九龙坡区、南岸区、巴南区、合川市、綦江县、铜梁县、荣昌县、璧山县、丰都县、云阳县、奉节县等 16 个区县（自治县、市）工作用房达标，落实其余区县监测用房计划。2004 年实现市环境监测中心和渝北区工作用房达标，实现市环境监测中心和万州区、涪陵区、渝北区沙坪坝区和忠县仪器设备配置达标，完成其余区县（自治县、市）环境监测站仪器设备的部分配置。2005 年，实现黔江区、大渡口区、北碚区、万盛区、双桥区、渝北区、长寿区、江津市、永川市、南川市、潼南县、大足县、梁平县、城口县、垫江县、武隆县、开县、忠县、巫山县、巫溪县、石柱县、彭水县、酉阳县、秀山县等 24 个区县（自治县、市）工作用房达标，实现仪器设备配置全部达标；按《重庆市环境监测站标准化建设实施方案》要求全面达标，并通过国家环保总局验收。

为全面提高环境监测站的综合能力和整体水平，2004 年 1 月 15 日，原国家环保总局印发《关于对全国环境监测站标准化建设进行验收的通知》（环办[2004]4 号文件），制定了《环境监测站建设达标验收办法（试行）》和《环境监测站建设达标验收内容及考核评分办法》，要求自 2004 年起，依据《环境监测站建设标准（试行）》（环发[2002]118 号文件），对全国环境监测站标准化建设进行验收。根据《关于对全国环境监测站标准化建设进行验收的通知》（环办[2004]4 号文件）要求，结合《重庆市环境监测站标准化建设实施方案》和《重庆市环境监测站标准化建设达标计划》（渝环发[2003]118 号文件），2004 年 7 月 29 日，重庆市环保局印发《重庆市环境监测站标准化建设达标验收办法》（渝环[2004]66 号文件），要求各区县（自治县、市）环境监测站认真组织，积极推进达标验收工作，对通过验收的环境监测站将授予“重庆市环境监测系统达标监测站”称号和证书。

重庆市环境监测站标准化建设工作启动后，最早通过达标验收的区县站是南岸区环境监测站，该站于《重庆市环境监测站标准化建设达标验收办法》印发的同年（2004 年）即通过达标验收。市环境监测中心，长寿区、綦江县、永川区、九龙坡区、大渡口区、渝中区、彭水县、黔江区、云阳县、奉节县等环境保护局，高度重视达标创建工作，积极争取政府和编制、人事、财政等部门的支持，以《重庆市环境监测站标准化建设实施方案》为标准，认真落实机构编制、人员配置、业务经费、业务用房和仪器设备，在抓硬件建设的同时，注重加强基础技术工作，加强人员素质培养，积极推进环境监测站走上规范化、科学化的道路，全面提升环境监测综合能力和技术水平。2006 年，市环境监测中心，长寿区、綦江县、永川区、九龙坡区、大渡口区、渝中区、彭水县、黔江区、云阳县、奉节县等环境监测站通过重庆市环保局的达标验收，被授予“重庆市环境保护系统达标监测站”称号。

2．发展阶段（2007 年后）

2007 年 4 月，原国家环境保护总局发布《全国环境监测站建设标准》（环发[2007]56 号文件），以指导和规范全国各级环境监测机构能力建设，推进先进的环境监测预警体系建设。依据《全国环境监测站建设标准》，结合重庆实际情况，2008 年 4 月 22 日，重庆市环保局印发《重庆市环境监测站建设标准》（渝环发[2008]52 号文件）。该标准规定了全市环保系统环境监测机构编制、人员结构、监测经费、监测用房、仪器设备配置等标准。该标准规定全市环境监测站建设标准实行分级设置，一级标准适用于重庆市环境监测中心，二、三级标准适用于区县（自治县）环境监测站；二级标准又分为一类、二类、三类。各级环境监测站可制订计划，分级别和等次建设达标。与 2003 年印发的《重庆市环境监测站标准化建设实施方案》（渝环发[2003]118 号文件）比较，《重庆市环境监测站建设标准》（渝环发[2008]52 号文件）将二级标准由 2 类划分为 3 类，各指标标准更高。

《重庆市环境监测站建设标准》（渝环发[2008]52 号文件，简称 2008 标准）和《重庆市环境监测站标准化建设实施方案》（渝环发[2003]118 号文件，简称 2003 标准）的具体比较见附录表 5、附录表 6 和附录表 7。各表比较说明：

人员编制与结构标准：各级各类监测站人员编制要求明显增加，增加幅度最大的是一类二级监测站，增幅为 50%；专业技术人员比例要求提高，高、中、初级技术人员比例要求无明显变化。

监测业务经费标准：2008 标准中，监测业务费、自动监测系统运行费均高于 2003 标准；2008 标准增加了仪器设备购置费和仪器设备维护费，用于指导各级监测站开展仪器设备购置和维护工作。

监测业务用房标准：2008 标准对实验室用房提出了要求，实验室用房建设更加规范；2003 标准中，未对监测业务用房划分为实验室用房和行政办公用房，也未对用房要求设置标准。

基本仪器设备配置标准：2008 标准对一级站的基本仪器配制要求是 167 台套，2003 标准对一级站的基本仪器配置要求是 123 台套。

2008 年，按照《重庆市环境监测站建设标准（试行）》（渝环发[2008]52 号文件）对北碚区、大足县和璧山县等三个环境监测站进行验收，北碚区环境监测站通过二级二类站标准验收，大足县和璧山县环境监测站通过三级站标准验收。

第三节　环境监测网络

伴随重庆环保事业的发展，重庆环境监测网络体系形成，建立了全市水、气、声、土壤、放辐射环境监测网络，形成了环境质量评价、污染源监控、环境事故应急处置的能力。

一、水、大气和声环境监测网络

重庆市直辖后，逐步形成了由市环境监测中心和 40 个区县监测站组成的水、大气和声环境监测网络体系。至 2009 年，水、大气、声环境监测网涉及的环境监测人员编制为 932 名、在岗人员为 795 名；据统计，2008 年的常规监测系统仪器设备价值 13 951 万元，环境质量自动监测约 7 200 万元；涉及的环境监测业务用房 38 133 平方米。

重庆市直辖后，由于市行政区域变化及三峡库区蓄水等因素，市环保局组织对全市水、大气和声环境监测点重新设置，形成了“十一五”期间较为科学、完善的监测网点，包括：全市地表水共设置 231 个断面，其中“三江”设置 22 个断面，次级河流设置 155 个断面，主要集中式饮用水源地设置 54 个断面；长江、嘉陵江、乌江重庆段共设置 22 个监测断面；主要集中式饮用水源地监测断面（点位）54 个，其中河流监测断面 34 个，湖库点位 19 个，地下水点位 1 个；空气监测点位（含降尘）

85 个，主城区有 23 个点位，其中国控点 20 个（19 个点位以及一个背景对照点）；降水监测点 44 个；区域环境噪声网格监测点位 3 574 个，覆盖面积为 623.4 平方千米，覆盖人口数 646.0 万人；道路交通噪声监测路段 643 个，监测路段总长度 890.98 千米；功能区监测点位为 89 个，覆盖面积 372.148 平方千米。

二、土壤和生态环境监测网络

1．土壤环境监测网络

目前，由于各区县监测站土壤分析能力较弱，土壤环境监测力量以市环境监测中心为主、区县环境监测站配合，还未形成较为完善的土壤环境监测网络，也未开展常规的例行土壤环境监测。

根据原国家环保总局《关于开展全国土壤污染状况调查的通知》（环发［2006］116 号）要求，重庆市在 2006 年 8 月至 2009 年 10 月期间，开展重庆市土壤污染状况专项调查工作。

此次普查，在全市 8.24 万平方千米范围内以网格法系统开展土壤环境现状调查。共布设点位 766 个（调查方案布设 845 个点位；耕地 8 千米×8 千米和 4 千米×4 千米、林地 16 千米×16 千米，未利用地 16 千米×16 千米布点；按照技术规范要求，重点区域加密布点后，该区域内原有的按普查区域网格布点法所布设的网格点自动取消 79 个点位），采集表层土壤。测试项目：重金属、农药残留、有机污染物及其浸出态、理化指标等共 72 项指标。结合土地利用类型和土壤类型，开展基于土壤环境风险的土壤环境质量评价，反映主要污染物的污染特征与分布规律。

重庆市土壤污染状况调查分为土壤质量调查、背景点调查、重点类型调查和土壤放射性调查，共采集样品 1 600 个，其中土壤质量调查 766 个，背景点调查 55 个，重点类型调查 680 个，土壤放射性调查点位 99 个；分析测试项目包括重金属、农药残留、有机污染物及其浸出态、理化指标等 120 余项；获得监测数据 101 723 个；建立土壤污染调查样品库 1 600 个样品；建立土壤污染调查数据库及信息系统；制作土壤调查专题图册 1 册，200 余幅图件；编写土壤调查技术报告 1 册。

2. 生态环境监测网络

由于历史欠账，重庆市生态环境监测能力还较薄弱，还未形成较为完善的生态环境监测网络。

自 2005 年起，为落实原国家环境保护总局关于全国环境保护工作要点和全国环境监测工作要点，推动生态监测与评价工作，重庆市开始生态环境监测工作。生态环境监测以市环境监测中心为主导力量，区县监测站配合开展地面核查工作。

生态环境监测工作采取以卫星遥感监测为主，辅以地面核查的技术手段。利用 TM 影像、中巴-2 卫星影像等遥感影像为信息源，采用中国科学院的土地利用/土地覆盖类型分类体系，进行重庆市土地利用/土地覆盖类型的判读解译、动态变化分析。同时，根据重庆市环境状况特点，利用全市的环境监测数据，对重庆市的水环境质量和环境空气质量状况进行综合分析，按照《生态环境状况评价技术规范》要求，对全市生态环境质量进行综合评价。

三、放辐射环境监测网络

重庆直辖之初至 2003 年间，放辐射环境监测主要由重庆市环境监测中心承担。2003 年，重庆市辐射环境监督管理站成立后，全市放辐射环境监测职能转到市辐射环境监督管理站，各区县监测站同时承担相应的监测业务。

全市辐射环境质量监测“国控点”包括：自动监测站 1 个，主要承担连续γ剂量率、气溶胶、沉降灰、空气中的氚等项目采样监测工作；陆地γ辐射剂量率和γ辐射累计剂量综合点位共 11 个，分布于主城九区

（渝中区、江北区、南岸区、九龙坡区、大渡口区、沙坪坝区、渝北区、巴南区、北碚区）及万州区；土壤国控点共6个，分布于六区（渝中区、九龙坡区、沙坪坝区、渝北区、巴南区、北碚区）；水体国控点4个，分别为：渝中区、大渡口区、江北区、武隆县；电磁辐射环境新增国控点2个，分别为：渝中区和沙坪坝区。

辐射环境质量监测“市控点”包括：陆地γ辐射剂量率和γ辐射累计剂量市控综合点位共14个，分布于主城九区（渝中区、江北区、南岸区、九龙坡区、大渡口区、沙坪坝区、渝北区、巴南区、北碚区）；土壤市控点共9个分布于六区（渝中区、九龙坡区、大渡口区、南岸区、江北区、渝北区）；水体市控点6个，分别为：合川区、沙坪坝区、永川区、涪陵区、万州区、巫山县。

四、环境监测站点设置

重庆直辖初期，环境质量监测点位（断面）大多设置于1992年。直辖后，由于城区范围迅速扩大；三峡水库蓄水后，长江及其支流库区江段水文参数发生了重大变化，部分支流回水区极易发生水华，需要开展对这些河流的回水区水质监测；重庆市主要污染源分布发生了重要变化，原有以城市江段为主的断面设置不能客观反映地表水环境质量现状，因此需要在全流域统一布设断面进行监测，客观反映污染源与环境质量之间的相互关系，以便于防治污染，进一步改善环境质量。原有的声、大气环境质量、地表水监测断面和环境质量监测点位已不能全面反映实际情况。

为让环境质量监测工作更好地为环境管理和决策服务，使监测数据客观反映各行政区域的质量，明确各行政区域的职责，齐抓共管做好环境保护工作，按照原国家环保总局《关于加强环境质量分析工作的通知》（环办[2004]60号）文件要求，市环保局于2005年6月发布《关于开展重庆市环境质量监测点位（断面）调整与增设工作的通知》（渝环发

[2005]52 号），对重庆市环境质量市控监测点位（断面）予以调整，统一布设。各区县（自治县）环保局按照《重庆市环境质量监测点位（断面）调整增设技术方案》的要求，根据当地实际情况，也对辖区内的市控环境质量监测点位（断面），采用现场调查、历史资料的收集和分析、实地监测等方法进行了布设。重庆市环境监测中心在汇总分析各区县（自治县）环保局和环境监测站上报的点位布设技术报告书的基础上，经过实地勘察、专家论证和区县再确认等形式，形成了论证报告，提出了“十一五”期间重庆市环境质量监测点位（断面）布设方案。

1．大气（降水）环境监测点位

全市共设空气监测点位（含降尘）85 个，主城区有 23 个点位，其中国控点 20 个（19 个点位以及一个背景对照点），即解放碑、风阳村、唐家沱、鱼嘴、高家花园、虎溪、白市驿、陶家、西彭、杨家坪、南坪、茶园、蔡家、天生、人和、礼嘉、两路、鱼新街、界石以及空气背景点缙云山；其余区县（市）共有 62 个点位。

全市共设降水监测点 44 个，其中原有的大足龙岗、巴南渔洞、北碚澄江、沙坪坝高家花园和江北观音桥 5 个国控点保持不变，其余 39 个为市控点位。44 个点位分布在主城九区有 9 个点，其余区县（市）有 35 个。跨省界断面 21 个，其中与重庆市水利局已设置的跨省界断面相对应的 12 个（见附录表 9）。

2．地表水监测断面

全市地表水共设置 231 个断面，其中“三江”设置 22 个断面，次级河流设置 155 个断面，主要集中式饮用水源地设置 54 个断面。

长江、嘉陵江、乌江重庆段共设置 22 个监测断面。长江设朱沱、丰收坝、黄桷渡、寸滩、鱼嘴、扇沱、鸭嘴石、清溪场、丰都长江大桥、苏家、晒网坝、苦草沱、白帝城和培石 14 个断面（其中国控断面不予变动）。嘉陵江设利泽、北温泉、大溪沟 3 个断面（其中国控断面不予变动）。乌江设万木、鹿角、锣鹰、白马、麻柳嘴 5 个断面（其中国控断面不予变动）。

全市共设置主要集中式饮用水源地监测断面（点位）54 个，其中河流监测断面 34 个，湖库点位 19 个，地下水点位 1 个（附录表 10，表 4-2 至表 4-5）。

表 4-2　重庆市饮用水源地监测断面一览表

序号	区县名称	水厂名称	河流名称	断面名称
1	万州区	万州水厂	长江	桐园
2	万州区	万州水厂	甘陵水库	高洞
3	涪陵区	涪陵水厂	长江	红光桥
4	渝中区	渝中区水厂	嘉陵江	大溪沟
5	大渡口	丰收坝水厂	长江	丰收坝
6	江北区	鱼嘴水厂	长江	鱼嘴
7	江北区	梁沱水厂	嘉陵江	梁沱
8	沙坪坝	高家花园水厂	嘉陵江	高家花园
9	九龙坡	和尚山水厂	长江	和尚山
10	九龙坡	九渡口水厂	长江	九渡口
11	南岸区	黄桷渡水厂	长江	黄桷渡
12	北碚区	北碚水厂	嘉陵江	北温泉
13	万盛区	南桐矿务局水厂	孝子河	汤家沟水库出
14	万盛区	万盛区自来水厂	孝子河	汤家沟水库进
15	双桥区	双桥区水厂	龙水湖	川汽取水点
16	双桥区	双桥区水厂	龙水湖	余家坝
17	巴南区	渝南自来水有限公司	长江	渔洞车渡
18	长寿区	庙山坡水厂	龙溪河	烟坡
19	綦江县	綦江县自来水厂	通惠河	邓家河
20	潼南县	潼南自来水厂	涪江	冲砂闸
21	铜梁县	铜梁县自来水厂	琼江	安居
22	大足县	清明桥自来水厂	大足川河	清明桥

序号	区县名称	水厂名称	河流名称	断面名称
23	大足县	白马桥自来水厂	濑溪河	白马桥
24	荣昌县	荣昌县水厂	濑溪河	高升桥大坝
25	荣昌县	荣昌县水厂	濑溪河	新峰桥
26	璧山县	璧山县同心水厂	同心水库	取水口
27	璧山县	璧山县同心水厂	盐井河水库	取水口
28	梁平县	大河坝水库水厂	大河坝水库	丁字桥
29	梁平县	大河坝水库水厂	大河坝水库	取水口
30	梁平县	沙坝水库水厂	沙坝水库	板桥
31	梁平县	沙坝水库水厂	沙坝水库	取水口
32	丰都县	丰都县自来水厂	长江	大桥
33	垫江县	双河水厂	双河水库	双河水库
34	武隆县	武隆县自来水厂	中心庙水库	中心庙
35	忠县	白公祠水厂	长江	白公祠
36	忠县	苏家水厂	长江	苏家
37	开县	开县水厂	南河	石龙船
38	云阳县	云阳县第一自来水厂	长江	苦草沱
39	奉节县	奉节县水厂	青莲溪水库	青莲溪水库
40	巫山县	巫山县水厂	长江	红石梁
41	巫溪县	巫溪水厂	大宁河	水文站
42	秀山县	秀山县水厂	梅江河	老鹰岩
43	黔江区	柏家湾水厂	洞塘水库	库心
44	黔江区	三元官水厂	小南海	海中
45	石柱县	石柱县水厂	龙河	乌扬坝
46	酉阳县	酉阳县自来水厂	小坝二级水库	水源取水口
47	彭水县	彭水县自来水厂	郁江	芦渡沟泉水
48	江津市	江津自来水厂	长江	江津大桥
49	合川市	合川市自来水公司	嘉陵江	东渡口
50	永川市	侨立水务公司	临江河	水厂
51	南川市	梅垭水厂	肖家沟水库	出口
52	南川市	梅垭水厂	肖家沟水库	进口
53	城口县	城口县自来水厂	羊耳坝水库	羊耳坝水库取水口

表 4-3 库区长江一级支流回水断面一览表

序号	河流名称	断面名称	地区（断面数量）
1	大宁河	大昌	巫山（5）
2	官渡河	倒车坝	
3	抱龙河	葡萄坝	
4	大溪河	龙头山	
5	三溪河	边渔溪	
6	朱衣河	清水镇	奉节（3）
7	梅溪河	康乐镇下游	
8	草堂河	白帝镇	
9	磨刀溪	普安渡口	云阳（4）
10	汤溪河	汤溪河大桥	
11	长滩河	长滩桥	
12	彭溪河	高阳渡口	
13	五桥河	沱口养老院	万州（5）
14	石桥河（何溪河）	河溪口	
15	瀼渡河	瀼渡大桥	
16	苎溪河	关塘口	
		南门口	
17	汝溪河	龙滩大桥	忠县（4）
18	黄金河	老龙滩大桥	
19	东溪河	磊河	
20	玉溪河	老大桥	
21	龙河	安宁回水	丰都（2）
22	赤溪河	高跳登	
23	渠溪河	涪丰公路大桥	涪陵（5）
24	乌江	麻柳嘴	
25	黎香溪	两汇镇	
26	碧溪河	百汇镇	
27	清溪沟	拖板桥	
28	龙溪河	—	长寿（2）
29	桃花河	—	
30	嘉陵江	梁沱	沙坪坝（1）

序号	河流名称	断面名称	地区（断面数量）
31	御临河	江口	渝北（1）
32	朝阳河	陈家沟	江北（1）
33	五步河	箭桥电站	巴南（3）
34	花溪河	石龙桥	
35	一品河	鱼胡桥	
36	大溪河	万善桥	九龙坡（1）
37	綦江	石关村	江津（1）

备注：1～23 号河流，各区县环境监测站已开展监测工作；

22～37 号河流，出现回水区后开展监测工作。

表 4-4　重庆市跨省界断面一览表

序号	河名	断面名称	断面属性	断面位置	监测站名称	省际跨界断面
1	长江	朱沱	入境断面（国控）	永川朱沱镇	永川	四川—重庆（朱沱镇）
2	长江	培石	出境断面（国控）	巫山培石乡	巫山	重庆—湖北（巴东官渡口）
3	綦江河	石门坎	入境断面	綦江安稳镇大茅坡村	綦江	贵州—重庆（松坎）
4	御临河	黄印	入境断面	渝北区黄印场前	渝北	四川—重庆（坛同）
5	大洪河	黎家乡码头	入境断面	四川省邻水县九龙镇黎家乡九村 2 组	长寿	四川—重庆（大洪河水库）
6	濑溪河	关圣新堤	入境断面	大足县中敖镇关圣村六组	大足	四川—重庆（石河）
7	嘉陵江	利泽	入境断面（国控）	合川利泽镇	合川	四川—重庆（武胜）
8	渠江	码头	入境断面	合川码头镇	合川	四川—重庆（罗渡溪）
9	乌江	万木	入境断面	酉阳万木镇	酉阳	贵州—重庆（鹿角沱）
10	芙蓉江	江口	入江（入境）断面	江口镇三河口	武隆	贵州—重庆（忠信）

序号	河名	断面名称	断面属性	断面位置	监测站名称	省际跨界断面
11	酉水河	大溪码头	入境断面	酉阳大溪区	酉阳	重庆—湖南
12	花垣河	茶洞	出境断面	秀山茶洞	秀山	重庆—湖南
13	大陆河	四明取水点	入境断面	永川朱沱镇四明村	永川	四川—重庆
14	窟窿河	三驱	入境断面	大足县三驱镇	大足	四川—重庆
15	磨刀溪	长滩	入境断面	万州区长滩镇龙谭村	万州	湖北—重庆
16	涪　江	玉溪断面	入境断面	潼南玉溪中学上游 100 米	潼南	四川—重庆
17	琼　江	光辉断面	入境断面	堤坝上游 1 000 米	潼南	四川—重庆
18	梅江河	石堤大桥	出境断面	秀山石堤镇	秀山	重庆—湖南
19	阿蓬河	湾塘	入境断面	黔江舟白镇	黔江	湖北—重庆
20	南　河	巫山乡断面	入境断面	巫山乡玉兰街 8 号	开县	四川—重庆
21	任　河	水寨子	出境断面	左岚乡水寨子	城口	陕西—重庆

备注：1～12 号河流，重庆市水利局已设置相应的跨界断面。

表 4-5　全市地表水环境监测断面分布情况汇总表

区县名称	调整后断面基本情况		
	“三江”断面	次级河流断面（回水区断面）	饮用水源地
万州	1	11（5）	2
涪陵	3	7（5）	1
渝中	1	0	1
大渡口	1	0	1
江北	2	2（1）	2
沙坪坝		1（1）	1
九龙坡		4（1）	2
南岸	1	0	1
北碚	1	5	1
万盛		1	2
双桥		0	2

<table>
<tr><td rowspan="2">区县名称</td><td colspan="3">调整后断面基本情况</td></tr>
<tr><td>“三江”断面</td><td>次级河流断面（回水区断面）</td><td>饮用水源地</td></tr>
<tr><td>渝北</td><td></td><td>5（1）</td><td>0</td></tr>
<tr><td>巴南</td><td></td><td>6（3）</td><td>1</td></tr>
<tr><td>长寿</td><td>1</td><td>8（2）</td><td>1</td></tr>
<tr><td>綦江</td><td></td><td>3</td><td>1</td></tr>
<tr><td>潼南</td><td></td><td>5</td><td>1</td></tr>
<tr><td>铜梁</td><td></td><td>3</td><td>1</td></tr>
<tr><td>大足</td><td></td><td>5</td><td>2</td></tr>
<tr><td>荣昌</td><td></td><td>1</td><td>2</td></tr>
<tr><td>璧山</td><td></td><td>4</td><td>2</td></tr>
<tr><td>梁平</td><td></td><td>2</td><td>4</td></tr>
<tr><td>城口</td><td></td><td>2</td><td>1</td></tr>
<tr><td>丰都</td><td>1</td><td>3（2）</td><td>1</td></tr>
<tr><td>垫江</td><td></td><td>4</td><td>1</td></tr>
<tr><td>武隆</td><td>2</td><td>3</td><td>1</td></tr>
<tr><td>忠县</td><td>1</td><td>7（4）</td><td>2</td></tr>
<tr><td>开县</td><td></td><td>3</td><td>1</td></tr>
<tr><td>云阳</td><td>1</td><td>8（4）</td><td>1</td></tr>
<tr><td>奉节</td><td>1</td><td>7（3）</td><td>1</td></tr>
<tr><td>巫山</td><td>1</td><td>8（5）</td><td>1</td></tr>
<tr><td>巫溪</td><td></td><td>3</td><td>1</td></tr>
<tr><td>黔江</td><td></td><td>5</td><td>2</td></tr>
<tr><td>石柱</td><td></td><td>2</td><td>1</td></tr>
<tr><td>秀山</td><td></td><td>5</td><td>1</td></tr>
<tr><td>酉阳</td><td>1</td><td>4</td><td>2</td></tr>
<tr><td>彭水</td><td>1</td><td>2</td><td>1</td></tr>
<tr><td>江津</td><td></td><td>4（1）</td><td>1</td></tr>
<tr><td>合川</td><td>1</td><td>5</td><td>1</td></tr>
<tr><td>永川</td><td>1</td><td>4</td><td>1</td></tr>
<tr><td>南川</td><td></td><td>3</td><td>2</td></tr>
<tr><td>合计</td><td>22</td><td>155（38）</td><td>54</td></tr>
</table>

3. 区域环境噪声网格

根据区域环境噪声网格调整的技术路线，全市区域环境噪声网格调整结果统计表见图 4-1。

全市共设置区域环境噪声网格监测点位 3 574 个，覆盖面积为 623.4 平方千米，覆盖人口数 646.0 万人。从区域环境噪声网格所属环境功能区划来看，全市 1 类区网格 371 个，二类区网格 2 473 个，3 类区网格 128 个，4 类区网格 602 个，分别占全市网格总个数的 10.38%、69.19%、3.58%和 16.84%。

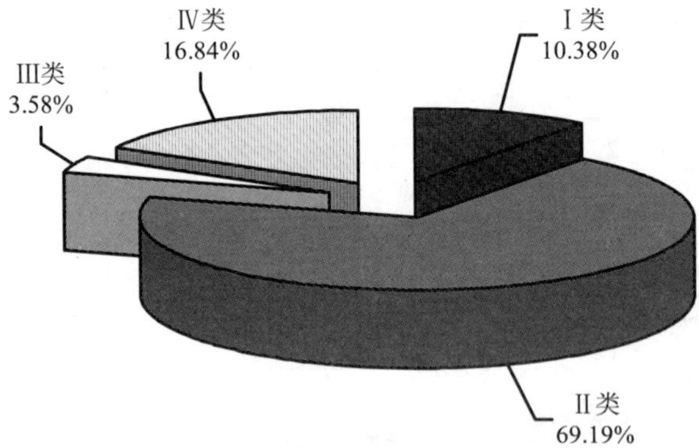

图 4-1　全市区域环境噪声网格环境功能区划比例

主城区区域环境噪声网格由市环境监测中心统一划分、相关区县环境监测站实地勘察后确定，共设置区域环境噪声网格 420 个，覆盖主城九区，网格大小为 1 000 米×1 000 米，共覆盖建成区面积 420 平方千米，见图 4-2。从网格所属功能区划来看，一类区网格 15 个，二类区网格 327 个，三类区网格 32 个，四类区网格 46 个，分别占主城区网格总个数的 3.57%、77.86%、7.62%和 10.95%，见表 4-6。

郊区县共设置区域环境噪声网格 3 154 个，覆盖面积 203.4 平方千米，覆盖人口数 271.3 万人。从区域环境噪声网格所属功能区划来看，郊区县 1 类区网格 356 个，二类区网格 2 146 个，3 类区网格 96 个，4 类区网格 556 个，分别占主城区网格总个数的 11.29%、68.04%、3.04%和 17.63%。

4．交通噪声监测点位

全市设置道路交通噪声监测路段 643 个，监测路段总长度 890.98 千米。其中主城区设置道路交通噪声监测路段 276 个，监测路段总长度 418.98 千米；郊区县设置道路交通噪声监测路段 367 个，监测路段总长度 472.00 千米，见表 4-7。

图 4-2 调整后主城区区域环境噪声网格位置示意图

表 4-6　全市区域环境噪声网格监测点位调整结果汇总表

区县名称	监测点位总个数	网格总面积/km^2	网格大小	覆盖人口数/万人
渝中区	20	20	1 000×1 000	59.84
大渡口	32	32	1 000×1 000	14.91
江北区	63	63	1 000×1 000	38.57
沙坪坝	59	59	1 000×1 000	49.67
九龙坡	33	33	1 000×1 000	51.41
南岸区	60	60	1 000×1 000	38.07
北碚区	28	28	1 000×1 000	28.48
渝北区	37	37	1 000×1 000	25.45
巴南区	35	35	1 000×1 000	24.52
高新区	13	13	1 000×1 000	22.50
经开区	20	20	1 000×1 000	10.17
北部新区	20	20	1 000×1 000	11.10
主城区小计	420	420		374.7
万州	108	27.00	500×500	30.60
涪陵	116	18.56	400×400	23.20
万盛	111	2.50	150×150	2.22
双桥	41	2.56	250×250	2.31
长寿	103	4.12	200×200	8.44
綦江	108	6.75	250×250	8.80
潼南	106	6.63	250×250	6.61
铜梁	101	6.31	250×250	4.55
大足	109	6.81	250×250	7.63
荣昌	102	6.38	250×250	8.18
璧山	110	7.07	254×254	10.08
梁平	116	4.64	200×200	10.02
城口	100	4.00	200×200	4.50
丰都	111	2.50	150×150	5.63
垫江	107	6.69	250×250	10.14
武隆	118	1.18	100×100	2.01
忠县	108	6.75	250×250	8.98
开县	103	1.03	100×100	4.83

区县名称	监测点位总个数	网格总面积/km^2	网格大小	覆盖人口数/万人
云阳	110	5.32	220×220	12.78
奉节	100	4.00	200×200	5.06
巫山	100	1.00	100×100	4.80
巫溪	50	0.50	100×100	3.80
黔江	100	6.25	250×250	10.03
石柱	100	2.25	150×150	5.02
秀山	50	4.50	300×300	4.80
酉阳	107	3.13	250×250	6.69
彭水	107	2.80	100×100； 200×200	4.01
江津	130	2.93	150×150	10.79
合川	116	29.00	500×500	25.98
永川	100	16.00	400×400	15.35
南川	106	4.24	200×200	8.00
郊区县小计	3 154	203.4		271.3
全市合计	3 574	623.4		646.0

表 4-7　全市道路交通噪声监测点位汇总表

区县名称	监测路段总个数	路段总长度/km
渝中	58	57.51
大渡口	16	34.67
江北	18	50.60
沙坪坝	20	41.90
九龙坡	14	28.75
南岸	10	36.02
北碚	18	28.10
渝北	50	48.30
巴南	17	33.33
经开区	21	27.30
高新区	24	16.10
北部新区	10	16.40
主城区小计	276	418.98

区县名称	监测路段总个数	路段总长度/km
万州	27	38.57
涪陵	21	22.50
万盛	10	2.95
双桥	4	8.30
长寿	10	15.00
綦江	15	15.20
潼南	10	10.00
铜梁	10	23.20
大足	21	7.55
荣昌	12	8.50
璧山	12	16.72
梁平	10	14.17
城口	6	3.60
丰都	14	5.60
垫江	10	15.70
武隆	10	12.74
忠县	10	10.70
开县	17	4.99
云阳	10	22.22
奉节	10	10.00
巫山	10	28.50
巫溪	6	21.00
黔江	10	10.36
石柱	7	13.60
秀山	10	11.00
酉阳	10	40.00
彭水	10	18.50
江津	10	11.50
合川	11	12.00
永川	24	24.99
南川	10	12.8
郊区县小计	367	472.00
全市合计	643	890.98

5. 功能区环境噪声监测点位

全市功能区监测点位为 89 个，覆盖面积 372.148 平方千米。其中主城区设置功能区环境噪声监测点位 20 个，覆盖面积 176.630 平方千米。调整后 31 个郊区县（市）设置功能区环境噪声监测点位 69 个，覆盖面积 195.518 平方千米。从各个区县设置功能区监测点位的个数来看，万州区设置 5 个，江北区、沙坪坝区、涪陵区、荣昌县、忠县和丰都县分别设置 3 个，其余各区县均分别设置 2 个监测点位。

从环境功能区划来看，全市 89 个功能区环境噪声监测点位中，分别属于 1、2、3 和 4 类区的个数分别为 10 个、40 个、8 个和 31 个，在全市 89 个功能区环境噪声监测点位中所占比例分别为 11.2%、45.0%、9.0%和 34.8%，见图 4-3、图 4-4 和表 4-8。

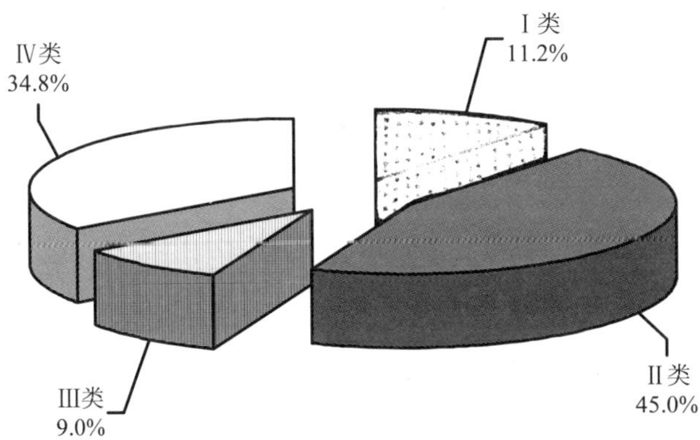

图 4-3 全市功能区环境噪声监测点位环境区划比例

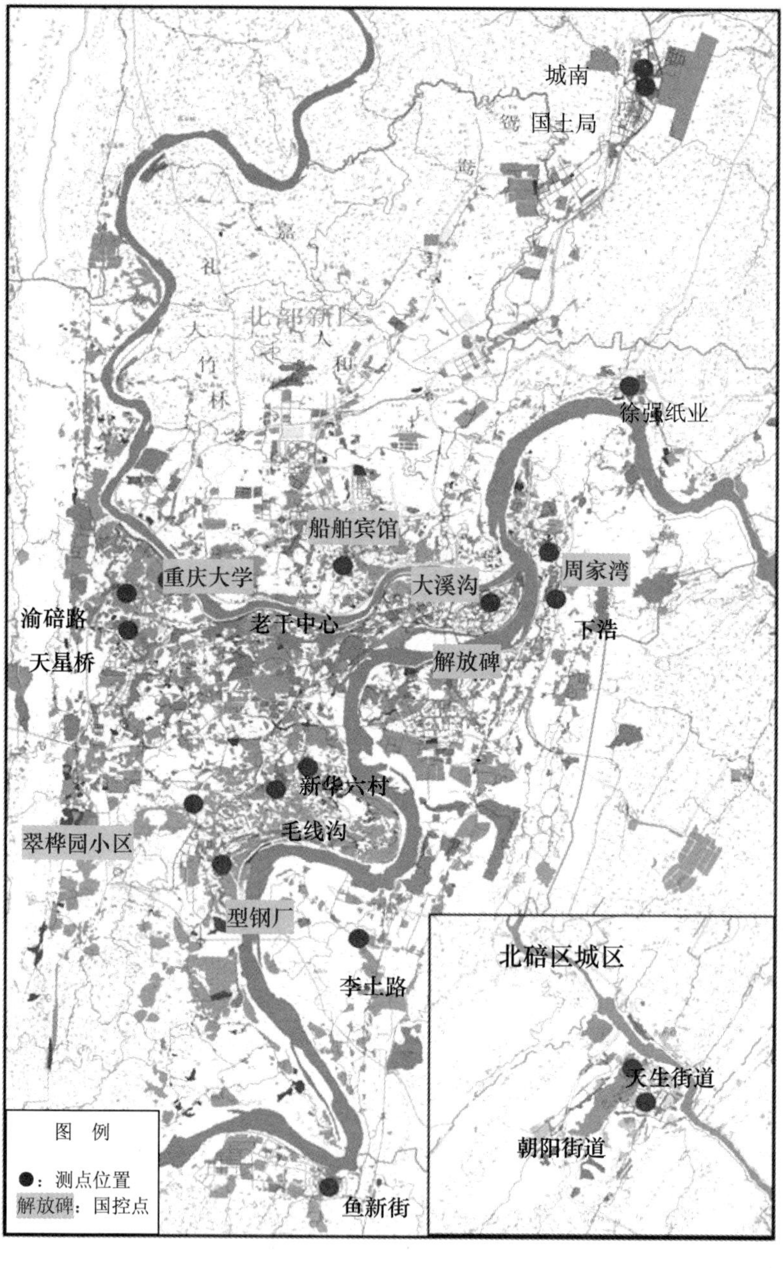

图 4-4 调整后主城区功能区环境噪声测点分布示意图

表 4-8 重庆市功能区环境噪声监测点位一览表

区域名称	点位代码	点位名称	点位位置	功能区类别	覆盖面积/km^2
万州区	10101	金龙	戴家岩居委会	1	4
万州区	10102	区检察院	百安坝街办	2	11
万州区	10103	上官巷	周家坝街办	2	10
万州区	10104	橘园	高笋塘街办	4	2.5
万州区	10105	万兴烟叶	沙河街办	3	5
涪陵区	10201	区政府	荔枝办事处	1	5.3
涪陵区	10202	清溪沟	敦仁办事处	2	3.2
涪陵区	10203	水电实业公司	荔枝办事处	4	0.8
渝中区	10301	解放碑	解放碑街道	2	0.56
渝中区	10302	大溪沟	大溪沟街道	4	3.69
大渡口	10402	型钢厂门口	九宫庙	3	3
大渡口	10401	翠桦园小区	新山村	2	29
江北区	10501	船泊宾馆	船舶大厦	4	2.0
江北区	10502	老干中心	老干中心	2	23.0
江北区	10503	徐强纸业	港城工业园区	3	6.0
沙坪坝	10601	重庆大学	沙坪坝	1	0.25
沙坪坝	10602	都市花园	天星桥	2	28.7
沙坪坝	10603	渝碚路	渝碚路	4	0.50
九龙坡	10701	新华六村	杨家坪街道	2	1.00
九龙坡	10702	毛线沟	杨家坪街道	4	1.60
南岸区	10801	周家湾	涂山镇	2	50.0
南岸区	10802	下浩	龙门浩街道	4	4.0
北碚区	10901	月亮田市政工程处	天生街道	2	7.0
北碚区	10902	市第五公共交通公司	朝阳街道	4	1.4
万盛区	11001	监测站	万东北路 22-8	2	0.135
万盛区	11002	煤气公司	小集镇	4	2.52
双桥区	11101	环保局	双龙西路	4	1.1
双桥区	11102	园堡村	双龙东路	2	0.86
渝北区	11201	城南开发指挥部	双龙湖街道办事处	2	10.0
渝北区	11202	国土局	双龙湖街道办事处	4	2.0

区域名称	点位代码	点位名称	点位位置	功能区类别	覆盖面积/km^2
巴南区	11303	鱼新街 14#	鱼洞街道	2	4.54
巴南区	11304	李土路	花溪镇	4	0.39
长寿区	22101	林庄口	长寿区凤城街道	2	2.72
长寿区	22102	三洞桥	长寿区凤城街道	4	0.84
綦江县	22201	綦师	古南镇百步梯居	2	5.81
綦江县	22202	司法局	古南镇菜坝居	4	1.44
潼南县	22301	潼南宾馆	正兴街	2	2.94
潼南县	22302	汇源宾馆	奋进大道	4	1.56
铜梁县	22401	民政局	中兴路	2	0.923
铜梁县	22402	马家湾卫生局	大北街	4	0.880
大足	22501	龙都花园西苑	龙中路	2	6.37
大足	22502	水务局	南环路	4	0.44
荣昌县	22603	县农行	昌元镇东益当	2	2.18
荣昌县	22604	方通兽药	板桥工业园区	3	6.00
荣昌县	22605	电信局家属楼	海棠大道	4	0.09
璧山县	22701	监测站	环保局家属院	2	1.414
璧山县	22702	防疫站	防疫站疾控中心	4	5.655
梁平县	22801	梁山镇政府	梁山镇双桂路	2	4.04
梁平县	22802	农业发展银行	梁山镇梁山路	4	0.60
城口县	22901	南大街种子公司宿舍	葛城镇南大街	2	0.25
城口县	22902	土城路县委宿舍	葛城镇土城路	3	0.27
丰都县	230019	环保局住宅	建设小区	1	0.036
丰都县	23020	宏声广场	宏声商业广场	2	0.023
丰都县	23021	丰都饭店	平都大道西段	4	0.024
垫江县	23101	北苑小区	桂溪镇北苑小区	2	5.0
垫江县	23102	建委	桂溪镇人民路	4	2.0
武隆县	23203	市政局	建设东路	4	0.8
武隆县	23204	县政府办公区	芙蓉路	1	0.7
忠县	23301	忠州镇二小	白公路	1	1.3
忠县	23302	小区移民局宿舍楼	乐天路	2	4.9
忠县	23303	忠县科委	巴王路	4	1.0

区域名称	点位代码	点位名称	点位位置	功能区类别	覆盖面积/km^2
开县	23401	新城环境监测站	新城	2	0.23
开县	23402	白鹤工业园区	白鹤镇政府	3	0.48
云阳县	23501	农业局宿舍	双江镇云江大道	2	2.7
云阳县	23502	三峡云海药业	双江镇云江大道	4	2.6
奉节县	23601	环保局大楼	永安镇永安路	2	4.1
奉节县	23602	中国移动奉节分公司	永安镇人和街	4	2.9
巫山县	23716	行政大楼	行政大楼	2	0.8
巫山县	23717	广播局	净坛路	2	0.5
巫溪县	23801	政府大院	人民街	1	0.31
巫溪县	23802	水洞子街	水洞子街	2	0.24
黔江区	23901	区交通局	城西办事处新华西路	4	1.25
黔江区	23902	南海城	城东办事处长征北路	2	3.875
石柱县	24001	狮子坝	教委	2	1.6
石柱县	24002	大桥	石柱大桥	4	0.35
秀山县	24101	建民巷	建民巷	1	0.5
秀山县	24102	煤建公司	红卫巷	2	0.5
酉阳县	24201	碧津桥	钟多镇	3	1.2
酉阳县	24202	电影院	钟多镇	3	3.1
彭水县	24301	彭水中学	汉葭镇插旗	1	0.9
彭水县	24302	北大街转盘	汉葭镇石嘴	2	1.22
江津市	38101	环保局	环保局二楼办公室	2	0.58
江津市	38102	金津宾馆	金津宾馆	4	1.01
合川市	38201	白菜园	合川市合阳办事处	1	5
合川市	38202	农委办公室	合川市合阳办事处	2	25
永川市	10201	体育馆	永川市萱化路	4	12.5
永川市	10203	监测站新办公大楼	永川市望城东路	2	12.5
南川市	38401	国土局	南城街道办事处	2	1.4
南川市	38402	交易大楼	西城街道办事处	4	1.7

注：合计 89 个功能区噪声监测点位。

第四节　环境监测技术及成果

重庆市环境监测技术发展以《先进环境监测预警体系建设实施方案》和《国家环境监测技术路线》为指导，经过近年来的不懈努力，无论是在监测领域覆盖范围、监测手段，应急监测能力和监测信息化水平，还是环境监测科研方面都大幅度提升。

一、环境监测领域及技术手段

至 2008 年，重庆市环境监测领域涵盖了环境空气、降水、地表水、集中式饮水源地、噪声和振动、固体（土壤、底质、植物、生物残留体、固体废物、煤质）、生物、辐射和废水、废气、室内空气等方面的监测工作。监测工作的类别涉及环境质量监测、污染源监测、验收监测、污染事故应急监测等。

1．环境应急和流动监测

配备多种先进的现场监测仪器设备，全面提升了监测中心在污染源、环境质量等方面的现场监测能力。增购了环境监测车和监测采样船，改善了监测中心的环境监测交通状况，填补了空白。建成了集应急监测、监督性监测、在线比对监测等多功能现场监测为一体、平战兼顾的流动实验室。环境应急和流动监测能力实现由实验室向现场快速监测、现场监测由定性为主向半定量为主的转变，实现对环境的现场快速监测和流动车载监测。

2．实验室监测分析

配置了三重四级气质谱联用仪、100 米光程的傅立叶红外气体测试仪、X-射线荧光分析仪、电感耦合等离子发射光谱-质谱仪等大型分析设备，进一步提升了监测中心有机物和重金属的监测能力；建成并运行国家二噁英西南监测中心，提升了 POPs 环境监测能力和水平；率先在全国实现对地表水和饮用水源水开展 109 项全分析。实验室监测项目覆盖重庆市适用排放标准和环境质量标准的监测因子，实现从手工到自动、从常量到痕量的转变。启动库区水生生物现状调查与监测和典型行业重点污染源二噁英排放状况调查，逐步开展卫片解译工作。

3. 环境质量自动监测

建成较为完善的环境空气、水质和噪声自动监测网络。率先在全国建设覆盖全市 40 个区县城镇的空气质量自动监测网络并实现了空气质量日报，初步建成并运行空气质量自动监测超级实验室；建成国内第一个地表水（饮用水源地）水质自动监测超级站；水质自动监测站扩展到 9 个，实现了入境断面和重点饮用水源地水质监测周报；建设了主城区噪声自动监测站 21 个，实现主城功能区环境噪声自动监测。实施环境空气激光雷达监测，实现监测空间范围从点扩展到面。正在建设中的环境质量自动监测（控）网络平台，可实现全市范围内全部空气自动监测站、水质自动监测站、噪声自动监测站等的统一采集、监控、管理和展示，发挥更好的数据统计分析功能，解决数据分散、信息零散、质量现状分析不全面的问题。

4. 环境监测信息化建设

建设集空气、水质、功能区噪声为一体的自动监控市级平台、对进入重庆市的主要河流断面实施水质自动监测和视频监控，实现了水环境监管 “数图”一体化，强化了断面管理的实时性和直观性。以三峡库区水环境监测能力建设项目为依托，开展全市 40 个区县监测站信息化建设，形成高效畅通的传输网络，提高了区县监测站数据上报的时效性，推动全市环境监测信息资源集成共享，全市基础数据库和分析系统的建设，为提高环境管理服务的能力和水平打下了坚实的基础。

二、环境监测科研

主要开展了环境监测技术规范、环境标准研究、环境监测与综合分析、环境质量调查与评价等监测科研工作，夯实了环境监测工作。

1．环境监测技术规范及标准研究

承担了中国环境监测总站下达的《环境质量常规监测数据管理系统数据传输方式规范化研究》、《优控污染物的监测技术系统》、《国家环境监测背景点位设置研究》，市环保局支持的《重庆市环境准入规定研究》、《锶盐工业污染物排放标准》和《三峡库区（重庆段）富营养化监测技术规范》等一系列课题研究，制定了全国性的方法标准《环境监测分析方法与监测技术体系建设》中的十四个项目的标准分析方法，全国性技术规范《酸沉降技术规范》、重庆市地方标准《重庆市锶盐工业污染物排放标准》、重庆市地方性技术规范《三峡库区（重庆段）富营养化监测技术规范》等一系列技术规范和标准。

① 酸沉降监测酸技术规范。具体到监测点位的选定原则、采样器的要求、分析方法的要求、采样及分析过程的要求及质量控制、数据的处理等。规范执行后，在全国范围内统一了酸沉降监测的方法，使各地的监测数据更具有科学性、准确性及可比性，对统一及规范我国各地的酸沉降监测起到了重要的作用。

② 锶盐工业污染物排放标准。该标准的编制实现了国内外锶盐行业污染控制标准零的突破。标准编制说明详细介绍了重庆市锶盐工业的发展状况和地理分布状况；通过对典型企业的个案分析，剖析了重庆市锶盐生产工艺、排污特征和污染治理措施的现状；在缺乏文献资料的情况下，通过实地监测，得出大量的各类污染源的污染物排放数据；通过对锶盐工业的生产工艺和污染治理的技术经济可行性分析，说明了制定

标准的可行性和必要性，并提出了标准的控制因子和控制限值的依据。

标准文本中提出控制的污染因子得当，控制指标基本符合重庆市锶盐生产企业的实际情况和锶盐行业技术进步及污染控制技术进步趋势，为促进企业技术进步、节能降耗、削减污染提供了技术支撑，为锶盐工业环境管理提供了技术依据。该标准已于 2007 年 1 月 1 日正式实施。

③ 重庆市燃煤电厂、水泥工业大气污染物排放标准。本标准在充分考虑了重庆市火电、水泥及钢铁行业的技术经济现状，并进行了充足的论证的基础上，编制完成《重庆市火电厂大气污染物排放标准》、《重庆市水泥工业大气污染物排放标准》、《重庆市钢铁行业大气污染物排放标准》三个标准文本及其编制说明。《重庆市火电厂大气污染物排放标准》、《重庆市水泥工业大气污染物排放标准》两个标准已颁布实施。

④ 重庆市环境准入规定。本课题按照重庆市“三大经济区”划分原则，根据各区域的资源环境禀赋、环境特征、环境保护目标、工业经济发展目标，分别用环境经济水平分析、总量控制、环境容量分析三种方法，综合确定“三大经济区”2010 年的环境控制限值（即污染物排放总量）；根据各行业的排污强度特征及先进工艺的排放水平，确定各区域和各行业 2010 年的环境准入限值（即万元工业增加值的综合能耗、新鲜水用量、大气污染物、水污染物排放限制值）。本研究以各区域环境控制限值和各行业环境准入限值为核心，建立了重庆市环境准入制度。该制度的建立能够协调重庆市的资源利用、环境保护、社会经济可持续发展的目标，使环境保护真正成为社会、经济可持续发展与资源可持续利用的根本保障，具有显著的经济和环境效益。该研究主要内容以《重庆市工业项目环境准入规定》的形式，于 2007 年 12 月经市人民政府第 116 次常务会议审议通过，已在全市实施。

⑤ 重庆市主城区环境空气质量预报系统研究。该研究对空气质量预报要求的三种污染物（二氧化硫、二氧化氮和可吸入颗粒物）的现状及其变化规律分别进行了深入细致的分析，内容丰富，应用性强。其建

立的污染物浓度预报模型中，详细分析了逐步回归模型、差分替代模型和自回归模型的优化过程，预报结果的拟合情况，论证了各模型的优缺点（适用范围）。模型确定过程中采用了多至上千个样本，保证了结果的可靠性、稳定性。本研究建立的预报模型精度较好，在全国处于较好水平，优于科技计划项目合同规定的指标。本研究成果已应用于重庆市主城区空气质量预报实际工作中。重庆市主城区空气质量每日预报结果在中央一台晚间“环境气象服务”中发布，同时在重庆卫视、重庆电视第四频道、重庆晨报、重庆人民广播电台发布，产生了良好的社会效益。

⑥ 重庆市餐饮业废水中污染物排放系数研究。该研究以 2003 年、2004 年为主要研究年份，选取重庆市主城区餐饮业为研究对象，通过对历史和现状资料的收集、餐饮业废水排放现状调查；对餐饮业进行了合理分类，确定了餐饮业废水中主要受控污染物；结合重庆市餐饮业的实际情况，采用随机抽样和选择行业中有代表性的测点相结合的方式，对火（汤）锅、中餐、面食和西餐茶楼等各类餐饮单位废水中主要受控污染物进行了监测；以现状监测数据为主、历史监测数据为辅对抽样监测结果进行汇总分析；推算制定出重庆市餐饮业废水中主要污染物的排放系数，各类餐饮业废水中主要污染物的当量系数、当量系数负荷比。该研究成果为重庆市餐饮业废水排污管理决策提供了有力的科学依据。

2. 环境质量监测及综合分析

2008—2009 年，开展了环境质量监测及综合分析工作：

① 大气环境质量监测及综合分析。针对重庆市道路隧道多的特点开展了一次隧道内空气质量的研究性监测，为未来实施隧道空气质量的监管奠定了基础；按照《环境空气质量标准》（GB 3095—1996）开展了二次空气成分的全分析，为政府全面了解和掌握空气质量提供了强有力的支撑。开展其他特定区域空气质量监测及综合分析、主城区加油站和加气站空气质量监测及分析、大气环境质量综合分析及研究、$PM_{2.5}$ 组

成分析、灰霾观测及成因研究等课题，进一步增强大气环境质量综合分析的深度。

② 水环境质量监测及综合分析。利用第一次全国污染源普查数据，对库区主要一级支流污染负荷进行初步核算，为下一步库区水污染防治措施的制定提供基础数据。对 2004 年至 2009 年库区一级支流“水华”事件进行了全面的梳理和总结，为系统分析成库以来库区“水华”的发生及变化趋势分析提供第一手数据。对“三江”7 个断面（重点饮用水源地和地表水）2001 年以来的底泥重金属监测数据进行了汇总及变化趋势分析，为重庆市重要水体底泥重金属污染状况全面评估奠定基础。

3．环境质量调查与评价

① 大型商场空气质量调查及评价研究。该课题选择重庆市不同类型的大型商场，在不同时间和不同商品经营区域，调查商场中的甲醛、苯、甲苯、二甲苯、TVOCs、二氧化碳、细菌总数、一氧化碳、二氧化硫、氮氧化物、PM_{10}、温度、相对湿度和新风量等，根据调查结果结合目前的各类相关标准，对商场内的空气质量进行了科学的评价。提供重庆市大型商场空气质量现状调查报告。对重庆市各类型大型商场空气质量进行了 IAQ 评价并提出相应的对策。本研究对重庆市不同类型大型商场中的空气质量现状，以及不同的商品区域、不同的经营风格的商场中的污染物分布规律，各类污染物的影响因素具有重要的科学意义。研究成果对于日后制定相关的国家或地方标准提供了大量的基础数据，对保障人们的健康具有十分重要的环保和社会效益。为相关的管理部门对如何提高商场中的空气质量进行规范管理提供了相应的对策。

② 三峡库区（淹没区）土壤重金属背景值调查。本课题重庆市 16 个区、市、县，沿长江干流和主要次级河流淹没带及其附近（10 千米以内）的农业土壤、林、果、荒地上进行。主要监测项目为铜、铅、锌、镉、镍、铬、汞、砷等指标。运用系统聚类方法对库区淹没区进行分类，

运用模型计算淹没区土壤受淹后土壤重金属的溶出状况。本课题对比中科院以及其他科研机构对三峡库区淹没区土壤研究有以下特点：研究范围广（涉及整个库区）、样品具有较高代表性（代表约 1 830 个点，183 个混合样品）。提供了国内关于三峡库区淹没区土壤重金属调查最完整的资料。

③ 乌江流域“黑潮”问题研究。该研究在大量现场调查、观测和监测分析的基础上，提出上游水库富营养化，造成的藻类大量繁殖，当地藻类优势种为适宜动水环境的绿藻和硅藻，在流入河道后受到两岸污染源的营养补充，藻类进一步繁殖增生，造成乌江水体大面积变黑是乌江“黑潮”的实质；从水文、气象、水质及污染来源等多方面分析了乌江“黑潮”发生的原因、规律以及对三峡水库水质的影响。对三峡成库后乌江“黑潮”的发展趋势作出了预测。

其创新点是利用监测数据，分析了三峡库区大中型水库及自然状态次级河流水体中总磷、透明度与叶绿素 a 的关系，并建立了大中型水库水体中总磷、透明度与叶绿素 a 的关系式，以此关系定量分析了三峡水库成库后敏感水域发生“水华”的可能性和程度；以乌江河道为例，利用一维数学模型，预测了三峡水库成库前后、上游发生和不发生水华的条件下，河口段水体藻类生长的情况。

研究成果为社会各界了解乌江“黑潮”的实质以及政府部门治理乌江富营养化、遏制“黑潮”危害提供了科学依据；对加强库区次级河流的富营养化防治、保护三峡水库水质安全具有重要意义。

④ 污染源治理设施排污系数测算。2006 年我国开展包括城镇生活源、工业源和农业源在内的全国第一次污染源普查工作。2007 年，受原国家环境保护总局华南环境研究所的委托，市环境监测中心承担了“生活源与集中式治理设施产排污系数测算”专项子课题研究工作，除印染业外的其他 5 个大项（居民小区、三产服务业、医院、污水处理厂和垃圾填埋场）、10 个小项（餐饮业、居民小区、垃圾填埋场、美容美发、

污水处理厂、洗染业、洗浴业、医院、住宿业和洗车业）的实测工作，监测范围包括大、中、小（主城区、万州区和荣昌县）三种城市类型，共计236家监测单位（其中餐饮业57家、居民小区17家、垃圾填埋场4家、美容美发38家、污水处理厂3家、洗染业20家、洗浴业39家、医院24家、住宿业24家和洗车业10家），是全国本专项工作承担任务最多的省（市）之一。

第五节　环境应急监测

重庆作为全国著名的老工业基地，直辖以来经济高速发展，环境突发性事件也时有发生。为提高市应对突发性环境污染事件的应急监测能力，确保相关部门能在紧急情况下迅速反应、准确监测，及时预测评估，建立完善的环境应急监测组织和技术保障体系。

一、应急监测组织保障体系

重庆市于2004年10月在全国率先建立了独立的应急监测机构——重庆市环境监测中心应急监测室（即重庆市环境应急监测中心），专职应急监测员20多人。通过各种培训了解应急监测新知识、新技术，不断提高应急响应能力，形成了一支作风正、懂业务、技术精的应急监测队伍。

为了有效地进行各项应急监测工作，市环保局制定了《重庆市突发环境事件应急处理暂行办法》、《重庆市突发性环境污染事故应急响应系统实施方案》、《重庆市环保局处置化学恐怖袭击事件应急实施方案》、《重庆市突发环境污染事故应急监测预案》等一系列相关制度。形成了一个分工明确、责任到人、统一协调和常备不懈的应急监测保障体系。

2005年制定实施的《重庆市突发环境污染事故应急监测预案》（以

下简称“应急监测预案”），对组织机构及职责、应急监测程序、应急监测演练等作了规定，指导全市环境应急监测工作。

1. 环境污染事故分级

应急监测预案明确，突发环境污染事故分为特别重大环境事故（Ⅰ级）、重大环境事故（Ⅱ级）、较大环境事故（Ⅲ级）和一般环境事故（Ⅳ级）四级。

一般突发性环境污染事故（Ⅳ级蓝色预警）：导致下列情形之一的，死亡 2 人以下；因环境污染造成纠纷，引起一般群体性影响。

较大突发性环境污染事故（Ⅲ级黄色预警）：导致产生下列情形之一的，死亡 3 至 9 人，造成中毒（重伤）50 人以下；因环境污染造成区域纠纷，使当地经济、社会活动受到影响。

重大突发性环境污染事故（Ⅱ级橙色预警）：导致产生下列情形之一的，造成人员死亡 10 至 29 人，中毒（重伤）50 人以上、100 人以下；区域生态功能丧失或濒危物种生境受到污染；因环境污染使当地经济、社会活动受到较大影响。

特大突发性环境污染事故（Ⅰ级红色预警）：导致下列情形之一的，死亡 30 人（含）以上，或中毒（重伤）100 人以上；因环境事件需疏散、转移群众 10 万人以上；区域生态功能严重丧失或濒危物种生境受到严重污染；因环境污染使当地正常的经济、社会活动受到严重影响。

2. 环境应急监测组织机构

① 应急监测指挥机构。污染预警监测日常工作指挥机构为市应急监测网络中心（重庆市环境监测中心）。

重、特大突发性环境污染事故应急监测现场指挥机构，由市应急监测组和市应急监测专家组组成。

一般、较大突发性环境污染事故的现场指挥机构，由区县（自治县、市）环保局启动应急预案，组织形成。

② 环境应急监测网络。重庆市环境应急监测网络以市环境监测中心为网络中心，以万州区、涪陵区、黔江区、江津区、永川区、合川区的环境监测站为环境应急监测分中心，由各区、县环境监测站组成环保部门的应急监测的直属网络，由其他各行业的监测站组成应急监测的补充网络，并接受国家环境污染事故应急监测中心的指导。组织机构图见图 4-5。

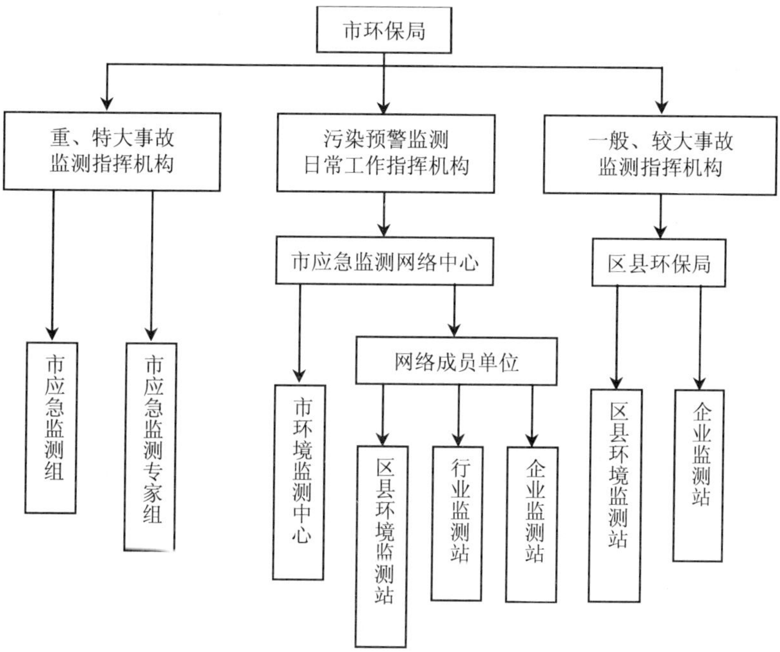

图 4-5　重庆市环境应急监测网络构架

3. 环境应急监测程序

① 重、特大突发性环境污染事故应急监测程序。由市环保局牵头组织市应急监测组统一调度和指挥，市应急监测专家组负责技术咨询，市环境监测中心、各区县（自治县、市）环境监测站、相关行业和企业监测站共同完成应急监测，必要时，由中国环境监测总站指挥监测。

② 一般、较大突发性环境污染事故应急监测程序。由事故发生地区县（自治县、市）环保局指定并组织实施，由所属区县环境监测站负责监测。事故发生单位和相关行业监测站按各自职责，分工负责，紧密配合，迅速有效地开展应急监测工作。分析项目超出其分析能力时，委托有监测能力和资质的单位承担超出能力项目的监测工作。

③ 监测站内、外应急监测工作流程。监测站内、外应急监测工作流程见图 4-6、图 4-7。

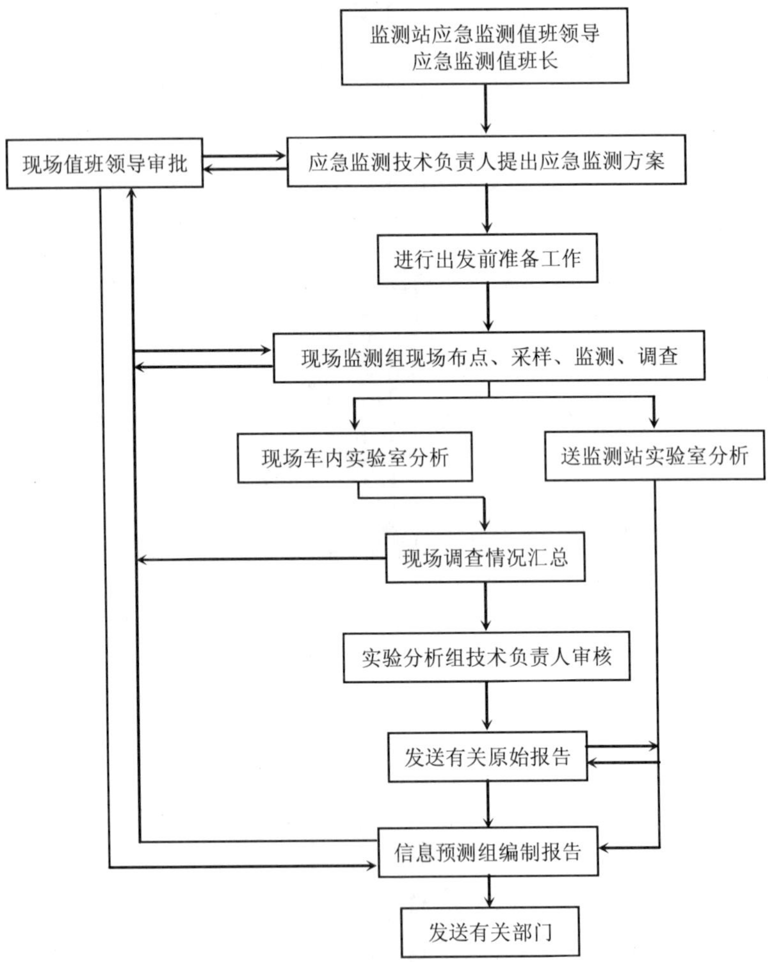

图 4-6　监测站内应急监测程序

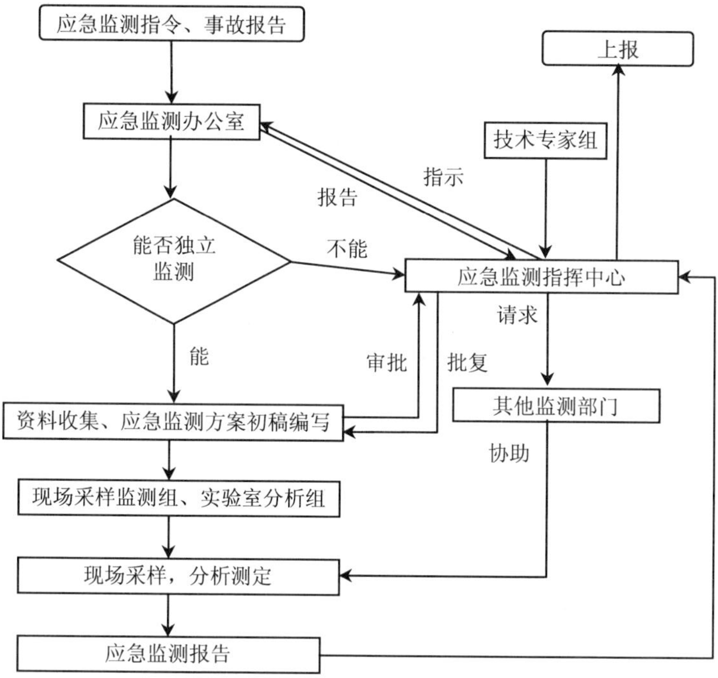

图 4-7　监测站外部应急监测工作流程

二、应急监测能力建设

市环保局组织编制了《重庆市"十一五"环境监测能力建设规划》、《重庆市环境监测预警体系建设项目可行性研究报告》、《重庆市统筹城乡环境监测能力建设方案》、《三峡库区（重庆段）水环境监测能力建设项目可行性研究报告》、《三峡库区水环境质量动态监控预警体系建设方案》等，并积极推进项目审批和实施。截至 2008 年，全市环境监测在用仪器设备总值约为 23 199 万元，较 2005 年的 7 339 万元增加 2.2 倍，大大加强了监测装备水平和能力。市监测中心形成了水、气、声、生物、固体等共 293 项的监测能力，较 2005 年增加 86 项；38 个区县环境监测站形成了水、气、声、生物等平均 71 项的监测能力，较 2005 年平均增加 10 项。监测因子实现了从常规、无机扩展到特征、有机，监测空间范围从点扩展到面，监测手段实现了全市 40 个区县环境空气自动监测、主城功能区环境噪声自动监测、重点饮用水源地包括有机物在内的 20 多个项目自动监测、环境空气中有机物自动监测、环境空气激光雷达监测，建成了集应急监测、监督性监测、在线比对监测等多功能现场监测为一体、平战兼顾的流动实验室。主要体现在以下几个方面：

① 实验室分析设备。配置了三重四级气质谱联用仪、100 米光程的傅立叶红外气体测试仪、X-射线荧光分析仪、电感耦合等离子发射光谱-质谱仪等大型分析设备，建立了二噁英西南分中心，监测因子从常规、无机扩展到特征、有机。

② 环境质量自动监测。主城大气自动监测站扩展到 15 个，新建了 31 个区县自动监测站，实现了全市 40 个区县空气质量日报。构建了包括无机常规因子和有机因子的大气超级站和水质超级站、道路交通环境空气监测站和次级河流流动水质监测站；水自动监测站扩展到 9 个，实现了入境断面和重点饮用水源地水质监测周报，建设了主城区噪声自动监测站 21 个，实现主城功能区环境噪声自动监测。实施环境空气激光雷达监测，实现监测空间范围从点扩展到面。

③ 应急监测。构建了由一个应急监测中心和六个应急监测分中心组成的全市应急监测网络，为 40 个区县配备了现场监测车、为库区 9 个区县配备了监测船及便携式气相色谱仪、便携色质联用分析仪、便携式测油仪、便携式重金属测定仪、水上救生设备等应急监测设备，为市监测中心配备了流动监测车，建成了集应急监测、监督性监测、在线比对监测等多功能现场监测为一体、平战兼顾的流动实验室。

④ 污染源监测：安装运行了含废水 117 套、废气 116 套的污染源在线监控系统，为监测中心配置了全市特征污染物监测仪器，为区县配置了本辖区特征污染物监测仪器，基本形成了全市辖区内特征污染物监测能力。

三、应急监测技术保障体系

2006—2007 年，重庆市环境应急监测中心完成了《重庆市环境污染事故应急监测处置技术预案》文本的编写，形成以监测为依托，明确环境污染事故应急监测中的组织网络和协同作战的工作流程、明确资源保障需求。完成了《应急监测设备调用及化危品处置查询系统》和《重庆市环境应急监测管理系统》两套信息系统的建立，形成了一个强大的环境应急监测辅助体系（两套软件系统部分截图见图 4-8、图 4-9）。

四、典型案例

由于重庆工业行业构成多样，情况复杂，很多企业特别是化工行业发生安全及环保事故的可能性很大，环境应急监测工作极其繁重。环境监测部门在规范化的制度、强大的技术保障体系的支撑下，有序开展应急监测工作，协助上级指挥部门圆满完成了各种环境应急任务，成功处置了多个重大型应急监测事故，积累了较为丰富的应急监测工作经验。仅 2003 年至今，监测中心共计处置突发环境事件 119 次，其中 2003 年 7 起，2004 年 9 起，2005 年 23 起，2006 年 35 起，2007 年 23 起，2008 年 22 起。其中企业生产安全事故引发的突发环境污染事件 29 起，运输途中引发的爆炸、泄漏事件有 16 起，自然灾害引发的有 14 起，企业非正常排污、储存、施工及其他引发的有 60 起。从数量上来看，突发环境事件总体呈逐年上升的趋势，近两年来由于加强对企业宣传安全环保和应急防范知识，力争从源头上控制环境污染事故的发生，取得了较好的效果，突发环境事件的数量有所减少。从污染类型来看，突发环境事件主要为企业生产安全事故、非正常排污、储存、施工等引发，此类事件发生比例占 75%，运输过程中发生的占 13%，自然灾害引发的占 12%。

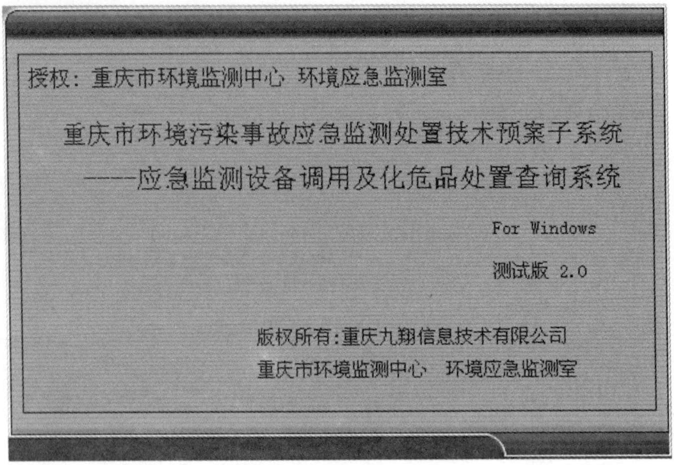

图 4-8 应急监测设备调用及化危品处置查询系统

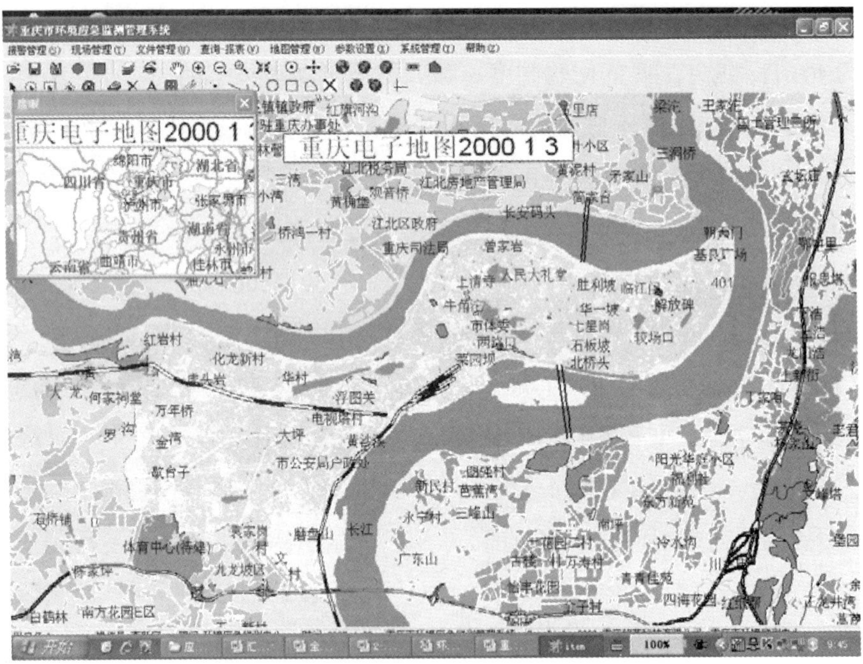

图 4-9 重庆市环境应急监测管理系统

1.“2003.12.23”重庆开县高桥镇天然气井喷事故

2003年12月23日22时15分,位于重庆开县高桥镇的川东北气矿罗家16H号井突然发生井喷，含有高浓度 H_2S 气体的天然气从地底喷出，导致高桥镇晓阳、高旺、平阳、麻柳、肖家河、大旺村、黄坡、麻柳乡、正坝镇、天和乡、紫水镇等4个乡镇28个村庄被毒气覆盖，造成243人死亡，2 142多人受伤住院治疗，约10万人撤离家园数天。在这次污染事故中，重庆市环境监测中心在国家环保总局和市环保局的指挥下，积极做好应急监测工作，反应迅速，针对现场情况实测空气监测数据数千个，水质监测数据数百个，及时向上级部门提供了第一线的准确监测数据，为事故处置和居民返乡提供了决策依据。

2.“2004.4.16”重庆天原化工厂氯气泄漏爆炸事故

2004年4月16日，位于重庆市江北区腹心地带的天原化工总厂由于氯气罐及相关设备陈旧和工人违规操作相继引发氯气泄漏和爆炸事故，导致9人失踪死亡，3人受伤，15万人进行转移，造成了严重影响。重庆市环境监测中心在接到事故通知后，迅速组织人员和仪器设备，赶赴事发现场。现场监测人员冒着生命危险，连日作战，从紧急状态疏散群众，到危险源解除，疏散的人群返家，直至6天后各监测点位大气质量恢复到居住水平并保持稳定，及时、快速、准确地为市环保局和事故指挥中心提供了800多个环境监测数据，为上级部门制定污染源控制和处理决策提供了重要依据，保证了15万群众的安全转移。

3.“2006.3.25”重庆开县罗家2号井井漏事故

2006年3月25日，位于重庆市开县高桥镇的中石油罗家2号井发生井漏，当地居民一万多人紧急转移，无人中毒。事发后，重庆市环境监测中心迅速赶往现场组织监测，连续5天监测数据表明，天然气泄漏核心控制区的空气质量总体持续好转，下游水质符合国家标准。现场应急监测队伍根据重新划定的警戒区域调整了监测点位，继续对重点区域实施 24 小时监测，为群众返乡划定安全区域和警戒区域提供技术依据。自井漏 6 天以后，压井堵漏成功，险情消除，受灾害影响的居民开始陆续返回家园，在已确定的安全区域内，群众返乡工作顺利进行。再经过 4 天时间，井漏事故中被疏散的群众全部安全返乡，灾后恢复生产工作全面展开。在本次事故中市环境监测中心及时向上级部门提供了第一手准确监测数据，为事故处置和居民返乡提供了决策依据。

4. “2005.11.24”垫江英特化工有限公司爆炸苯系物泄漏事故

2005 年 11 月 24 日 11 时，重庆市垫江县英特化工有限公司一甲基乙烷反应釜因在生产过程中投加双氧水时速度过快，引发爆炸，造成 1 死 4 伤。反应釜中约 6 吨含苯物料爆炸燃烧，不仅造成严重的大气污染，导致附近师生和居民 6 000 余人紧急疏散，而且由于灭火过程中，4.1 吨未燃烧的苯系物随消防水进入桂溪河（该河经曹家河汇入龙溪河的上游高滩河，并最终汇入长寿区的饮用水源地长寿湖），造成了严重的水体苯系物污染。事发后，重庆市环境保护局、市环境监测中心、垫江县环境监测站三级联动，迅速启动了环境突发事件应急处置预案，及时组织现场采样监测，了解事故现场污染情况，科学制定监测布点方案，及时向上级部门提供了第一线的准确监测数据，为污染源的控制与处置提供了决策依据。国家环保总局、中国环境监测总站、四川省环境监测中心派出专家赶赴现场进行指导。至第二日，爆炸现场周围环境空气中苯系物浓度达到评价标准，受灾害影响的居民陆续返回家园、师生返校上课。5 天后，环境空气及地表水各监测点位苯系物浓度均达到评价标准。本次苯系物泄漏污染事故未对高滩河和其下游的长寿湖饮用水源地造成影响，无人畜中毒伤亡事件发生，环境污染警报解除。

5.“2007.1.21”双桥区通桥镇新民村三社八敬公井喷事故

2007 年 1 月 21 日 19 时 50 分，重庆市双桥区通桥镇一废弃的温泉井发生井喷，喷出带有异味的水气混合物高达数十米。重庆市环境监测中心在接到报警后，立即启动应急监测预案，立即组织人员奔赴现场进行环境应急监测，共获监测数据 7 460 余个，报出监测快报 36 期、环境质量综述报告 7 期，由于组织得力、连续四天的监测分析，使得政府指挥部能够及时知晓周围环境质量的准确数据，作出科学决策，及时疏散事发地周边一千米范围内的 3 400 余群众，保障了人民群众的生命安全。在这场战斗中，涌现出我们环境应急监测人员的团结、敬业的战斗风采。

6.“2008. 5.22—5.29”赴四川青川灾区应急监测

5 月 13 日，监测中心按照市级应急预案要求，迅速成立了预防地震灾害次生环境污染事件应急监测领导小组，负责统一指挥、协调全市突发性环境污染事件应急监测工作；当天深夜制定了《重庆市地震灾害环境监测预警方案》，在第一时间上报了中国环境监测总站和重庆市环保局，得到批准并实施。方案要求监测中心各部门紧急进入应急状态，24 小时严阵以待，严格实行 24 小时值班制度，加强应急值守，确保信息畅通；密切关注长江、嘉陵江、涪江、渠江水质变化情况，每日编报《地震次生灾害地表水和饮用水源地水质应急监测快报》和《重庆市抗震救灾饮用水源地水质监测结果》，同时编写信息专报，及时报送上级各部门。

与此同时，监测中心及时与四川省环境监测中心站取得联系，并召开支援灾区环境监测工作会议，从技术、人员、仪器、资金等方面作出周密部署，随时准备赴灾区支援环境应急监测工作。

5 月 22 日清晨，监测中心应急监测技术骨干 3 人携仪器冒雨赶赴灾区，23 日上午抵达青川县后立即投入对灾民饮用水源水质的应急监测工作中。监测中心技术人员发扬“忠于职守、造福人民，科学严谨、求实创新，不畏艰难、无私奉献，团结协作、众志成城”的中国环保精神，在灾区恶劣的环境中，克服重重困难，高质量地完成了监测任务，及时向指挥部报送了监测结果，为指挥部掌控青川县城饮用水源水质情况变化提供技术支持。

7．“2009.3.4—3.5”重庆市朝天门黑水事件调查应急监测

2009 年 2 月 26 日，《重庆晚报》以《上午江心沸腾下午巨浪袭人》为题报道了 2 月 25 日朝天门水域发生的怪事。3 月 3 日《重庆时报》以《事隔 5 天相同地点朝天门水域再吐黑水》为题对此事再次作了报道。市内外多家媒体报道和转载了此事。2009 年 3 月 3 日，根据市环保局的安排，监测中心应急人员到朝天门事发水域进行调查，3 月 4 日至 5 日两天的调查和蹲守并进行了水质监测。3 月 5 日 14 时 30 分左右，朝天门 5 号码头附近再次发生冒黑水事件，监测人员及时出动，采集了黑水水样。通过对采集的黑水观察发现：该黑水是由大量的植物碎屑及其植物腐烂物组成，经静置后，植物碎屑沉降，水质变清。通过多部门调查结果会商得出，重庆朝天门 5 号码头附近水域冒黑水的现象是由于重庆市位于三峡库区库尾，三峡蓄水后，大量的植物碎屑易沉积在朝天门两江汇合处，在退水期，由于植物腐烂、水的压力变化或江水紊流作用，使这些植物碎屑及其植物腐烂物翻出水面导致了这一奇特现象，并导致水质部分指标浓度值略有增加，但不会对长江水质造成影响。

附录

附录表 1　重庆市各区县环境监测站仪器设备情况表

单位：台/套

年份＼仪器设备	渝中区	沙坪坝区	江北区	大渡口区	南岸区	北碚区	九龙坡区	巴南区	渝北区	永川区	合川区	江津区	万盛区	万州区	涪陵区	黔江区	双桥区	长寿区	南川区	綦江县
1997 年	38	128	85	56	60	50	92	18	30	0	55	75	76	60	70	10	8	22	6	63
1998 年	41	131	85	57	63	60	92	18	31	0	60	78	82	78	76	10	8	30	7	63
1999 年	47	134	85	57	75	72	98	19	33	0	65	82	90	81	78	15	8	32	8	68
2000 年	47	134	85	57	110	88	126	19	34	0	70	86	98	90	80	15	23	33	10	79
2001 年	60	134	101	59	92	88	181	20	42	0	80	92	96	197	85	15	23	38	11	79
2002 年	63	136	104	51	97	88	186	20	65	0	90	95	116	232	85	18	23	39	14	97
2003 年	71	145	131	66	103	88	192	23	71	0	100	99	116	247	90	18	23	42	16	97
2004 年	72	157	145	68	119	88	198	23	79	0	110	104	116	265	92	24	23	73	18	142
2005 年	74	157	201	116	125	38	203	23	85	0	120	106	124	292	90	24	23	80	18	154
2006 年	122	157	204	135	119	38	209	27	97	120	160	108	124	303	95	60	24	97	18	228
2007 年	122	180	190	162	116	38	209	30	103	146	200	227	148	324	112	60	25	104	20	231
2008 年	158	180	195	199	118	141	212	30	103	193	240	269	170	332	130	80	25	121	25	249
2009 年	206	184	220	225	121	165	253	35	161	200	250	298	195	343	170	100	121	135	25	260

仪器设备 / 年份	潼南县	铜梁县	大足县	荣昌县	璧山县	梁平县	城口县	丰都县	垫江县	武隆县	忠县	开县	云阳县	奉节县	巫山县	巫溪县	石柱县	秀山县	酉阳县	彭水县	小计
1997年	20	100	125	90	95	28	9	15	39	3	0	8	15	35	18	12	30	8	12	10	1 674
1998年	24	100	125	90	102	28	11	20	39	4	0	10	15	35	29	19	30	8	12	10	1 781
1999年	26	100	125	100	106	32	15	20	39	8	0	13	15	35	29	19	30	8	12	10	1 889
2000年	28	100	125	110	109	32	15	27	44	10	0	15	42	35	34	19	30	8	12	11	2 090
2001年	28	100	125	110	115	54	18	31	44	10	0	35	53	35	35	19	30	8	12	11	2 366
2002年	30	132	125	110	118	54	18	33	44	10	0	38	58	35	39	21	30	8	15	11	2 548
2003年	32	132	125	110	126	60	18	39	44	15	0	45	67	35	47	22	30	10	15	16	2 726
2004年	38	132	125	110	129	66	28	39	49	20	0	50	73	35	56	22	30	10	15	16	2 959
2005年	38	132	125	170	154	66	28	40	49	21	0	72	78	84	56	22	32	10	16	60	3 306
2006年	39	135	125	170	159	70	45	40	59	37	65	72	108	84	58	22	32	36	20	61	3 882
2007年	41	135	125	175	178	72	50	49	63	60	65	92	113	87	62	22	35	36	20	63	4 290
2008年	63	143	255	175	193	85	119	59	79	69	50	110	126	87	62	27	51	36	70	65	5 094
2009年	94	198	289	220	217	95	119	68	128	92	70	156	157	105	117	51	65	36	70	130	6 144

附录表 2　重庆市各区县环境监测站业务用房情况表

单位：m^2

年份＼面积	渝中区	沙坪坝区	江北区	大渡口区	南岸区	北碚区	九龙坡区	巴南区	渝北区	永川区	合川区	江津区	万盛区	万州区	涪陵区	黔江区	双桥区	长寿区	南川区	綦江县
1997 年	450	1 200	510	540	614	407	420	600	300	400	800	400	450	1 534	400	200	45	400	197	360
1998 年	450	1 200	510	200	614	407	420	600	300	400	800	400	450	1 534	400	200	45	400	197	360
1999 年	450	1 200	510	200	614	407	420	600	650	400	800	400	450	1 534	400	200	45	400	197	360
2000 年	450	1 200	510	200	614	407	420	600	650	400	800	400	450	1 534	400	200	45	400	197	360
2001 年	450	1 200	720	200	614	407	420	600	650	400	800	400	450	1 534	400	200	45	400	197	360
2002 年	450	600	720	200	614	407	420	600	650	400	800	400	450	1 534	630	400	45	400	197	360
2003 年	450	600	720	200	614	407	420	600	650	400	800	400	450	1 534	630	450	45	400	197	360
2004 年	450	600	720	200	614	407	420	600	650	400	800	400	450	1 534	630	600	100	400	197	360
2005 年	450	600	720	665	614	120	420	600	650	400	800	400	450	1 534	630	600	130	1 000	197	360
2006 年	500	600	720	665	624	120	585	600	1 200	1 700	800	400	450	1 534	1 154	0	130	1 000	197	360
2007 年	500	600	720	665	624	120	625	600	1 200	1 700	800	720	450	1 534	1 154	0	130	1 000	197	390
2008 年	500	600	720	665	624	1500	625	600	1 200	1 700	800	720	450	1 534	1 154	0	130	1 000	660	390
2009 年	500	600	1 020	665	644	1500	625	600	1 200	1 700	800	720	450	1 534	1 154	0	224	1 000	660	460

面积 年份	潼南县	铜梁县	大足县	荣昌县	璧山县	梁平县	城口县	丰都县	垫江县	武隆县	忠县	开县	云阳县	奉节县	巫山县	巫溪县	石柱县	秀山县	酉阳县	彭水县	小计
1997 年	400	1 000	630	500	680	150	50	210	320	260	300	100	140	0	300	200	670	240	180	160	16 717
1998 年	400	1 000	630	500	680	150	50	210	320	260	300	100	140	0	300	200	670	240	180	160	16 377
1999 年	400	1 000	630	650	680	150	50	210	320	150	300	100	140	0	300	200	670	240	180	160	16 767
2000 年	400	1 000	630	650	680	150	70	210	320	150	300	100	140	650	300	200	670	80	180	160	17 277
2001 年	400	1 000	630	650	680	150	70	210	320	150	300	100	600	650	300	200	670	80	180	160	17 947
2002 年	400	1 000	630	650	680	150	70	700	320	150	300	100	600	650	300	200	670	80	150	160	18 237
2003 年	400	1 000	630	650	680	250	70	700	320	150	300	100	600	650	300	200	670	80	150	160	18 387
2004 年	400	1 000	630	650	680	250	70	700	320	150	300	350	600	650	1 200	200	670	80	150	160	19 742
2005 年	1 000	1 000	630	650	680	300	70	700	320	150	300	350	600	650	1 200	200	670	80	160	243	21 293
2006 年	1 000	1 500	630	650	680	350	70	700	320	500	300	350	600	650	1 200	200	670	430	160	243	24 542
2007 年	1 000	1 500	1 300	650	680	375	70	700	500	500	300	600	600	800	1 200	200	670	430	160	243	26 207
2008 年	1 000	1 500	1 300	650	680	500	900	700	500	500	1 500	600	600	800	1 200	200	670	430	550	680	31 032
2009 年	1 000	1 500	1 300	650	1 400	500	900	860	500	500	1 500	600	600	800	1 200	1 188	670	430	550	1 200	33 904

附录表 3　重庆市区县环境监测站人员编制情况表

单位：人

年份＼编制	渝中区	沙坪坝区	江北区	大渡口区	南岸区	北碚区	九龙坡区	巴南区	渝北区	永川区	合川区	江津区	万盛区	万州区	涪陵区	黔江区	双桥区	长寿区	南川区	綦江县
1997 年	10	15	16	12	19	10	14	9	10	10	12	10	12	30	15	10	4	20	15	15
1998 年	10	15	16	12	19	10	14	10	12	10	12	10	12	30	15	10	4	20	15	15
1999 年	10	15	16	12	19	10	14	11	12	10	12	10	12	30	15	10	4	20	15	15
2000 年	10	15	16	12	19	10	14	12	12	10	12	10	12	30	15	10	4	20	15	15
2001 年	10	15	16	12	19	10	14	12	12	10	12	18	12	30	15	10	4	20	15	15
2002 年	10	15	16	12	19	10	14	16	12	10	13	18	12	30	15	10	4	20	15	15
2003 年	10	15	16	12	19	10	14	16	12	10	13	18	12	30	15	10	4	20	15	15
2004 年	10	15	16	12	19	10	14	16	12	10	13	18	12	30	15	10	4	20	15	15
2005 年	10	16	16	12	19	10	14	16	12	10	13	18	12	50	15	10	4	20	15	15
2006 年	10	16	16	12	19	10	14	17	12	10	13	25	12	50	15	30	4	20	15	15
2007 年	10	18	16	12	19	15	14	17	12	10	30	25	12	50	15	30	4	20	18	15
2008 年	10	18	16	14	19	15	20	30	12	25	30	30	12	54	15	30	5	20	18	19
2009 年	10	18	21	14	19	15	20	30	12	25	30	30	14	54	27	30	5	20	18	19

编制 / 年份	潼南县	铜梁县	大足县	荣昌县	璧山县	梁平县	城口县	丰都县	垫江县	武隆县	忠县	开县	云阳县	奉节县	巫山县	巫溪县	石柱县	秀山县	酉阳县	彭水县	小计
1997年	11	13	11	15	25	8	4	10	14	6	11	8	6	8	7	7	6	5	6	8	457
1998年	11	13	11	15	25	8	4	10	14	6	11	8	6	8	7	7	6	5	6	8	460
1999年	11	13	11	15	25	8	4	10	14	6	11	8	6	8	7	7	6	5	6	8	461
2000年	11	13	11	15	25	8	4	10	14	6	11	8	6	8	7	7	6	5	6	8	462
2001年	11	13	11	15	25	8	4	10	14	6	11	8	6	8	7	7	6	5	6	8	470
2002年	11	13	11	15	25	8	4	10	14	6	11	8	6	8	7	7	6	5	10	8	479
2003年	11	13	11	15	25	8	4	10	14	6	11	8	6	8	7	7	8	5	10	8	481
2004年	11	13	11	15	25	8	4	10	14	6	11	8	6	8	7	7	8	10	10	8	486
2005年	11	13	11	15	25	8	4	10	14	6	11	8	6	8	7	7	8	10	10	8	507
2006年	11	13	11	15	25	8	4	10	14	6	11	8	10	8	7	7	8	10	10	8	539
2007年	11	13	15	17	25	14	10	15	14	8	11	16	10	8	15	7	8	10	10	8	607
2008年	19	13	15	17	25	14	10	15	14	15	11	16	10	8	15	7	8	10	10	8	672
2009年	19	30	15	17	25	14	10	20	14	15	16	16	10	13	15	7	8	10	17	9	731

附录表 4　重庆市区县环境监测站在岗人员情况表

单位：人

年份 \ 在岗人数	渝中区	沙坪坝区	江北区	大渡口区	南岸区	北碚区	九龙坡区	巴南区	渝北区	永川区	合川区	江津区	万盛区	万州区	涪陵区	黔江区	双桥区	长寿区	南川区	綦江县
1997年	7	10	12	7	10	7	10	9	10	10	8	9	12	29	32	9	2	10	15	16
1998年	7	12	11	8	10	9	7	10	11	10	8	11	12	29	31	9	1	10	15	15
1999年	8	13	11	8	10	8	8	11	12	10	9	11	12	28	22	11	1	10	15	15
2000年	9	13	11	7	10	8	8	12	11	10	9	15	12	28	21	12	1	12	15	16
2001年	9	13	11	6	12	8	9	12	11	10	9	15	12	27	21	12	1	12	15	16
2002年	9	14	11	6	12	12	9	16	11	10	9	19	12	26	21	12	3	12	15	16
2003年	9	15	13	7	12	10	9	16	11	10	12	21	12	26	23	11	3	12	15	17
2004年	9	17	13	6	12	8	10	16	11	10	13	21	12	25	23	11	3	14	15	19
2005年	7	17	15	9	12	8	10	16	11	11	13	21	12	48	23	11	3	14	18	21
2006年	9	16	16	11	12	5	10	17	11	11	13	25	12	46	22	11	3	14	18	21
2007年	9	18	15	9	12	10	10	17	11	13	16	25	12	46	22	15	3	16	18	21
2008年	10	18	16	9	12	11	10	17	10	22	21	25	12	45	24	15	3	16	18	23
2009年	10	18	17	9	13	11	13	17	10	21	27	28	14	48	27	16	5	17	18	22

在岗人数 / 年份	潼南县	铜梁县	大足县	荣昌县	璧山县	梁平县	城口县	丰都县	垫江县	武隆县	忠县	开县	云阳县	奉节县	巫山县	巫溪县	石柱县	秀山县	酉阳县	彭水县	小计
1997年	11	8	9	13	8	5	2	9	7	4	7	7	3	5	7	5	6	5	5	4	364
1998年	13	8	9	14	8	5	3	10	7	4	7	8	3	5	7	5	6	5	5	4	372
1999年	13	8	9	14	9	5	3	10	7	4	7	9	5	5	7	5	6	5	5	4	373
2000年	13	8	9	14	12	5	3	12	7	4	9	10	5	5	7	5	6	4	5	4	387
2001年	14	8	9	14	12	5	3	12	7	4	10	10	6	5	7	5	6	4	6	3	391
2002年	14	8	9	14	14	5	3	10	7	4	12	11	7	8	7	5	6	4	7	3	413
2003年	14	13	9	14	15	6	3	11	7	6	11	12	7	8	7	5	8	4	7	3	434
2004年	14	13	9	14	15	6	3	11	8	6	11	12	7	8	7	5	8	4	7	3	439
2005年	16	13	9	14	18	6	3	11	9	5	10	13	7	8	7	5	8	4	7	5	478
2006年	18	13	9	14	22	6	3	11	9	6	9	15	10	9	7	5	5	4	7	8	493
2007年	18	13	9	15	23	5	3	11	9	8	8	15	10	9	10	5	5	10	6	9	519
2008年	17	13	9	16	25	13	6	14	10	13	7	15	10	9	10	5	9	10	5	9	562
2009年	17	30	9	17	25	13	9	14	10	13	9	16	10	12	15	5	11	10	5	9	620

附录表 5　渝环发[2008]52 号文件（简称 2008 标准）和渝环发[2003]118 号文件（简称 2003 标准）对人员编制与结构标准的比较

文件编号＼比较内容		一级监测站	二级监测站			三级监测站
			一类	二类	三类	
机构编制	2008 标准	不少于 200 人	不少于 80 人	不少于 60 人	不少于 30 人	不少于 20 人
	2003 标准	180～200 人	20～40 人	12～25 人	—	8～20 人
技术人员比例	2008 标准	不低于 85%（170 人）	不低于 85%（68 人）	不低于 85%（51 人）	不低于 85%（25 人）	不低于 80%（16 人）
	2003 标准	80%～85%	80%～85%	80%～85%	—	80%～85%
高中初级专业技术人员比例	2008 标准	高级技术人员占技术人员总数比例不低于 30%，中级不低于 50%	高级技术人员占技术人员总数比例不低于 25%，中级不低于 50%			高级技术人员占技术人员总数比例不低于 20%，中级不低于 50%
	2003 标准	3:5:2	2.5:5.5:2	2.5:5:2.5	—	2:5:3

附录表 6　渝环发[2008]52 号文件（简称 2008 标准）和渝环发[2003]118 号文件（简称 2003 标准）对监测业务经费标准的比较

文件编号 \ 比较内容		一级监测站	二级监测站			三级监测站
			一类	二类	三类	
业务费/（万元/人·年）	2008 标准	不低于 10.0	不低于 7.0	不低于 6.0	不低于 5.0	不低于 4.0
	2003 标准	4.5～7.0	3.5～5.0	2.5～3.5	—	2.0～3.5
自动监测、信息系统运行费/（万元/年）	2008 标准	每个大气自动监测子站运行费用 15.0 万元/年，每个水质自动监测子站运行费用 20.0 万元/年				
	2003 标准	有自动监测系统的监测站增加经费 8 万元/年				
仪器设备购置费/（万元/年）	2008 标准	不低于 200.0	不低于 150.0	不低于 80.0	不低于 50.0	不低于 30.0
	2003 标准	—	—	—	—	—
仪器设备维护费/（万元/年）	2008 标准	按上一年仪器设备总值的 10%计				
	2003 标准	—	—	—	—	—

附录表 7　渝环发[2008]52 号文件（简称 2008 标准）和渝环发[2003]118 号文件（简称 2003 标准）对监测业务用房标准的比较

文件编号 \ 比较内容		一级监测站	二级监测站			三级监测站
			一类	二类	三类	
实验室用房/m^2	2008 标准	不低于 7 000	不低于 3 500	不低于 2 500	不低于 1500	不低于 1 000
	2003 标准※	≥40 m^2/人	≥35 m^2/人	≥35 m^2/人	—	≥30 m^2/人
行政办公用房/m^2	2008 标准	不低于人均 15				
	2003 标准※	有自动监测系统的监测站，增加用房面积 10～25 m^2/子站				
用房要求	2008 标准	1. 监测业务用房要求严格按照国家有关实验室建设要求，做好水、电、通风、防腐蚀、紧急救援、恒温等设施。 2. 行政办公用房配备桌、椅、柜等办公设施，配备传真机、复印机、互联网登录设备等				
	2003 标准	—	—	—	—	—

注：※2003 标准中，未对监测业务用房划分为实验室用房和行政办公用房，也未对用房要求设置标准。

附录表 8　重庆市三峡库区水环境监测能力建设仪器配置表

单位：台/套

工程或费用名称	监测中心	万洲	涪陵	巫山	巫溪	奉节	云阳	忠县	丰都	长寿	开县	石柱	武隆	渝北	渝中	江北	大渡口	沙坪坝	南岸	合计
水常规监测仪器设备	156	66	67	48	47	46	46	49	50	42	39	46	47	18	42	39	36	14	15	—
应急监测仪器设备	17	16	17	13	12	13	13	14	14	17	12	12	12	14	13	14	15	14	13	—
水华监测仪器设备	10	10	9	6	4	4	4	4	4	4	4	4	4	2	4	4	4	4	4	—
数据处理与传输设备	35	17	17	9	9	9	9	9	9	17	9	9	9	17	17	17	17	17	17	—
工程或费用名称	九龙坡	巴南	北碚	江津	黔江	万盛	双桥	合川	永川	南川	荣昌	璧山	大足	潼南	铜梁	綦江	梁平	垫江	彭水	—
水常规监测仪器设备	16	38	37	60	46	43	49	50	54	45	39	42	48	46	44	41	46	49	41	1 747
应急监测仪器设备	13	14	14	16	15	13	12	15	15	14	10	11	12	11	11	11	12	12	12	508
水华监测仪器设备	4	4	4	6	6	44	6	6	4	4	4	4	4	4	4	4	4	4	4	177
数据处理与传输设备	17	17	17	17	17	17	9	17	17	17	9	9	9	9	9	9	9	9	9	512

注：水常规监测仪器设备投资 4 397 万元，应急监测仪器设备投资 3 251.5 万元，水华监测仪器设备投资 1 141.4 万元，水质自动监测站 3 个投资 555 万元，数据处理与传输设备投资 885.2 万元。

附录表 9　重庆市“十一五”期间空气、降水质量监测点位一览表

行政区划	区县	监测项目	点位名称	位置（所在的镇、街道名称）	经、纬度及海拔高度	功能区	采样仪器所在处建筑物高度/m
500101	万州区	大气、降尘、降水	高笋塘	高笋塘街办	N：30°48′45″ E：108°22′07″ 海拔：221 m	二类	20
		大气、降尘	百安坝	百安坝街办	N：30°45′30″ E：108°26′24″ 海拔：370 m	二类	21
		大气、降尘	周家坝	周家坝街办	N：30°50′35″ E：108°22′08″ 海拔：343 m	二类	40
		降水	龙宝	龙都街办	N：30°46′04″ E：108°24′13″ 海拔：251 m	二类	25
		降水	熊家	熊家镇	N：30°54′19″ E：108°25′15″ 海拔：397 m	二类	9

行政区划	区县	监测项目	点位名称	位置（所在的镇、街道名称）	经、纬度及海拔高度	功能区	采样仪器所在处建筑物高度/m
500102	涪陵区	大气、降尘、降水	气象台	敦仁办事处	N：29°42′43″ E：107°23′69″ 海拔：265 m	二类	10
		大气、降尘	三机关区人大	荔枝办事处	N：29°41′97″ E：107°22′44″ 海拔：420 m	二类	25
		降水	林科所	荔枝办事处	N：29°42′13″ E：107°23′58″ 海拔：290 m	二类	20
500103	渝中区	大气、降尘	解放碑	解放碑街道	N：29°34′ E：106°34″ 海拔：250 m	二类	20
		大气、降尘、降水	七星岗	七星岗	N：29°33′40″ E：106°33′78″ 海拔：275 m	二类	20
500104	大渡口区	大气、降尘、降水	新山村	行政中心	N：29°29′22″ E：106°28′73″	二类	40
		大气、降尘	建胜	凤阳村	N：29°25′72″ E：106°27′89″	二类	14

行政区划	区县	监测项目	点位名称	位置（所在的镇、街道名称）	经、纬度及海拔高度	功能区	采样仪器所在处建筑物高度/m
500105	江北区	大气、降尘、降水	观音桥	观音桥街道	N：29°35′11″ E：106°34′43″ 海拔：230 m	二类	20
		大气、降尘	唐家沱	唐家沱镇	N：29°36′33″ E：106°38′20″ 海拔：352 m	二类	15
		大气、降尘	鱼嘴	鱼嘴镇	N：29°36′37″ E：106°45′12″ 海拔：313 m	二类	13
500106	沙坪坝区	大气、降尘、降水	高家花园	渝碚路	N：29°34′34″ E：106°27′41″	二类	15
		大气、降尘	虎溪	虎溪镇	N：29°32′46″ E：106°27′02″ 海拔：314 m	二类	20
500107	九龙坡区	大气、降尘、降水	杨家坪	杨家坪街道	N：29°30′05″ E：106°30′19″ 海拔：263 m	二类	20
		大气、降尘	白市驿	白市驿镇	N：29°28′45″ E：106°21′33″ 海拔：263 m	二类	16

行政区划	区县	监测项目	点位名称	位置（所在的镇、街道名称）	经、纬度及海拔高度	功能区	采样仪器所在处建筑物高度/m
500107	九龙坡区	大气、降尘	陶家	陶家镇	N：29°18′61″ E：106°21′24″ 海拔：277 m	二类	14
		大气、降尘	西彭	西彭镇	N：29°30′05″ E：106°30′19″ 海拔：298 m	二类	18
500108	南岸区	大气、降尘、降水	南坪	工商大学	N：29°30′56″ E：106°34′28″ 海拔：311 m	二类	18
		大气、降尘	茶园	长生镇	N：29°29′31″ E：106°38′76″ 海拔：290 m	二类	15
500109	北碚区	大气、降尘	蔡家	蔡家镇	N：29°44′38″ E：106°29′34″ 海拔：376 m	二类	15
		大气、降尘、降水	天生	天生街道	N：29°49′60″ E：106°29′53″ 海拔：247 m	二类	5
		大气、降尘、降水	缙云山	澄江镇	N：29°44′00″ E：106°29′00″ 海拔：910 m	一类	5

行政区划	区县	监测项目	点位名称	位置（所在的镇、街道名称）	经、纬度及海拔高度	功能区	采样仪器所在处建筑物高度/m
500110	万盛区	大气、降尘、降水	监测站	万东北路	N：28°57′46″ E：106°56′17″ 海拔：321 m	二类	22
		大气、降尘	东林	清溪桥	N：28°56′50″ E：106°55′06″ 海拔：321 m	二类	10
500111	双桥区	大气、降尘、降水	双桥区环保局	双路镇双龙西路	N：29°29′18″ E：105°46′16″ 海拔：380 m	二类	18
500112	渝北区	大气、降尘、降水	两路	渝北监测站办公楼顶	N：29°42′96″ E：106°27′24″ 海拔：343 m	二类	15
		大气、降尘	人和	人和镇	N：29°38′74″ E：106°31′10″ 海拔：330 m	二类	14
		大气、降尘	礼嘉	礼嘉镇	N：29°42′55″ E：106°29′17″ 海拔：314 m	二类	13
500113	巴南区	大气、降尘、降水	渔洞	渔洞鱼新街	N：29°22′56″ E：106°31′10″ 海拔：257 m	二类	27

行政区划	区县	监测项目	点位名称	位置（所在的镇、街道名称）	经、纬度及海拔高度	功能区	采样仪器所在处建筑物高度/m
500113	巴南区	大气、降尘	界石	界石镇	N：29°25′71″ E：106°34′22″ 海拔：413 m	二类	15
500114	黔江区	大气、降尘	区政府	城西办事处行署街	N：29°32′21″ E：108°45′96″ 海拔：608 m	二类	15
		大气、降尘、降水	区环保局	城东办事处 河滨东路北段	N：29°32′01″ E：108°46′56″ 海拔：606 m	二类	25
		降水	平坝中学	舟北镇路东居委	N：29°31′45″ E：108°49′47″ 海拔：632 m	一类	25
500115	长寿区	大气、降尘、降水	监测站	凤城街道骑鞍桥	N：29°50′29″ E：107°04′34″ 海拔：300 m	二类	20
		大气、降尘	晏家川维厂	晏家街道川维电影院	N：29°48′03″ E：107°00′54″ 海拔：285 m	三类	20

行政区划	区县	监测项目	点位名称	位置（所在的镇、街道名称）	经、纬度及海拔高度	功能区	采样仪器所在处建筑物高度/m
500222	綦江县	大气、降尘、降水	县环保局	古南镇菜坝居	N：29°01′45″ E：106°39′05″ 海拔：222 m	二类	20
		大气、降尘	县人民医院	古南镇沱湾居	N：28°01′07″ E：106°09′19″	二类	35
500223	潼南县	大气、降尘、降水	环保局	江北新城	N：30°11′70″ E：105°50′33″ 海拔：298 m	二类	22
		大气、降尘	监测站	文化路	N：30°10′92″ E：105°48′68″ 海拔：270 m	二类	11
500224	铜梁县	大气、降尘、降水	监测站	巴川镇藕塘湾	N：29°50′53″ E：106°02′46″ 海拔：267 m	二类	20
		大气、降尘	国土局	巴川镇中兴路	N: 29°50′21″ E: 106°03′11″ 海拔：270 m	二类	30
500225	大足县	大气、降尘、降水	监测站	龙岗街道办事处	N：29°42′18″ E：105°43′04″	二类	15
		大气、降尘	龙岗一小	龙岗街道办事处	N：29°42′05″ E：105°42′47″	二类	20

行政区划	区县	监测项目	点位名称	位置（所在的镇、街道名称）	经、纬度及海拔高度	功能区	采样仪器所在处建筑物高度/m
500226	荣昌县	大气、降尘、降水	县环保局	昌元镇花园街	N：29°24′19″ E：103°35′43″	二类	16
		大气、降尘	县工人俱乐部	昌元镇东益当	N：29°24′47″ E：103°35′56″	二类	12
500227	璧山县	大气、降尘	部队	77136 部队		二类	10
		大气、降尘、降水	监测站	环保局	N：29°35′20″ E：106°13′40″	二类	28
500228	梁平县	大气、降尘、降水	监测站	梁山镇双桂路	N：30°40′24″ E：107°47′33″ 海拔：450 m	二类	16
		大气、降尘	县政府	梁山镇东正街	N：30°40′47″ E：107°47′58″ 海拔：450 m	二类	20
500229	城口县	大气、降尘、降水	县政协办公楼	葛城镇土城路	N：31°56′60″ E：108°39′37″ 海拔：780 m	二类	20
		大气、降尘	新城财税所	葛城镇东大街	N：31°56′55″ E：108°39′52″ 海拔：776 m	二类	20

行政区划	区县	监测项目	点位名称	位置（所在的镇、街道名称）	经、纬度及海拔高度	功能区	采样仪器所在处建筑物高度/m
500230	丰都县	大气、降尘、降水	环保局	办公楼顶楼	N：29°52′16″ E：107°43′26″ 海拔：185 m	二类	24
		大气、降尘	城一校	教学楼顶楼	N：29°52′11″ E：107°44′15″ 海拔：200 m	二类	18
500231	垫江县	大气、降尘	福利院	桂溪镇人民路	N：30°19′90″ E：107°20′66″	二类	15
		大气、降尘、降水	监测站	桂溪镇桂西大道	N：30°19′98″ E：107°20′08″	二类	10
500232	武隆县	大气、降尘、降水	县政府办公区	办公楼顶楼	N：29°19′53″ E：107°45′35″ 海拔：230 m	二类	30
		大气、降尘	老城区	油房沟	N：29°19′43″ E：107°44′53″ 海拔：230 m	二类	18
500233	忠县	大气、降尘、降水	监测站	忠州镇体育路 18 号	N：30°17′26″ E：108°01′54″ 海拔：225 m	二类	18
		大气、降尘	小区移民局	忠州镇新华路 3 号	N：30°18′12″ E：108°02′15″ 海拔：260 m	二类	18

行政区划	区县	监测项目	点位名称	位置（所在的镇、街道名称）	经、纬度及海拔高度	功能区	采样仪器所在处建筑物高度/m
500234	开县	大气、降尘、降水	新城监测站	东西大道	N：31°10′43″ E：108°24′78″	二类	27
		大气、降尘	新城环保局	平桥小区	N：31°14′32″ E：108°26′92″	二类	27
500235	云阳县	大气、降尘	政协楼	双江镇杏家湾	N：30°55′60″ E：108°41′35″ 海拔：252 m	二类	28
		大气、降尘、降水	环保局宿舍楼	双江镇望江大道	N：30°56′06″ E：108°41′54″ 海拔：344 m	二类	26
500236	奉节县	大气、降尘、降水	环保局大楼	永安镇永安路	N：31°05′23″ E：109°21′56″ 海拔：376 m	二类	32
		大气、降尘	县政府大楼	永安镇县政路	N：31°01′24″ E：109°27′51″ 海拔：382 m	二类	25
500237	巫山县	大气、降尘	行政大楼	广东路	N：31°04′64″ E：109°52′47″	二类	28
		大气、降尘、降水	环保局	静坛路	N：31°04′88″ E：103°52′59″	二类	26
		降水	早阳小学	巫峡镇		二类	12

行政区划	区县	监测项目	点位名称	位置（所在的镇、街道名称）	经、纬度及海拔高度	功能区	采样仪器所在处建筑物高度/m
500238	巫溪县	大气、降尘、降水	环保局	城厢镇宁河街	N：31°24′01″ E：109°37′65″	二类	21
		大气、降尘	巫溪中学	城厢镇先锋路	N：31°23′61″ E：109°36′58″	二类	18
500240	石柱县	大气、降尘、降水	环保局	办公楼顶楼	N：30°08′36″ E：108°25′49″	二类	24
		大气、降尘	礼塘坝			二类	
500241	秀山县	大气、降尘、降水	环保局监测站	中和镇朝阳路		二类	12
		大气、降尘	县政府大楼	东风路		二类	15
500242	酉阳县	大气、降尘、降水	环保局	钟多镇桃花源路	N：28°51′21″ E：108°45′51″ 海拔：674 m	二类	27
		大气、降尘	气象站	钟多镇和平路	N：28°50′12″ E：108°45′50″ 海拔：675 m	二类	15
500243	彭水县	大气、降尘、降水	监测站	汉葭镇高家台街	N：29°17′49″ E：108°09′50″ 海拔：357 m	二类	10
		大气、降尘	县政府	汉葭镇绸缎街	N：29°17′50″ E：108°09′41″ 海拔：271 m	二类	25

行政区划	区县	监测项目	点位名称	位置（所在的镇、街道名称）	经、纬度及海拔高度	功能区	采样仪器所在处建筑物高度/m
500381	江津市	大气、降尘、降水	监测站	几江街道办事处	N：29°16′98″ E：106°15′19″ 海拔：212 m	二类	12
		大气、降尘	江津市市人大	几江街道办事处	N：29°17′54″ E：106°15′37″ 海拔：205 m	二类	12
500382	合川市	大气、降尘、降水	监测站	合川市南办处	N：29°58′53″ E：106°15′54″ 海拔：246 m	二类	6
		大气、降尘	合川城北中学	合川市合阳办事处	N：29°59′50″ E：106°14′44″ 海拔：228 m	二类	20
500383	永川市	大气、降尘、降水	监测站新楼	望城东路	N：29°21′23″ E：105°55′03″ 海拔：375m	二类	15
		大气、降尘	渝西广场	重百三楼顶	N：29°21′13″ E：105°53′27″ 海拔：375m	二类	16
500384	南川市	大气、降尘、降水	监测站	东城街道办事处城北支路	N：29°09′41″ E：107°05′57″ 海拔：555m	二类	15
		大气、降尘	人民医院	南城街道办事处	N：29°09′27″ E：107°05′26″ 海拔：563m	二类	20

附录表 10　重庆市“十一五”期间“三江”和主要次级河流监测断面一览表（按流域区划）

序号	河流名称	江系	水质现状	水质目标	断面名称	断面属性	断面位置	监测断面所在地区
1	长江		II	II	朱沱	入境断面（国控）	永川朱沱镇	永川
			III	III	丰收坝	主城背景断面	大渡口石盘村	大渡口
			III	III	黄桷渡	控制断面	南岸区黄桷渡	南岸
			III	III	寸滩	控制断面（国控）	江北寸滩街道	江北
			III	III	鱼嘴	控制断面	江北鱼嘴镇	江北
			III	III	扇沱	控制（饮用水）断面	长寿扇沱	长寿
			II	III	鸭嘴石	控制断面	涪陵鸭嘴石	涪陵
			III	III	清溪场	控制断面（国控）	涪陵清溪镇	涪陵
			III	III	丰都长江大桥	控制（饮用水）断面	丰都长江大桥	丰都
			III	III	苏家	控制（饮用水）断面	忠县城区苏家	忠县
			III	III	晒网坝	控制断面（国控）	万州区枇杷坪街办附马村	万州
			III	III	苦草沱	控制（饮用水）断面	云阳城区苦草沱	云阳
			III	III	白帝城	控制断面	奉节白帝城	奉节
			II	II	培石	出境断面（国控）	巫山培石乡	巫山

序号	河流名称	江系	水质现状	水质目标	断面名称	断面属性	断面位置	监测断面所在地区
2	嘉陵江	长江	III	III	利泽	入境断面（国控）	合川利泽镇	合川
					北温泉	主城背景断面	北碚澄江镇	北碚
					大溪沟	入江断面（国控）	渝中区大溪沟街道	渝中
					梁沱	回水断面	沙坪坝区梁沱	沙坪坝区
3	乌　江	长江	II	II	万木	入境断面	酉阳万木镇	酉阳
				III	鹿角	跨界断面	彭水鹿角镇	彭水
					锣鹰	跨界断面	武隆江口镇锣鹰	武隆
					白马	入江断面	武隆白马镇	武隆
					麻柳嘴	回水断面（国控）	涪陵敦仁办事处	涪陵
4	濑溪河	沱江—长江	IV	III	关圣新堤	入境断面	大足县中敖镇关圣村六组	大足
					界碑	跨界断面	大足县珠溪镇沙坝村	大足
					高洞电站	出境断面	荣昌县清江镇高洞电站	荣昌
5	窟窿河	濑溪河—沱江—长江			三驱	入境断面	大足县三驱镇	大足
6	临江河	长江	IV	IV	柏林	出境断面	永川临江镇柏林场	永川
					朱羊溪	入江断面	江津朱羊溪镇	江津

序号	河流名称	江系	水质现状	水质目标	断面名称	断面属性	断面位置	监测断面所在地区
7	大陆河	长江			四明取水点	入境断面	永川朱沱镇四明村	永川
8	塘河	长江			白沙	入江断面	江津白沙镇	江津
9	璧南河	长江	Ⅳ、Ⅲ	Ⅳ	何家桥	背景断面	璧山璧城街道马家桥村	璧山
					两河口	跨界断面	璧山广普镇	璧山
					油溪	入江断面	江津油溪镇	江津
10	一品河	长江	Ⅲ	Ⅲ	一品镇抽水站	控制断面	巴南一品镇	巴南
					渝胡桥	入江断面	巴南渔洞街道	巴南
					鱼胡桥	回水断面		巴南
11	花溪河	长江	Ⅲ	Ⅲ	南湖出口	背景断面	巴南南彭镇	巴南
					石龙桥	入江断面	巴南花溪镇	巴南
					市敬老院	控制断面	巴南花溪镇	巴南
					石龙桥	回水断面		巴南
12	五步河	长江	Ⅲ	Ⅱ	箭桥电站	入江断面	巴南木洞镇	巴南
					箭桥电站	回水断面		巴南
13	孝子河				红岩	跨界断面	万盛金桥镇三台村	万盛
14	蒲　河	綦江—长江	Ⅲ	Ⅲ	温塘	入境断面	綦江永城镇后山村	綦江
15	綦江河	长江	Ⅲ	Ⅲ	石门坎	入境断面	綦江安稳镇大茅坡村	綦江
					北渡（左、右）	控制断面	綦江古南镇花坝村	綦江
					石关村	入江断面	江津珞璜镇	江津
					石关村	回水断面		江津

序号	河流名称	江系	水质现状	水质目标	断面名称	断面属性	断面位置	监测断面所在地区
16	大溪河	长江	III	III	弯河嘴	跨界断面	九龙坡西彭镇	九龙坡
					万善桥	入江断面	九龙坡铜罐驿镇	九龙坡
					万善桥	回水断面		九龙坡
17	御临河	长江	III	III	黄印	入境断面	渝北区黄印场前	渝北
					御临镇	入江断面	渝北区御临镇下游 1 000m	渝北
					江口	回水断面	御临镇至入江口的回水区	渝北
18	淮远河	小安溪—涪江—嘉陵江	III	III	观音桥	背景断面	大足县拾万镇	大足
					玉峡渡口	跨界断面	土桥高坡村二组	大足
					众志桥	入小安溪断面	二坪镇四合滩村四社	铜梁
19	小安溪	涪江—嘉陵江	III	III	双河水库	背景断面	永川永荣镇	永川
					双河口桥	跨界断面	永川板桥镇	永川
					段家塘电站	跨界断面	铜梁永清乡泥溪村四社	铜梁
					临渡	入涪江断面	合川临渡镇	合川
20	琼　江	涪江—嘉陵江	III	III、II	光辉断面	入境断面	堤坝上游 1 000 m	潼南
					中和	跨界断面	铜梁中和乡	铜梁
21	涪　江	嘉陵江-长江	II	III	玉溪断面	入境断面	潼南玉溪中学上游 100 m	潼南
					太和	跨界断面	合川太和镇	合川
					大桥	入江断面	合川市涪江一桥二桥之间	合川

序号	河流名称	江系	水质现状	水质目标	断面名称	断面属性	断面位置	监测断面所在地区
22	璧北河	嘉陵江—长江	Ⅳ	Ⅲ	五一堰	背景断面	璧山大路镇宝光村三社	璧山
					平滩	跨界断面	北碚区澄江镇	北碚
					官斗石桥	入江断面	北碚区澄江镇	北碚
23	渠江	嘉陵江—长江	Ⅲ	Ⅲ	码头	入境断面	合川码头镇	合川
					官渡	入江断面	合川官渡镇	合川
24	梁滩河（下游名为磨滩河）	嘉陵江—长江	Ⅳ	Ⅳ、Ⅲ	五星桥	背景断面	九龙坡白市驿镇	九龙坡
					童善桥	跨界断面	沙坪坝西永镇	沙坪坝
			Ⅵ	Ⅵ	西西桥	跨界断面	北碚区歇马镇	北碚
					龙凤河口	入江断面	北碚区龙凤桥镇	北碚
25	黑水滩河	嘉陵江—长江	Ⅱ、Ⅲ	Ⅲ	水土	入江断面	北碚区水土镇	北碚
26	后　河	嘉陵江—长江	Ⅲ	Ⅲ	仁睦	背景断面	渝北区多宝河入东方红水库前	渝北
					跳石	入江断面	渝北区悦来跳石桥前	渝北
27	桃花溪	长江	Ⅲ	Ⅲ	沙河桥	背景断面	长寿区葛兰镇沙河村 8 组	长寿
					抽水站	入江断面	长寿区凤城街道桃花村	长寿
						回水断面		长寿
28	龙溪河（上游梁平、垫江名为高滩河）	长江	Ⅳ、Ⅲ	Ⅲ、Ⅱ	山叉沟	背景断面	梁平明达镇龙马村	梁平
					普顺	跨界断面	垫江普顺镇	垫江
					六剑滩	跨界断面	长寿区云台镇青云村 4 组	长寿
					长寿湖	湖出口断面	长寿区长寿湖镇	长寿
						回水断面		长寿

序号	河流名称	江系	水质现状	水质目标	断面名称	断面属性	断面位置	监测断面所在地区
29	大洪河	长江	III	III	黎家乡码头	入境断面	四川省邻水县九龙镇黎家乡九村 2 组	长寿
					洪湖电站	出口断面	长寿区洪湖镇宫坪村大王家湾	长寿
30	回龙河	龙溪河-长江	IV	II	大河桥	跨界断面	梁平回龙镇寒岭一组	梁平
31	桂溪河	龙溪河-长江	IV	IV	关门桥	入龙溪河断面	垫江桂溪镇	垫江
32	卧龙河	龙溪河-长江	IV	III	五洞	入龙溪河断面	垫江五洞镇	垫江
33	大沙河	龙溪河-长江	II	II	汪家	入龙溪河断面	垫江砚台镇	垫江
34	凤嘴河	乌江-长江	III	III	岭坝	背景断面	南川南平镇岭坝村	南川
					鱼跳	跨界断面	南川骑龙乡柏林村	南川
35	大溪河	乌江-长江	III	III	平桥	跨界断面	平桥镇（曹家建桥）	武隆
					鸭江	入江断面	鸭江镇（鸭江电站）	武隆
36	半溪河	凤嘴江-乌江-长江	III	III	新电影院	控制断面	南川南城街道办事处	南川
37	梅江河	沅江-长江			官舟	背景断面	秀山官舟乡	秀山
					石堤大桥	出境断面	秀山石堤镇	秀山
38	花垣河				茶洞	出境断面	秀山茶洞	秀山
39	小河	沅江-长江			小河	控制断面	酉阳小河镇	酉阳
40	酉水河				大溪码头	入境断面	酉阳大溪区	酉阳
					大溪	跨界断面	秀山大溪镇	秀山

序号	河流名称	江系	水质现状	水质目标	断面名称	断面属性	断面位置	监测断面所在地区
41	龙潭河	梅江河-沅江-长江	III	III	杨家坝	背景断面	酉阳泔溪镇	酉阳
					妙泉入口	跨界断面	秀山妙泉乡	秀山
42	阿蓬河	乌江-长江	II	III	湾塘	入境断面	黔江舟白镇	黔江
					两河	跨界断面	黔江两河镇两河居委	黔江
					红花村	入江断面	酉阳县龚滩	酉阳
43	黔江河	阿蓬江-乌江-长江			城北	背景断面	黔江城东办事处城北居委	黔江
					柏子桥	背景断面	黔江城西办事处迎宾居委	黔江
					下坝	入阿蓬江断面	黔江城东办事处下坝居委	黔江
44	郁江	乌江-长江			中井	跨界断面	彭水郁山镇中井村	彭水
					郁江桥	入江断面	彭水汉葭镇石嘴居委	彭水
45	芙蓉江	乌江-长江	II	II	江口	入江断面	武隆江口镇三河口	武隆
46	黎香溪	长江	III	III	黎香溪	入江断面	涪陵蔺市镇	涪陵
					两汇镇	回水断面		涪陵
47	清溪沟	长江			拖板桥	回水断面		涪陵
48	碧溪河	长江			百汇镇	回水断面		涪陵
49	麻溪河	乌江-长江	III	III	麻溪河	入江断面	涪陵天台乡、卷洞乡	涪陵
50	渠溪河	长江	III	III	渠溪河	入江断面	涪陵珍溪镇	涪陵
					涪丰公路大桥	回水断面		涪陵
					东风大桥	背景断面	丰都双龙乡	丰都

序号	河流名称	江系	水质现状	水质目标	断面名称	断面属性	断面位置	监测断面所在地区
51	龙河	长江	III	III	磨刀溪	背景断面	石柱沙子镇	石柱
					湖海场	跨界断面	石柱三星乡	石柱
					金竹滩	入江断面	丰都三合镇	丰都
					安宁回水	回水断面	丰都双路镇	丰都
52	赤溪河	长江			高跳登	回水断面		丰都
53	黄金河	长江			卫星桥	入江断面	忠县黄金镇	忠县
					老龙滩大桥	回水断面	忠县甘井镇佑溪村	忠县
54	汝溪河	长江	III	III	高洞梁	入江断面	忠县涂井乡沙河村	忠县
					龙滩大桥	回水断面	忠县涂井乡龙滩村	忠县
55	东溪河	长江	III	III	红旗桥	入江断面	忠县东溪镇兴旺村红旗桥上游	忠县
					磊河	回水断面	忠县东溪镇兴旺村	忠县
56	玉溪河	长江			老大桥	回水断面		忠县
57	南　河	澎溪河-长江	IV	III	巫山乡	入境断面	开县巫山乡玉兰街 8 号	开县
58	东　河	澎溪河-长江	III	III	津关乡	背景断面	开县郭家镇津关村	开县
59	苎溪河	长江	III	III	高梁	入江断面	万州区高梁镇	万州
					关塘口	回水断面	万州区高笋塘街办	万州
					南门口	回水断面	万州区枇杷坪街办	万州
60	五桥河	长江	III	III	交警大队	入江断面	万州区五桥街办联合村	万州
					沱口养老院	回水断面	万州区五桥街办	万州

序号	河流名称	江系	水质现状	水质目标	断面名称	断面属性	断面位置	监测断面所在地区
61	石桥河（何溪河）	长江	III	III	老娃洞	入江断面	万州区瀼渡镇双鸡村	万州
					河溪口	回水断面	万州区瀼渡镇河溪村	万州
62	瀼渡河	长江	III	III	逍遥庄	入江断面	万州区瀼渡镇碑牌村	万州
					瀼渡大桥	回水断面	万州区瀼渡镇连泉村	万州
63	磨刀溪	长江	III	III	长滩	入境断面	万州区长滩镇龙谭村	万州
					向家	跨界断面	万州区向家乡福桥村	万州
					东井电站	入江断面	云阳外郎乡东井村	云阳
					普安渡口	回水断面	云阳普安乡马鞍村	云阳
64	澎溪河	长江	IV	III	乌扬大坝	背景断面	开县汉丰镇	开县
					高阳渡口	跨界断面（回水断面）	云阳高阳镇	云阳
65	汤溪河	长江	III	III	田坝电站	跨界断面	云阳上坝乡季湾村	云阳
					江口	入江断面	云阳江口镇江口村	云阳
					汤溪河大桥	回水断面	云阳南溪镇火脉村	云阳
66	长滩河	长江	III	III	黄荆沟	入江断面	黄荆沟	云阳
					长滩桥	回水断面	长滩桥	云阳
67	朱衣河	长江	III	II	朱衣镇	入江断面	奉节朱衣镇女儿桥上游	奉节
					清水镇	回水断面	奉节清水镇下游	奉节
68	大溪河	长江	III	III	鹤峰乡	入江断面	奉节鹤峰镇上游约 2 km	奉节
					龙头山	回水断面	巫山大溪乡	巫山

序号	河流名称	江系	水质现状	水质目标	断面名称	断面属性	断面位置	监测断面所在地区
69	梅溪河	长江	III	III	瓦塘河电站	跨界断面	巫溪朝阳乡瓦塘河电站拦水坝	巫溪
					罗汉大桥	入江断面	奉节石岗乡罗汉大桥上游约 2 km	奉节
					康乐镇下游	回水断面	奉节康乐镇	奉节
70	草堂河	长江	III	III	草堂大桥	入江断面	奉节前进乡草堂大桥上游约 4 km	奉节
					白帝镇	回水断面	奉节白帝镇下游	奉节
71	大宁河	长江	II	II	两河交汇处	跨界断面	巫溪城厢镇	巫溪
					大昌	回水断面	巫山大昌镇	巫山
72	神女溪（官渡河）	长江			净坛峰	入江断面	巫山官渡镇	巫山
					倒车坝	回水断面	巫山官渡镇	巫山
73	抱龙河	长江	III	II	红岩河	入江断面	巫山抱龙镇	巫山
					葡萄坝	回水断面		巫山
74	三溪河	长江	III	II	三溪电站	入江断面	巫山三溪乡	巫山
					边渔溪	回水断面	巫山三溪乡	巫山
75	柏杨河	大宁河-长江	II	II	马莲溪大桥	入大宁河断面	巫溪城厢镇	巫溪
76	任　河				发源地	背景断面	高观镇东升村青龙峡	城口
					水寨子	出境断面	左岚乡水寨子	城口
77	朝阳河	长江			锅底凼	跨界断面	江北铁山坪街道	江北
					陈家沟	回水断面	江北铁山坪街道	江北

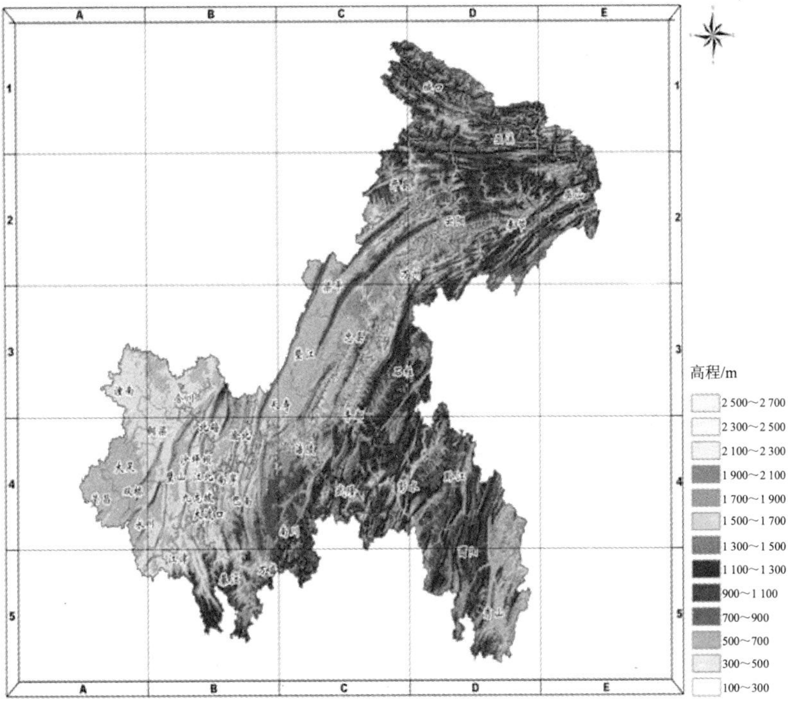

附录图 1-1　重庆市三维地貌图

附录图 2-1　1997 年“三江”监测断面布设示意图

附录图 2-2　2003 年“三江”监测断面布设示意图

附录图 2-3　2008 年“三江”监测断面布设示意图